環境サイエンス入門
人と自然の持続可能な関係を考える

大阪産業大学環境理工学科編
（責任編集　前迫ゆり）

学術研究出版

目 次

はじめに ………………………………………………………… 4

第1部　自然と地球のサイエンス

1. 森と里の生態学——地域の生物多様性を育む ………… 前迫ゆり　8
2. 絶滅危惧種の保全活動
　——淀川のイタセンパラを事例として……… 鶴田哲也　48
3. 太陽と地球環境 ………………………………… 硲　隆太　56

第2部　人と環境

4. アフリカと日本のアグロフォレストリー
　——人と自然の関係から考える………………… 佐藤靖明　96
5. 地域環境保全とコミュニティ ………………… 川田美紀　123
6. 自然資本の経済学
　——価値の「見える化」で環境を守ろう ……… 花田眞理子　143

第3部　水・土・緑のテクノロジー

7. 我が国の水環境問題の変遷 …………………… 濱崎竜英　172
8. 地下水と土壌の汚染対策
　——ブラウンフィールドにしないテクノロジー ……… 高浪龍平　196
コラム　水の「ふしぎ？」と私たちの生活 ……… 津野　洋　220
9. ランドケープと環境緑化 ……………………… 岡田準人　226
コラム　桂離宮と銀閣寺は、「月」と「陰」をつかさどる …… 金澤成保　248

第4部　持続可能なまちづくり

- 10. 都市計画とGIS ……………………………………… 吉川耕司　252
- コラム　人々の意識が及ぼす環境問題の解決方策への影響
  ── 都市交通問題を例に ……………………… 塚本直幸　284
- 11. 緑のまちづくり ……………………………………… 田中みさ子　291
- 12. ごみと資源の新しいルール ………………………… 花嶋温子　319
- 13. 環境の認識と評価をふまえた対策のあり方 ……… 石原　肇　340

謝　辞 ………………………………………………………………… 362
執筆者紹介 …………………………………………………………… 363
索　引 ………………………………………………………………… 366

はじめに

　現代ほど人と自然の持続可能な関係が求められている時代はないだろう．この地球上で人間が農耕を開始した頃，大量の水を求めて人々は河川流域に集い，森や川や海から自然の恵みを得て暮らし，その一方，自然の脅威と闘う日々でもあったと想像する．まさに人間は自然とのせめぎ合いと共生のバランスのなかで生命を支え，暮らしてきたのである．

　一方，近代文明は自然を壊しながら社会を発展させてきたが，21世紀に入って，地球温暖化，生物多様性や生態系の劣化，水質汚染，土壌汚染，地震・津波などの大規模災害，ゴミ問題およびエネルギー問題など，我々をとりまく環境問題はますます多様かつ複合的なものとなっている．人間が享受してきた自然の恵みを未来につなげ，健全で真に豊かな暮らしを続けるために，今こそ，持続可能な社会を構築する叡智が必要とされている．

　本書は，大阪産業大学デザイン工学部環境理工学科の一回生向け教科書として編纂されたものである．本学科は，地域レベルから地球レベルまでさまざまな環境問題の課題解決に向けた行動力，柔軟な思考力および専門性を磨き，自然と共生する持続可能な社会をデザインする人材の育成をめざしている．本学科の学びは，人間と自然，人間と環境，人間と人間，人間とモノがそれぞれ調和的な関係を築き，持続可能な社会を構築するために必要な基礎科学から応用科学までを包括している．そこで本書は現代の多様な環境問題を統合的にとらえ，課題解決のためにアクティブな行動力を育むことをめざした．

　ただし現段階では不足している視点や議論すべき課題を残しており，そうした意味において本書は十分なものとはいえない．今後，学生らとともに，教育・研究を通じて持続可能な社会の構築に寄与する環境理工学分野の確立をめざし，さらなる「環境サイエンス」へと発展させていきたい．

さて，本書は大きく4部から構成されている．第1部「自然と地球のサイエンス」では，生態学，水生生物学および地球物理学から地球と地域の自然について概説している．第2部「人と環境」では，生態人類学，環境経済学，社会学から人と自然のつながり，コミュニティや社会構造について，第3部「水・土・緑のテクノロジー」では，水質工学と緑化工学から環境保全の技術とその活用を，第4部「持続可能なまちづくり」では，都市計画，廃棄物計画，環境政策学から，まちづくりの技術・考え方についてそれぞれ概説している．各章は基礎的事項にとどまらず，教員がとりくんでいる教育・研究の成果を盛り込み，読者が興味深く読み進められるような構成としている．長年の研究・思索に基づいたコラム3編も掲載している．多岐にわたる学問領域を統合的にとらえることによって，「人と自然の持続可能な関係」を議論していきたい．

　この書籍をどのような順に読み解いてもあらたな発見と興味に出会えるであろう．学生諸君は1回生の教科書としてはもちろんのこと，4年間の学びのなかでさまざまな機会にこの書を紐解き，活用してほしい．すべての読者が，本書によって人と自然の持続可能な関係を未来に向けて築き，考え，行動する一助となることを期待してやまない．

2017年1月

前迫　ゆり

第1部
自然と地球のサイエンス

1. 森と里の生態学
   　　―地域の生物多様性を育む　　前迫ゆり

2. 絶滅危惧種の保全活動
   　　―淀川のイタセンパラを事例として
   　　　　　　　　　　　　　　　鶴田哲也

3. 太陽と地球環境　　　　　　　　硲　隆太

1 森と里の生態学―地域の生物多様性を育む

前迫ゆり

　地球温暖化，熱帯林の伐採，種の絶滅などが急速に進行する現代において，われわれが暮らす地域環境は地球レベルで変化している．気候変動に関する政府間パネル（IPCC：Intergovernmental Panel on Climate Change）第5次評価報告書（2016）によると，1750-2011年に人為を起源とする二酸化炭素排出量のおよそ半分は過去40年に排出されたものである．温度上昇といった地球レベルの環境変化は，この100年に人間が環境に対して過度な働きかけを行ったことに起因しており，人間の生活スタイルの変容と密接に関係している．地球の循環システムに破綻をきたさないように，自然や人間社会のあり方を調整する「適応」（環境省地球環境局，2015）が今，われわれに求められている．

　さて，日本は国土の約68％を森林が占める緑豊かな環境にあり，「森林の国」に暮らすわれわれは幸運ともいえる．その一方で，温暖化のみならず，森林の分断化・消失，河川改修などによって動植物の生息地は奪われ，今や日本は必ずしも自然豊かな環境とはいえない．今日，環境問題は多様化し，その要因は複合的であるが，これらの課題に対して，われわれは自ら考え，行動する必要がある．しなやかなレジリエンス（回復力・復元力・強靱さ）を発揮しながら，未来に向けて健全な生態系を維持し，持続可能な社会を構築することができるだろうか．

　本章では自然のメカニズムを紐解きながら，生態学の視座に立ち，「生物多

様性」を育んできた陸上生態系，とくに森林に焦点をあてながら生態系が抱える課題について論じる．地球が長い時間をかけて育んできた生態系を読者が理解し，考え，自然と人の共生系のうえに，自然環境の保全に向けた行動に展開していくことを期待したい．

1.1　生態学と「自然と人の共生」

　生態学（ecology）は，ギリシア語のoîkos（家，家庭）とlogos（学問，理論）の造語（ökologie）で，ヘッケルが1866年に提唱したことにはじまる．日本で"ökologie"に「生態学」の訳語を与えたのは植物学者の三好学であるが，学問の歩みとしては150年ほどであるから，比較的新しい学問領域といえよう．しかし生態学は自然界のさまざまな法則や関係性を解明し，また人類が生存する環境を解明する科学として発展してきた．

　現代の生態学は，遺伝子から個体，個体群，群集および生態系に至るさまざまなレベルで，生物と環境の相互作用や種多様性などを研究する分野を包括している．近年，地域レベルはもちろんのこと，地球レベルの環境変動が著しく，生態学はその機能解析をめざしている．

　生態系のエネルギーの流れと物質代謝（物質循環）の法則を唱え，生態学の基礎を築いたオダム（1953）は，生態学テキストの冒頭で，「原子力時代の到来によって，環境という重要課題はより重要なものになってきた．（中略）環境を改変しようとする人間の力や欲求のほうが，人間が環境を理解するよりも大きな速度で増大している」と述べ，激化する環境改変を危惧し，環境に対する理解を深めることの重要性を指摘している．そのテキストには放射性物質ストロンチウムやセシウムが土壌や水を経て植物体内に，さらには人間や生物に取り込まれるという生物濃縮にも言及している．現代の環境が抱える課題をすでに60年も前に指摘している．オダムの先見性に富んだ科学的視点に感服する．

　生態学は，植物生態学，動物生態学，個体群生態学，実験生態学，生理生態学，数理生態学，保全生態学など，その対象やアプローチ方法によって名称

が異なり，多様である．めざすところは環境と生物の関係性やバランス（相互作用）を解き明かすことである．「環境サイエンス」の一翼をなす生態学は「**自然と人間の共生**」を掲げ，将来にわたって人類が存続し，豊かに，また健全に暮らすうえにおいて，重要で，興味深い分野といえよう．

1.2 生物多様性と生態系サービス

(a) 生物多様性の意義と行政の枠組み

1992年にブラジル・リオデジャネイロで開催された地球サミットで，「気候変動に関する国際連合枠組み条約（気候変動枠組み条約）」と「生物多様性条約」が採択され，生物全般の保全は人類存続に欠かせない課題であることが世界レベルで認識された．日本も「生物多様性国家戦略」の策定，ついで「生物多様性基本法」が施行（2008年6月）され，現在も生物多様性保全に関する法律の整備・改定が進められている．近年，いくたびかの大きな自然災害に直面し，現在はもちろんのこと，未来に向けて環境とわれわれがどのように向き合うかが問われ，自然環境の保全にむけて市民が行動することが大きな課題とされている．

　生物多様性（biodiversity）の意義と考え方については，環境省がつぎのように要約している．「この地球の環境とそれを支える生物多様性は，人間も含む多様な生命の長い歴史の中でつくられたものであり，地域固有の財産としてそれぞれの地域における独自の文化の多様性をも支え，生活と文化の基礎ともなっている．生物多様性とは，生きものたちの豊かな個性とつながりのことであり，（中略）生態系の多様性・種の多様性・遺伝子の多様性という3つのレベルで考える」．

　生物多様性の理念やそれが抱える課題などは，環境省（2010）および環境省自然環境局ウェブサイト（http://www.biodic.go.jp/biodiversity/）に簡潔に記載されている．参照されたい．

　2009年のアンケート結果では「自然に対して関心がある」と回答した人が92％であったにもかかわらず，「生物多様性」の言葉の認知度は約36％にす

ぎず,「**生物多様性国家戦略**」という言葉の認知度は20％程度にとどまっていた（環境省, 2010）. 2009年時点では生物多様性についての市民の理解は十分とはいえないが, 各自治体が生物多様性行動計画の策定などを進めており, 生物多様性の認知度は徐々に向上している.

生物多様性国家戦略2012-2020の基本戦略は, 環境省はもちろんのこと, 各省庁が発信している. 林野庁（2016）は「1. 生物多様性を社会に浸透する, 2. 地域における人と自然の関係を見直し, 再構築する, 3. 森・川・里・海のつながりを確保する, 4. 地球規模の視野を持って行動する, 5. 科学的基盤を強化し, 施策に結びつける」ことを明記している.

(b) 生態系サービスと生物多様性の危機

生物多様性は人々にさまざまな恵みをもたらす. ミレニアム生態系評価（MA：Millennium Ecosysytem Assessment）では生態系からもたらされる食料, 木材, 遷移, 燃料などの「供給サービス」, 気候の安定や水質浄化などの「調整サービス」, レクリエーションや精神的な恩恵を与える「文化的サービス」, 栄養塩の循環や土壌形成, 光合成などの「基盤サービス」とし, これらを統合して「**生態系サービス**」（ecosystem service）と呼ぶ. しかし, 近年の生態系の土地利用変化は生態系サービスを大きく変化させている（安立・伊藤, 2015）.

人間に恵みをもたらす生態系サービスには生物多様性の保全が不可欠である. しかし生物多様性はこれまでの3つの危機に加えて, 地球温暖化の生物多様性に対する第4の危機を抱えている（環境省, 2012）. つぎに**生物多様性の危機**について, 簡単に説明しよう.

第1の危機：人間活動あるいは開発による種の減少, 生息地の破壊など

第2の危機：自然に対する人間の働きかけが減少することによる里地里山などの環境の質の変化など

第3の危機：外来種や化学物質など人為的に持ち込まれたものによる生態系の攪乱

第3の危機である外来種については2015年3月に「我が国の生態系等に被

害を及ぼすおそれのある外来種リスト（生態系被害防止外来種リスト）」が公表された．リストには，侵略性が高く，我が国の生態系，人の生命・身体，農林水産業に被害を及ぼす，またはそのおそれのある外来種を選定，計429種類が掲載されている（環境省, 2015, 我が国の生態系等に被害を及ぼすおそれのある外来種リスト「生態系被害防止外来種リスト」, ウェブサイト参照）．

このリストには定着予防外来種，総合対策外来種などに区分され，動物ではアライグマ，ヌートリア，ブルーギルなど229種が，植物ではニセアカシア，アレチウリ，ツルノゲイトウ，オオバナミズキンバイなど200種が掲載されている．外来生物については2005年に「**外来生物法**」が制定され，「1入れない，2捨てない，3拡げない」を被害予防三原則としているが，その分布拡大は駆除に追いつかない状態である．

たとえばニセアカシア（マメ科木本）はかつて治山緑化事業に日本中で導入された経緯がある．根萌芽で増え（崎尾, 2003），成長も早いため，道路沿いなどの法面や空地で群落を作っている．水生植物については，分布域の拡大が急速であり，侵入初期に発見し，駆除することが肝要である（日本生態学会編, 2002）．外来種の侵入は動植物ともに年々増大している．

人間の暮らしは生物多様性を基盤とする生態系から得られる恵み，すなわち生態系サービスに支えられている（詳しくは生物多様性センターのウェブサイトを参照されたい）．環境の生物多様性を保全することは，生態系サービスをわれわれが持続的に享受するためにきわめて重要な意味をもつ．

1.3　陸域生態系の植生

(a) 生物の進化と植生史

46億年という時間をかけて，地球は3000万種ともいわれる生命とそのつながりを創りあげてきた．この間，大絶滅が5回あったとされるが，現代の種の絶滅や環境破壊を加速させているのは人間の活動によるところが大きい．

地球の歴史のはじまりに，酸素（O_2）はほとんど存在しなかった．当時，太陽放射には紫外線が含まれていたため，生物は陸域では生存できず，生命の

存在は水中に限られていた．その後，シアノバクテリアの光合成作用により大気中の酸素濃度が上昇し，陸上に植物の祖先が進出したのはおよそ4.5億年～4.1億年前のシルル期である（川上，2000）．地球と植物の進化については寺島（2006, 2014）を参考にされたい．

約12,000年前の縄文時代においても，日本ではまだ現代のような自然環境は成立していない．大阪府古市湿原の花粉ダイアグラムから，安田（1981）は当時の植生を，五葉マツ亜属，トウヒ属，モミ属，ツガ属などが減少し，かわってコナラ亜属，ハンノキ属，クマシデ属などの落葉広葉樹が増加してきたと解析している（図1.1）．この頃，氷河期に終止符が打たれ，日本列島は温暖化に向かったと考えられる．温暖化にともなう植物の変化とともに，動物相はオオツノシカやナウマンゾウから，シカやイノシシに変化している．現代において局所的増加が問題となっているシカやイノシシがこの頃から出現していると考えられている点は興味深い．おそらく当時の人々にとってはそれら動物が貴重なタンパク源となったであろう．

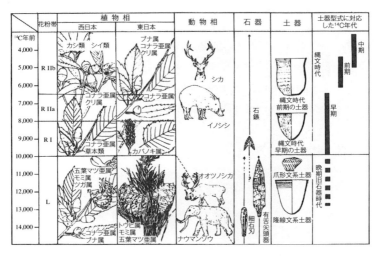

図1.1 14,000年前から約10,000年間の日本の自然環境の変遷模式図．花粉分析から，常緑針葉樹から常緑広葉樹のシイ・カシ類への変遷（西日本），落葉広葉樹への変遷（東日本）および動物相の変化などが示されている．（安田，1981）

現在の植生分布とほぼ同様の森林帯が成立したのは，縄文時代晩期の3,500年前頃とされるが，それまで落葉広葉樹の森に豊富にあった木の実は，**照葉樹林**（1.3(d)参照のこと）では圧倒的に少なくなる．安田（1981）は，森林の変化は人類にとって死活問題であったと指摘する．気候の変化とそれに伴う森林の変化は，人間の暮らしや文化に大きな影響を与えながら，今日のわれわれの暮らしに至っている．

(b) **地球のバイオマス**

地球の表面積の約71％は海洋が占めており，森林以外の陸地は23％（内陸水面含む），森林はわずか6％にすぎない．それにもかかわらず，海洋の植物が占めるバイオマスはわずか0.2％で，森林がもつバイオマスは全バイオマスの約90％にも及ぶ．森林は地球の生物圏のバックボーンといえる（吉良，1989）．

緑色植物は，太陽エネルギーと二酸化炭素から有機物を生産する．この反応は**光合成**と呼ばれるが，植物のこの生理反応はあらゆる食物連鎖の出発点であり，生命を育む出発点でもある．地球上で植物が光合成によって生産する有機物のうち，**総1次生産**（**総生産**）から**呼吸量**を引いた残りを**純一次生産**（**純生産**）と呼ぶ．地球における植物の純生産量（kg/m^2）は陸地では$1837 \times 10^9 t$，海洋では$3.9 \times 10^9 t$で，圧倒的に陸地の純生産量が高い．なかでも熱帯林は陸地の純生産量の41.6％を占める（Whittaker, 1975）．

(c) **気候帯と植生**

陸域には気候帯に応じてさまざまな植生が成立している．ある地域でもっとも発達した植生について，それを構成する主要な植物の生育型に着目すると，森林，草原，砂漠などに大別される．それら生物群集の単位は，**植物群系**あるいは**生物群系（バイオーム）**と呼ばれる．バイオームは植物だけでなく動物を含む大きな分類の概念である．

温度（年平均気温）と水分条件（降水量）の関係からバイオームは区分される（Whittaker, 1979）（**図1.2**）．年降水量が1,000mmを下回ると森林は成立で

きなくなり，十分な降水量のもとに温度条件によって植生が変化している．

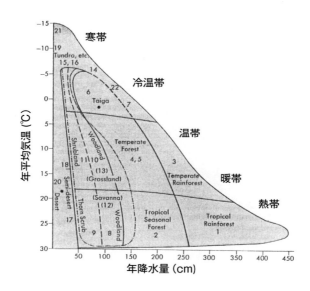

図1.2．年降水量と年平均気温の関係からとらえた世界のバイオーム

1. 熱帯林，2. 熱帯季節林，3. 温帯雨林，4. 5. 温帯林（温帯常緑樹林，温帯落葉樹林），6. 針葉樹林（タイガ），7. 14-16, 19, 21-22. ツンドラ，8. 10 疎林，9. 11. 低木林，12. 熱帯草原（サバンナ），13. 温帯草原（ステップ），17. 18. 荒原，20. 砂漠．年降水量（cm）年平均気温　（℃）寒帯冷温帯温帯熱帯．（Whittaker, 1979より改変）

地球上のバイオームの地理分布を**図1.3**に示す．Walter（1964）は気候帯と生育型を基準に，たとえば温帯という気候帯でも，優占する樹種によって温帯常緑樹林や温帯落葉樹林などに区分している．赤道付近の熱帯多雨林から極地のツンドラや高山植生まで，気候帯に応じて地球上にはさまざまな植生が分布している．吉岡（1974）を参考に，つぎに各バイオームを概説する．

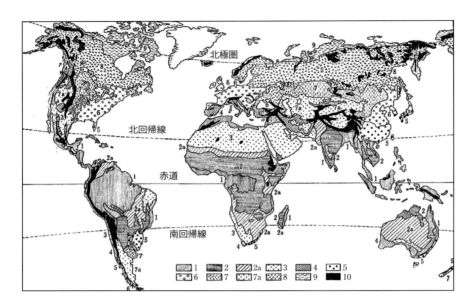

図1.3 世界のバイオーム (Walter, 1964)

1. 熱帯林, 2. 雨緑林, 2 a. サバナおよび有棘低木林, 3. 荒原 (熱帯・亜熱帯), 4. 硬葉樹林, 5. 温帯常緑広葉樹林, 6. 落葉硬葉樹林, 7. ステップ, 7 a. 荒原 (温帯・冷温帯), 8. 北方針葉樹林, 9. ツンドラ, 10. 高山植生 (吉岡, 1974より転載)

1) 熱帯林 (tropical forest)

　熱帯林は平均気温18℃以上の温暖で，降雨量が多い湿潤な熱帯気候に成立する (**図1.4**)．ヘクタールあたり100種を超える多様な樹木が生育する森林で，樹冠の高さは30-40m，これに超高木層の60m以上の階層が加わるのが多くの低地熱帯多雨林の特徴である．階層構造は最大で6-7層になり，着生植物も多い．赤道を中心とする高温多湿の熱帯地方に分布する．

　本森林は多様性が高く，貴重な遺伝資源を有するが，近年はバイオエネルギー原料の需要拡大に伴いアブラヤシのプランテーションが拡大するなど，熱帯林の伐採といった課題を抱えている (井上；2003；Koh and Wilcove, 2008；神崎, 2014)．

2) 雨緑樹林（熱帯・亜熱帯季節林，モンスーン林）（rain green forest, monsoon forest）

熱帯地方でも乾期が数ヶ月続く地域では，乾季に落葉し雨季に葉をつける落葉広葉樹林が成立する．主要樹木は小型の葉をつけ乾季に落葉するが，雨季には葉が繁茂する．熱帯林ほど種数は多くなく，着生植物も少ない．チーク林，アカシア林，ユーカリ林などがある．

2a) サバンナ（熱帯草原・低木林）（savanna woodland）

雨緑樹林よりもさらに降水量が少なく，乾季の長い地域に成立する．アカシア，バオバブなどが疎生し，その下にイネ科植物が生育する．中央アフリカ，インド，ブラジル，アルゼンチンなどに広く展開し，サバンナ草原とともに大型獣が生息する．

図1.4 熱帯林．インドネシア中央カリマンタン・カティンガン川源流部（2009年9月撮影，神崎護氏提供）

3) 熱帯・亜熱帯の砂漠（荒原）（desert）

砂漠は，熱帯・亜熱帯の降水量200mm以下で，植物が疎生する裸地状の地域に分布する．

4) 硬葉樹林（sclerophyllous）

地中海の島々や沿岸域の温暖で，降水量が少ない地帯に葉が小型で硬く，

乾燥に耐える形態構造をもつ常緑硬葉樹林が成立する．コルクガシなどの常緑カシ類が生育する．

5) **温帯常緑樹林（照葉樹林；常緑広葉樹林）**（warm temperate evergreen broad leaved forest, laurel forest, lucidophyllous forest）

温帯常緑樹林（以後，照葉樹林とする）は，温帯〜暖温帯の年中降水量の豊富な地帯に成立する（**図1.5**）．常緑広葉樹のシイ・カシ類，クスノキ科などが優占する．日本，中国，台湾，ヒマラヤなどに分布する．

図1.5 特別天然記念物春日山原始林（奈良県）に成立する照葉樹林．コジイ，イチイガシ，ツクバネガシなどブナ科樹木が優占する．常緑ブナ科の雄花と葉の展葉期（5月上旬撮影）

6) **温帯落葉樹林（夏緑樹林）**（warm temperate deciduous broad leaved forest）

温帯域の落葉広葉樹林で，ブナ林（ヨーロッパ，日本東北部など），ナラ林（ヨーロッパ），ナンキョクブナ林（Nothofagus），湿地林などに大別される．

7) **温帯草原（ステップ，プレーリー，パンパス）**（steppe, prairie, pampas）

中緯度地域で降水量が250-750mmの乾燥した気候帯では樹木が生育できず，イネ科植物を中心として，マメ科やキク科植物が生育する草原が発達する．世界の各地域によってステップ，プレーリー，パンパスなどと呼び方が異なる．

内モンゴル地区ウランハダ市の草原（ステップ）は，年平均気温−1.4℃，最低気温−37℃，年降水量は約350mmで寒暖の差が激しく，降水は6月〜8月に集中する．この草原（**図1.6**）では地域住民の生活スタイルがこれまでの遊牧型から定着型に変化したことによって過放牧となり，裸地化の問題も生じている（シュリほか，2008）．

図1.6 内モンゴルの草原（ステップ）．a. 遊牧移動用のパオ，b. 定住化集落周辺の草原，c. 採草型草原，d. 固定砂丘（草本および低木の植生）（2007年8月シュリ氏撮影）

7a) 温帯・寒帯の砂漠，荒原 (temperate desert)

北米西部の降水量250mm以下の地帯に乾燥に強い草本類が散生する荒原が成立する．中央アジアにはイネ科，スゲ類，アカザ類が散生する．

8) 亜寒帯針葉樹林（北方針葉樹林，タイガ）(northern or boreal coniferous forest)

北半球の亜寒帯は冬季に気温が−30℃に低下する．このような厳しい条件では常緑または落葉針葉樹林が成立する．Abies（モミ属），Picea（トウヒ属），Pinus（マツ属），Larix（カラマツ属）と落葉樹のBetula（カバノキ属）などで構

成される.なかでもカリフォルニア州のセコイア (*Sequoia sempervirens*) は樹高100mにも達し,壮大な森林として知られる.

9) ツンドラ (arctic tundra)

北極,南極に近い,最暖月平均気温10℃の等温線は森林限界に相当し,ツンドラあるいは無植生である.樹木のない草原で,スゲ類や広葉草本,地衣類が生育する.寒帯ツンドラでは,表土は夏に溶けるが,下土は永久凍土のため,植生は発達していない.

10) 高山植生 (alpine vegetation)

高山植生は森林限界を超えた高山地帯に成立し,草本および小低木からなる.いわゆる"お花畑"には多種多様な草本植物が生育している.

(d) 日本の植生

日本の気候は寒帯から亜熱帯までを包括する.降水量が豊富な日本においては降水量が森林成立の制限要因とならない.そこで吉良(1949)は植物の生育と積算温度条件に着目し,植物の生育に必要な最低温度(閾値)を5℃とし,各月の平均気温が5℃以上の月を対象に,各月の平均気温から5℃をひいた数字を積算し,植生帯の分布指標を提案した.それは「暖かさの指数(WI)」または「温量指数」と呼ばれるが,その指数は森林の分布とよく一致する(**図1.7a, b**).

$$WI = \sum_{i=1}^{12}(t_i - 5)$$

t_i は月平均気温が5℃を越える i 月の平均気温

(月平均気温が5℃以下の月の t_i の値は5℃とする)

南西諸島を除くと,日本の平地における平地の暖かさの指数は屋久島の180から根室付近の45まで,世界では極地の0から熱帯砂漠の300までのあいだに収まる(吉良,1949).

日本列島は南北に長いため,多様な気候帯を含むが,気候に応じて植生分布は変化する(**図1.8**).日本の植生は南から北に亜熱帯林,照葉樹林,温帯落葉樹林(夏緑林),北方針広混交林,亜寒帯(亜高山)針葉樹林が分布し,垂直

図 1.7 (a) 暖かさの指数の分布（右）と寒さの指数の分布（左）

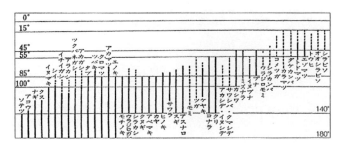

図 1.7 (b) 日本の樹木の分布と暖かさの指数の関係．実線は水平分布による調査，点線は垂直分布による調査の結果を示す．（吉良，1949）

方向には，森林限界を超えると高山植生が分布する．環境省（1976）によると，日本の自然林の植生比率（全植生に対するそれぞれの比率）は，寒帯・高山帯自然植生は0.4％，亜寒帯・亜高山帯自然植生は7.3％，夏緑樹林（ミズナラ－ブナクラス域）自然植生は12.7％，照葉樹林（ヤブツバキクラス域）自然植生は1.6％で，自然植生はいずれも低い値を示す．

　吉良（1949）は，暖かさの指数180の屋久島以北を照葉樹林とし，南西諸島は亜熱帯林に区分することが妥当としている．植生区分やその名称について

は研究者により，意見が異なるが，照葉樹林の暖かさの指数は85-180，夏緑樹林は45-85，亜寒帯林は15-45となり，暖かさの指数と植生帯の分布がほぼ一致する．

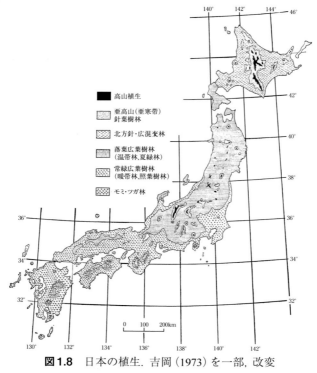

図1.8 日本の植生．吉岡（1973）を一部，改変

1) 照葉樹林

照葉樹林は西日本を中心に，屋久島から海岸沿いの中部地方および関東まで分布する．タブノキが優占する照葉樹林（**図1.9**）はさらに北の東北地方の海岸にも成立するが，内陸部では社叢（神社の森林）などに限られる．これは，内陸部の寒さが照葉樹林の制限要因になっているためと考えられている（吉良，1949）．内陸部の琵琶湖周辺には琵琶湖の気候条件の影響によって，タブノキ林が成立するのは学術的にも興味深い（前迫，2009）．

照葉樹林の主な構成樹種はブナ科常緑広葉樹で，アカガシ，ツクバネガシ，

アラカシ，シラカシ，イチイガシなどのカシ類（ブナ科）クスノキ，タブノキ，ヤブニッケイなどのクス類（クスノキ科），ほかにヤブツバキ，モチノキ，ヤマモモなどが生育する．

図1.9 左：タブノキの花序（京都府冠島，2010年5月撮影），右：タブノキ林（琵琶湖竹生島，2013年7月撮影）

日本の植生図（吉岡，1973）（**図1.8**）では日本列島のおよそ半分を照葉樹林が占めているが，暖温帯は古くより人々の生活域であったことから照葉樹林は消失する傾向にあり，実際に残っている照葉樹林は全植生のわずか1.6％に過ぎない（環境省，1976）．照葉樹林の多くは伐採され，コナラ・クヌギ林のような二次林，スギ・ヒノキ林といった人工林，農地あるいは宅地などに転換された．そのため照葉樹林は社叢や島嶼などに孤立的に残存する脆弱な森林（Maesako, 1991；前迫，1985, 2005, 2009, 2013）といえる．

なかでも世界遺産屋久島（湯本・松田，2007），特別天然記念物の春日山原始林（前迫，2013a；前迫・高槻2015）などの照葉樹林はシカの採食影響を受けて森林更新が危ぶまれている．これについては1.7(a)で詳しく述べる．

2) 夏緑樹林

夏緑林の代表種はブナである．雪の多い日本海側ではブナが圧倒的に優占するが，雪の少ない太平洋側ではブナ以外にイヌブナやミズナラなどの落葉

広葉樹が混生する.

　ブナが材として多用されなかったことやその立地特性などから,照葉樹林に比べると夏緑樹林はよく残されており,世界遺産白神山地(青森県)には原生林としてのブナ林が13万haという大面積で成立している.一方,大台ヶ原(奈良県)のブナ林はシカの採食のために,生物多様性や森林更新にも大きな影響が生じている(柴田・日野,2009).大阪和泉葛城山のブナ林(標高858m)は,温暖化の影響か,近年,結実不良で,森林更新が危ぶまれている(**図1.10**).

　日本海側の多雪地帯のブナは,太平洋側の少雪地帯のブナに比べて葉は大きく,植物の組成は単純である.ブナ林の分布は積雪と深い関わりがあり,太平洋側のブナは小面積で断片的なものが多い.

図1.10　大阪和泉葛城山(標高858 m)に分布するブナ林(夏緑林).林床にはミヤコザサが優占する太平洋型のブナ林.近年,積雪不足のためか結実不良が続いている(2016年9月撮影)

3) 亜寒帯針葉樹林

　本州の亜高山帯にはシラビソ,オオシラビソ,トウヒなどの常緑針葉樹林が,北海道ではトドマツ,エゾマツが圧倒的に優占する.

　現在,大台ヶ原(奈良県)のトウヒ林はシカの採食影響と台風の複合的要因によって,大きな影響を受けている(**図1.11**)(横田,2009).これに対して

環境省は1986年以来，大台ヶ原トウヒ林保全対策検討会（平成12年度より大台ヶ原地区植生保全対策検討会）を立ち上げ，トウヒ林再生事業（環境省近畿地方事務所，2010　ウェブサイト参照）を進めている．

図1.11　大台ヶ原・正木ヶ原（奈良県）の立ち枯れたトウヒ林．林床はミヤコザサ（2010年6月撮影）

1.4　森は動く

(a)　森林の種多様性

生物群集を構成する種の組み合わせは場所や時間によって大きく変化するが，種の組み合わせの豊富さの程度は**種多様性**と呼ばれる．世界のバイオームにはさまざまな生育型をもつ植物が生育しており，森林が動くプロセスにおいて，種多様性は変化する．

単純に種数で比較する場合もあるが，種多様性を正しく表現する手法はいくつか提案されている．たとえば個体数が区域内で均等であるか，偏りがあるかによって種多様性の評価は異なる．また，面積によっても生育する生物種の個体数や種数は変化する．そこで，大面積の生育地（生息地）を小面積の区画に分けた場合，小区画内の種多様性の平均を**α多様性**，小区画間の種組成の違いを**β多様性**，生育地全体の種多様性を**γ多様性**と呼ぶ（日本生態学

会編,2012).たとえば,小区画内の出現種の類似性が低いほどβ多様性は高くなり,γ多様性からα多様性を引いた値で示す(調査区1にはa, b, c種が,調査区2にはa, d, e, f種が生育していた場合,種数を基準にしたα多様性は3.5,γ多様性は6,β多様性は2.5となる).

　ただし,個体数などの量的概念をいれるほうが多様性を的確に把握できる.これは均等度という概念であり,種数と均等度から多様性をあらわす.シャノン・ウィナー指数やフィッシャーのαなど,ある環境の種多様性を示す指数が考案されている.植物群集の多様性については佐々木ほか(2015)に詳しい.

　種多様性の評価にはさまざまな手法があるが,相対優占度曲線を用いて,熱帯と温帯の4つの森林を比較してみよう.縦軸には相対優占度(樹木の胸高直径を測定し,ある一定面積の断面積合計の相対値を算出)を,横軸には相対優占度の高い種から順に並べる(種数が多ければ横に長くなり,少ない場合には横には伸びないので,種数の多さを意味する).相対優占度曲線が横に伸びることは種の多さを,水平に近いのは均等度の高さを示す.A熱帯林,B熱帯乾燥林,C温帯湿潤林,D温帯亜高山林を比較すると(**図1.12**),熱帯林がもっとも種多様性が高く,温帯亜高山林がもっとも低い(Hubbel.1979).

　種多様性は温度条件に代表される気候によって変動するが,人為的攪乱,自然攪乱などによっても変動する.なお,生物群集の種多様性を表す手法として現在,「中立理論」が有効とされているが,基本モデルとして扱うかどうかはまだ議論が残されている(Hubbell, 2001;久保田, 2012).

(b)　生態遷移

　生態系あるいは生物群集(ある一定区域に生活しているあらゆる生物種の個体群の集まり)は,時間とともに変化する.火山の溶岩上に森林が形成されるまでには長い時間を要するが,時間軸で植物群集が変化するプロセスを**遷移**(succession)という.なお生物群集において植物だけを対象にした場合,植物群集,動物の場合には動物群集と呼ぶ.遷移には溶岩上など植物体がまったくない裸地から始まる**一次遷移**(primary succession)と成立していた

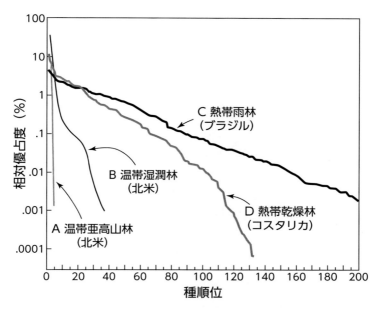

図1.12 熱帯林（熱帯雨林と熱帯乾燥林）と温帯林（温帯湿潤林と温帯亜高山林）の種順位曲線による多様性の比較（Hubbell, 1979 を改変）

植物群落が火災，台風，人為的伐採などによって裸地化の状態になった立地からはじまる**二次遷移**（secondary succession）がある．

　成立年代が異なる立地を相互比較するクロノシーケンスによって明らかにされた植物群落の遷移をつぎに紹介する．三宅島で噴火年代が異なる溶岩を比較した結果，125年の間に，溶岩上の裸地→オオバヤシャブシ低木林→オオシマザクラ・タブノキ林に遷移している（Kamijo et al., 2002）．1962年溶岩，1874年溶岩，800年以上経過した立地に成立した森林群落の胸高直径階ヒストグラムを比較すると，遷移によって組成と森林構造が変化している（**図1.13**）．オオバヤシャブシのような明るい立地に優占するような陽樹林（pioneer forest）は，途中層を経て長い時間をかけてタブノキ林やスダジイ林に代表される照葉樹林となる．このような森林は遷移段階において極相林（climax forest）という．

1．森と里の生態学—地域の生物多様性を育む　27

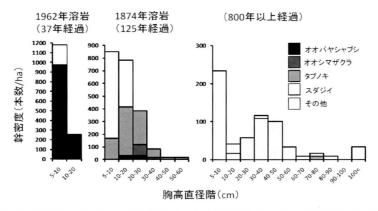

図1.13 三宅島（東京）の1962年溶岩，1874年溶岩および島の北西部の古い噴火年代の堆積物上（800年以上経過）における胸高直径階分布の比較（Kamijo et al., 2002）

(c) **極相林のダイナミクス**

極相林は耐陰性が高く，安定した森林であるが，大きなイベント（**攪乱**）によって動く．大規模な自然攪乱もあれば，小規模なものもあるが，森林は台風などの自然攪乱によって林冠層の部分的な崩壊（ギャップ形成）と再生を繰り返している（**図1.14**）．**ギャップ形成は多様性を増大させ，実生や稚樹が定着・成長するといった，森林更新につながる．このようなギャップによる極相林の維持機構はギャップダイナミクス**（gap dynamics）とよばれる（山本，1981；Yamamoto, 1992；McCarthy, 2001）．

極相段階にある森林も空間的・時間的に不均質な存在であるが（真鍋, 2011），言い換えれば，森林は台風などによるいわゆる自然災害をも森林生態系の維持機構に組み込みながら更新している．世界の森林タイプにおけるギャップ攪乱体制の回転時間などを**表1.1**に示す．温帯林はギャップ形成率，平均0.8％/年，回転時間は45-240年である．春日山原始林では台風などの攪乱頻度から，180年という森林回転率で動いている（Naka, 1982）．

なお，森林生態系については，「ヒトと森林」（只木・吉良編, 2002），「森林生態学」（日本生態学会編, 2011）がおおいに参考になるだろう．

図1.14 森林更新とギャップ攪乱体制のイメージ図(春日山原始林の現状から作成).極相林の閉鎖林冠が攪乱を受けると,倒木によってギャップができる.ギャップは疎開林冠を経て,閉鎖林冠へ,森林は回転する.春日山原始林(奈良県)では180年で一回転する(Naka,1982)

表1.1 世界の森林タイプにおけるギャップ攪乱体制(日本生態学会編,2012より転載)

森林タイプ	ギャップサイズ		ギャップ形成率 (%/年)	回転時間 (年)
	平均(㎡)	最小-最大(㎡)		
北方林・亜高山帯林	41-141 (78)	15-1245	0.6-2.4 (1.0)	87-303 (174)
温帯広葉樹林	28-239 (79)	8-2009	0.4-1.3 (0.8)	45-240 (134)
温帯針葉樹林	77-131 (85)	5-734	0.2 —	280-1000 (650)
熱帯林	10-120 (50)	4-700	0.5-6.5 (1.0)	80-244 (137)
南半球	40-143 (93)	24-1476	0.25-0.28 (0.3)	320-794 (408)

1.5 森と里のつながり

(a) 生態系のつながりと森林の多面的機能

　自然はさまざまな機能をもつが，前節で述べたように，自然が人間に対して発揮するさまざまな恵み（サービス＝機能）は，「**生態系サービス**」という．森林は，生態系としてさまざまな機能をもち，それらの経済評価も試みられている（林野庁，2001，2016）．森林がもつ**多面的機能**の経済評価はまだ不足していると林野庁が記しているように，過少評価ではあるが，森林は少なくとも70兆円という経済価値を有している．

　その機能は，森林には野生鳥獣が生息し（野生鳥獣保護機能／生物多様性保全），森林を構成する植物は光合成によって二酸化炭素を吸収し，酸素を放出する（大気保全機能）．森林の表土（林床）は下草や低木等の植生や落葉落枝に覆われていることから，雨水等による土壌の浸食や流出を防ぎ，樹木の根は土砂の崩壊を防ぐ（土砂流出防止機能／土壌保全）．森林の土壌は雨水を吸収して一時的に蓄え，徐々に河川へ送り出すことにより洪水を緩和するとともに，水質を浄化する働きをしている（水源涵養機能）．また，森林は木材やきのこ等の林産物を産出し（物質生産），新緑や紅葉など四季折々に私たちの目を楽しませてくれる（保健休養機能／文化）（**図1.15**）．

　生態系のつながりのなかで，森林は里地・里山や田園地域を流れる川を通じて，栄養塩類等を海へ供給し，里海の生きものである海藻や植物プランクトンを育てるなど，海域の生物多様性にも寄与している．田園地域・里地里山に暮らす人々や生産活動を行う者にとっても，森林の水源涵養機能は重要である．水路等における生きものの生活史や移動において，水と生態系のネットワークを維持することが森・里・川・海の生物多様性を保全することにつながる．森林，田園地域・里地里山，里海などは相互に関連している（農林水産省，2012，環境省自然環境局生物多様性センターウェブサイト参照）．

(b) 森と海のつながり－魚付き林と海洋文化

　森と海と人のつながりを実感できる地域は，海に囲まれた日本には多くあ

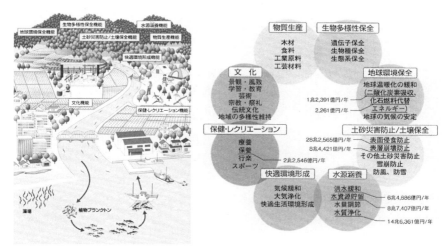

図1.15 森林のもつ多面的機能(左:林野庁, 2010)および森林の経済的評価(右:林野庁, 2016)

る.ここでは海洋文化が息づいている冠島(京都府舞鶴市)を紹介しよう.冠島は国の天然記念物オオミズナギドリ繁殖地として2015年に環境省の国指定鳥獣保護区に指定されたが,それ以前に「魚つき保安林」(以後,魚つき林:1951年に森林法により定められ,2002年時点で約3.1万haが指定されている)として指定され,漁師に大切にされてきた島でもある.

魚つき林は森から海への栄養塩類の供給や海や河川の濁りにつながる土壌浸食を抑制する作用など,海を支える森林の多面的機能を評価したもので,「森が海を育くむ」という視点から森林法により指定されている.かつては海面に森林の影が映ることにより魚が集まる効果(魚つき)に着目し,海岸斜面に存在する森林を魚つき林としていたが,現在は海だけでなく,河川に対する効果をもつ森林も魚つき林に指定されている.こうした島が持つ機能は**基盤サービス**のほかに**文化的サービス**も含まれている.

冠島では毎年6月1日に漁師たちが大漁と海の安全を祈念する「雄島参り」が行われ,笛や太鼓の音とともに沿岸の集落から漁師が島に集まってくる.この祭事は海洋文化ともいえるものである(前迫, 2016a)(**図1.16**).

冠島にはタブノキ，スダジイ，モチノキといった常緑広葉樹からなる照葉樹林が成立しているが，オオミズナギドリにとって照葉樹林は天敵に見つかりにくく，営巣に最適な立地であることから，この島にはオオミズナギドリの大コロニーが形成されている．この島が育む生物多様性は文化的サービスの好事例であり，また魚群を育むことから**供給サービス**の事例でもある．温度調整に関与しているという点で，冠島の森林は**調整サービス**の機能も果たしている．森林更新に対するオオミズナギドリの影響は生態学的にも興味深いが（前迫 1985, 2003, Maesako, 1991, 1999 など），詳細は他の機会に譲る．

　さて漁師たちはよい漁場であり，避難場所としての機能をも有する魚つき林としての冠島と，魚群の群れを教えてくれるオオミズナギドリの両方を大切にしている．この島とその周辺の集落の暮らしは，海と森と人のつながりを実感させるものである．

図 1.16　冠島の'雄島参り'（2009年6月1日）．島にはタブノキが優占する照葉樹林が成立する．

(c) 里山の保全と課題

　「里山」という言葉は現代において，広く二次的自然に対して使われているが，最初にこの用語を使用したとされる四手井（1980）は，薪炭林や肥料（堆肥）とするための農用林に対して「里山」を用いている．丸山（2007）は，「里山」が四手井の造語ではなく，すでに1784年（江戸時代）のたたら製鉄用の炭を

採取する記事に「里山」の記載があると指摘する.

守山 (1997) は二次林 (ヤマ), 農地 (ノラ), 集落 (ムラ) が関東平野の農村の形態であったとする. この場合, ヤマは里山を示すが, 近年, 包括的にヤマ, ノラ, ムラから成り立つ地域を広義の「里山」とする傾向にある (**図1.17**). 生活の変容は生態系にも影響を与え (養父, 2009), 1950年代以降, 燃料革命とともに, 自然と人の関係は大きく変容した.

図1.17 奈良県明日香の里山 (農林水産省の棚田百選に選定). 森林植生は竹林, コナラ・クヌギ林, スギ人工林などからなる. 畦は草刈りがされて多様性が高い (2012年4月撮影). ムラ, ノラ, ヤマの構造がみられる.

中山間地域では過疎化や高齢化の問題もあるが, たとえばオーナー制のような形で都市と地域が交流し, 田畑の運営に成功している例もある. 農業景観100選に選定されている奈良県明日香稲渕は豊富な植物相を維持している (前迫, 2013b). また, 棚田オーナー制によって, 畦塗りから稲刈り, さらに稲かけまでの米づくりやかかし立ての行事を通して, 地域の活性化をはかっている (**図1.18**).

里山には, 様々な植物群落 (ある区域で生活している植物個体群の集まり. 植物群集よりも関係性がゆるやかなまとまり) が成立している. このことは草地を利用する昆虫から森林の樹液を利用する昆虫までさまざまな生物群集

の生息地があることを意味し，昆虫から両生類，は虫類，鳥類およびほ乳類など，多様な動物が複雑な食物網を築いていることを意味する．

図 1.18 市民や学生が集う 6 月の棚田（左）と棚田オーナーが作成した案山子（右：秋は案山子ロードで賑わう，2012 年 10 月撮影）．本学森・川・田んぼ共育プロジェクト（著者立ち上げ）の学生たちもこの棚田で活動している（奈良県明日香稲渕）．

生物社会はひとときとしてとどまることなく変化するが，草原性昆虫は **r 戦略型**（内的増加率：種内競争が激しくないとき，個体の潜在的な増殖能力を高めるように作用する自然選択），極相林性の昆虫は **K 戦略型**（環境収容力：種内競争が激しくなったとき，種内競争を勝ち抜くように作用する自然選択）である．昆虫の戦略型は植物群落の遷移と関係していることから，生物の保護は生態遷移を考慮に入れる必要がある（石井ほか，1993）．

生物多様性の危機のひとつに人が自然に関わらなくなったことがあげられている（環境省，2010）．かつて里山のくらしのなかで，人々は田畑の畦の草を刈り，刈敷のために森林から落ち葉や下枝を穫り，燃料として蒔にするなど，自然に対して緩やかで持続的な関わりをもっていた．しかし現代において，そうした自然と人のかかわりは希薄になり，里山でも生物群集の生息地が保全できない時代を迎えている．

1.6　生態系の現代的課題－野生動物と森林のせめぎあい

(a)　ニホンジカと森林

　2,000年代に日本各地でシカによる生態系への影響が顕著になったが，シカ食害による原生的自然の生物多様性の劣化は世界的に起こっている問題でもあり，シカ問題は地球環境問題ともいわれている（湯本・松田，2007）．北海道（梶，1993）から，奈良県大台ヶ原のトウヒ林やブナ林（柴田・日野，2009），春日山原始林の照葉樹林（前迫，2007，2013），高山植生や湿地植生を含む日本の植生の約48％はシカの影響を受けている（植生学会企画委員会，2011）（**図1.19a，b**）．

　シカの採食圧は，森林更新や生物多様性の劣化をもたらし，激化すると斜面崩壊にもつながる．世界遺産春日山原始林では長期間にわたって天然記念物のニホンジカが高密度で生息している．そのために，森林更新の阻害が生じ，照葉樹林は外来樹木の拡散といった退行遷移・偏向遷移が生じている（Maesako et al., 2007；前迫，2006，2010，2013a）．

　先に森林のギャップダイナミクスについて述べたが，シカの長期的な採食圧によって，ギャップは拡大し，生じたギャップにはパイオニア種でシカが採食しない外来樹木のナンキンハゼが群落（個体群パッチ）を形成している（Maesako et al., 2007，前迫，2008）．高密度化したシカ個体群の採食圧は自然生態系の多様性を大きく劣化させる．環境省，各自治体，民間レベルでシカの個体密度調整のための野生動物管理が行われているが，適正個体数の試算とそのラインまでの駆除はなかなか思うようにいかない．**植生保護柵（シカ柵）**を設置し，シカの影響を定量的に評価するとともに，生態系保全の試みが推進されている（前迫・高槻，2015）（**図1.20，1.21**）．

　照葉樹林に設置した植生保護柵設置四年後の多様性を比較すると，シカ柵内で多様性が若干増加している．シカが採食しないエリアを設けることによって，次世代の実生の定着，遺伝資源の確保および多様性増大に効果を発揮するというデータが得られている．植生保護柵の設置は，植物の**レフュージア（避難場所）**としては有効である．その一方，生態系全体を囲うわけにも

図1.19(a) 日本におけるシカの分布と各地の植生景観（前迫・高槻, 2015）

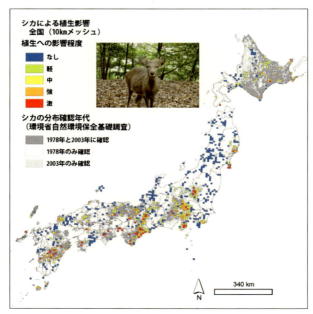

図1.19(b) 植生に対するシカの影響程度（植生学会企画委員会, 2011；掲載許諾番号 1017）．日本の植生の約50%はシカの影響を受けている．

図 1.20 春日山原始林に設置されたシカ柵実験区でツクバネガシがナラ枯れした後,モニタリング調査をする学生(2016年12月).写真ん中の樹木はナラ枯れしたツクバネガシ.

図 1.21 ギャップに設置した植生保護柵(シカ柵).2012年4月にシカ柵を設置(左)し,2年後に林床植生の回復(右)を確認した.この林分の開空率(下)は10%程度.

1.森と里の生態学—地域の生物多様性を育む　　37

図1.22 大台ヶ原のトウヒ林に環境省が設置した植生保護柵（2016年8月撮影）

いかないため，動物と植物の相互作用を維持するという点で限界がある．高密度のシカ個体群に対する有効な野生動物管理と植生管理はまだ試行錯誤の段階である．

(b) **ナラ枯れと竹林拡大**

　生物多様性の危機のひとつにあげられているように，近年，人と自然の関係性が希薄になっている．その結果起きている問題のひとつとして2000年から拡大している「ナラ枯れ」（**図1.23**）と1980年代以降の「竹林拡大」（**図1.24**）があげられる．

　ナラ枯れはカシノナガキクイムシ（以後，カシナガ）が媒介するナラ菌により，コナラやミズナラ等が集団的に枯損する現象である．カシナガは主にコナラやミズナラ，あるいは常緑カシ類などの樹木にナラ菌を持ち込むが，ナラ菌に感染した部分の細胞が死ぬと，通水障害を起こす．その結果，ナラ菌に感染した樹木は7月下旬頃から8月中旬にかけて葉が変色し，枯死に至る．翌年，カシナガはナラ菌とともに飛翔するため，各自治体は防除・対策として樹木にビニールを巻いてカシナガの侵入・飛翔を防いだり，トラップでカシナガを捕獲するなどの対策をとっている（林野庁，2016a）．

　2016年度の全国のナラ枯れ被害量は，前年度より増加しており，とくに大

図1.23 生駒山（大阪府）のナラ枯れ．茶色のパッチは，コナラの樹冠．2016年8月に一挙に広がった（大東市域，2016年9月撮影）

図1.24 奈良県天の香具山における竹林拡大（2007年5月撮影）

阪や兵庫県では爆発的なナラ枯れの拡散が続いている（**図1.23**）．ナラ枯れ後の林床植生を比較すると，シカの生息によってその反応は異なる（前迫，2016b）．いずれにしても，大規模になると，景観的損害だけでなく，土壌浸食・斜面崩壊につながる．ナラ枯れのメカニズムとその対策については林野庁（2016）のウェブサイト，黒田（2012），小林（2016）などに詳しい．

　コナラやミズナラを定期的伐採し，薪を燃料として使う暮らしは1950年

代以降，大きく変容している．定期的に樹木を伐採・利用しなくなったため，幹直径が大きくなった暗い二次林でナラ枯れは発生しやすい傾向にある．

一方，竹林拡大のメカニズムはナラ枯れとはまったく異なるが，タケノコを収穫しない，竹材を利用しない，農山村の過疎化，燃料革命など，人間の暮らしの変容が背景にある点はナラ枯れと同様である（鳥居・井鷺，1997，前迫，2008，鳥居・奥田，2010）．

ナラ枯れについては，自治体が対策に動いているもののまだ終息に向かっていない．一方，竹林拡散は民有地であることが多いため，行政としての保全・管理は難しい側面がある．市民による里山活動として竹の伐採・間伐がなされているものの，持続可能な有効利用がないため，竹林拡大は続いている．ナラ枯れも竹林拡大も，人間が生物資源を活用しなくなったことが背景にある．

1.7 東日本大震災と地域のレジリエンス

2011年3月に発生した東日本大震災は大きな津波とともに，多くの人命を奪い，さらには建築物，水産業や農地・農業用施設に対する破壊，放射性物質による海洋，森林および農地の汚染等，広範な地域に甚大な被害をもたらした（図1.25）．東日本大震災後の復興に際して，地域はもちろんのこと各省庁および関係学会などがさまざまなとりくみを進めているが，農林水産省（2012）は，東北の復興について「（中略）三陸地方は，リアス式海岸に見られる数多くの細い入り江とその奥の狭隘平地，そこに流れ込む川など，森・川・海のつながりが濃密な地域である．生物多様性の早期の復活，そして生態系サービスの増進のためには，森から川や海に至る結びつきを考慮して復興に取り組むことが重要である．」と記している．林野庁（2016b）は，震災直後から，防砂林として流されたクロマツの育苗に取り組んでいる（図1.26）．

海岸地帯は大きなダメージを受けたが，その後，海岸植生は再生しつつある．海岸のクロマツ林は流されたが，減災につながったという指摘もされている（富田ほか，2014）．5年経過した今も危険区域のために戻れない地域も

図1.25 震災前に撮影された空中写真(1974 − 78年撮影)と震災後(2011年5月〜11月)の比較(前迫, 2013). 標高:5 m(GPS)囲んでいる部分は八重垣神社(宮城県山元町)の社叢

図1.26 海岸に生き残ったクロマツと林野庁や地域が育苗するクロマツ(2013年10月撮影)

図1.27 あらたな建築許可がおりないため,枯死したクロマツと原野が広がる宮城県内のY地区(2016年8月撮影)

多いが(**図1.27**),一方,多くの人々が復興に向かって生活をはじめている.

海岸域で以前よりも高い防潮堤が構築され,砂浜の少ない無機的な海岸をみるとき,行政が考える「安全」と地域の人々の思いが遊離しているのではないかと懸念する.神社の宮司から,わずかに残ったクロマツ林を目印に祭事には人々が集まり,にぎわったという話をうかがった(2016年7月のヒアリング調査による).地域に根ざす文化と自然の再生が復興には不可欠であると感じる(前迫, 2014).

レジリエンス(resilience)という言葉は,心理学の分野などで困難に直面した際の回復力・復元力といった意味で用いられていたが,近年では防災力あるいはグリーンレジリエンスといった用語に代表されるように,災害に対する人,環境の強靱さという意味にも用いられている.大きな災害に直面した環境と人の再生において,自然と地域のレジリエンスは復興の要となるであろう.

おわりに

地球上には豊かな自然がある.それは,長い時間をかけて育まれた多種多様な生命からなる生物群集と環境が創り出す生態系であり,そうした自然の恵み(機能)に支えられてわれわれ人間は暮らしている.この地球上の生物多様性は過去からの贈り物であり,次世代に引き継がれるべきものでもある.そのためには自然の恵みでもある生物資源を持続可能なかたちで利用していくこと,人が自然に対してゆるやかに,かつ持続的に働きかける必要がある.

自然は多様であり,時間とともに変化する.人と自然の距離が遠くなりつつある現代にこそ,自然の息づかいを感じることができる感性を持ち続けていたい.地域の自然生態系を保全することは,自然の恵みを今と未来に引き継ぐことであり,人間の豊かで健全な暮らしにつながっている.

> # 課　題
>
> 1. 世界の植生と日本の植生はどのような要因に規定されているだろうか．
> 2. 生物多様性はわれわれの生活にとってなぜ必要だろうか．
> 3. 生物多様性の危機について考えてみよう．
> 4. 生態系サービスの具体的事例をあげてみよう．
> 5. 植物群集は動物群集の多様性とどのように関係しているだろうか．
> 6. 極相林のダイナミズムにはどのような要因が関係しているだろうか．
> 7. 生態系が抱えている現代的課題について，われわれはどのように行動すればよいだろうか．

文献

安立美奈子・伊藤昭彦（2015）熱帯林の土地利用変化に伴う生態系サービスの変化．日本生態学会誌，65，135-143．

Hubbell, S.P. (1979) Tree Dispersion, abundance, and diversity in a tropical dry forest. Science, 203, 1299-1309.

Hubbell, S.P. (2001) The Unified Neutral Theory of Biodiversity and Biogeography. Princeton University Press, Princeton. Monographs in Population Biology.

井上真編（2003）アジアにおける森林の消失と保全．中央法規．

石井実・植田邦彦・重松敏則（1993）里山の自然をまもる．築地書館．

IPCC（2016））気候変動2014：気候変動に関する政府間パネル第5次評価報告書．文部科学省・経済産業省・気象庁・環境省翻訳（2015年2月にIPCCウェブサイト公開）．

梶光一（1993）シカが植生を変える－洞爺湖中島の例－．「生態学からみた北海道」東正綱ほか編．北海道大学図書．

Kamijo, T., Kitayama, K., Sugawara, A., et al. (2002) Primary succession of the warm-temperatebrad-leaved forest on a volcanic island, Japan. Folia Geobotanica, 37, 71-91.

川上紳一（2000）生命と地球の共進化．日本放送出版協会．

環境省（2010）生物多様性国家戦略2010．環境省．

環境省自然環境局自然境計画課生物多様性施策推進室（2012）価値ある自然．環境省．

環境省地球環境局（2015）STOP THE 温暖化：緩和と適応へのアプローチ 2015. 国立環境研究所監修. 環境省.

神崎護（2006）東南アジア 人工林と二次林へと変質する熱帯林. 特集：苦悩と希望の緑（「森林環境 2006」森林文化協会）, 66-73, 2006.

吉良竜夫（1949）日本の森林帯. 日本林業技術協会.

吉良竜夫（1989）地球環境のなかの森林―自然の豊かなメッセージ. 第 2 回花の万博国際シンポジウム：みどりと都市－都市にとって緑とは何か. 花の万博国際シンポジウム企画委員会監修. 開隆堂.

久保田康裕（2012）森林の種多様性.「森林生態学」日本生態学会編. 共立出版.

黒田慶子（2012）ナラ枯れのメカニズムと対策. 特集 ナラ枯れの原因と防除対策. グリーン・エージ, 39(8), 4-7.

黒田慶子（2008）ナラ枯れと里山の健康. 全国改良普及協会.

小林正秀（2016）ナラ枯れ防除の成功例. 日本森林学会第 127 回大会要旨.

前迫ゆり（1985）オオミズナギドリの影響下における冠島のタブノキ林の群落構造. 日本生態学会誌, 35, 387-400.

Maesako, Y. (1991) Effect of Streaked shearwater (*Calonectris leucomelas*) on species commposition of Persea thunbergii Forest on Kanmurijima Island, Kyoto Prefecture, Japan. Ecological Research, 6, 371-378.

Maesako, Y. (1999) Impacts of streaked shearwater (*Calonectris leucomelas*) on tree seedling regeneration in a warm-temperate evergreen forest on Kanmurijima Island, Japan. Plant Ecology (Kluwer Academic Publishers), 145, 183-190.

前迫ゆり（2003）土中営巣性海鳥生息地におけるタブノキ実生の初期生長. 植生学会誌, 19, 33-41.

前迫ゆり（2005）春日山原始林－照葉樹林とシカと人との共生をめざして－.「植物群落モニタリングのすすめ 自然保護に活かす植物群落レッドデータ・ブック」. 文一総合出版, 147-167.

前迫ゆり（2006）春日山原始林とニホンジカ.「世界遺産をシカが喰う シカと森の生態学」湯本貴和・松田裕之編著. 文一総合出版, 147-165.

前迫ゆり（2008）歴史的風土保存地区香久山における竹林拡大. 関西自然保護機構会誌, 30, 135-143.

前迫ゆり（2009）琵琶湖が育む照葉樹林：タブノキ林とその保全.「とりもどせ！琵琶湖・淀川の原風景」西野麻知子編著. サンライズ出版. 121-132.

前迫ゆり（2010）世界遺産春日山照葉樹林におけるギャップ動態と種組成. 社叢学研究, 8, 60-70.

前迫ゆり（2013a）明日香村稲渕における伝統的棚田畦畔植生の多様性. 大阪産業大学人間環境論集, 9, 79-96.

前迫ゆり（2013b）世界遺産春日山原始林－照葉樹林とシカをめぐる生態と文化．ナカニシヤ出版．

前迫ゆり（2014）東日本大震災域の海岸植生および社叢の再生：自然と地域のレジリエンス．大阪産業大学人間環境論集，13，61-91．

前迫ゆり（2016a）森と海の文化　暮らし・祈り・自然．社叢学研究，14，36-56．

前迫ゆり（2016b）「シカ」と「ナラ枯れ」と生物多様性．大阪の生物多様性ホットスポット－多様な生き物たちに会える場所．大阪府環境農林水産部みどり推進室みどり企画課，10-12．

Maesako, Y., Nanami,S. and Kanzaki, M. (2007) Spatial distribution of two invasive alien species, Podocarpus nagi and Sapium sebiferum, spreading in a warm-temperate evergreen forest of the Kasugayama Forest Reserve, Japan. Vegetation Science, 24, 103-112.

前迫ゆり・高槻成紀（2015）シカの脅威と森の未来－シカ柵による植生保全の有効性と限界．文一総合出版．

真鍋徹（2011）森林のギャップダイナミクス．「森林生態学」日本生態学会編．共立出版．

丸山徳次（2007）今なぜ里山学か．「里山学のすすめ」丸山徳次・宮浦富保編．昭和堂．

McCathy, J. (2001) Gap dynamics of foprest trees:a review with particular attention to boreal forests.Environ. Rev., 9, 1-59.

守山弘（1997）むらの自然をいかす．岩波書店．

Naka, K. (1982) Community dynamics of evergreen broadleaf forests in southwestern Japan. I. Wind damaged trees and canopy gaps in an evergreen oak forest. The botanical magazine, 95, 385-399.

日本生態学会編（2002）「外来種ハンドブック」村上興正・鷲谷いづみ．地人書館．

日本生態学会編（2011）森林生態学．東京化学同人．

日本生態学会編（2012）生態学入門（第2版）．東京化学同人．

農林水産省（2012）農林水産省生物多様性戦略．農林水産省．

Odum E. P. (1953) Fundamentals of ecology. W B. Saunders Co., Philadelphia and London.

林野庁（2001）平成22年度 森林・林業白書．林野庁．

林野庁（2016a）平成27年度 森林・林業白書．林野庁．

崎尾均（2003）ニセアカシア（Robinia pseudoacacia L.）は渓畔域から除去可能か？．日本林學會誌，85，355-358．

佐々木雄大・小山明日香・小柳知代・古川拓哉・内田圭（2015）植物群集の構造と多様性の解析．「生態学フィールド調査法シリーズ」占部城太郎・日浦勉・辻和樹編．共立出版．

四手井綱英（1980）二次林について．関西自然保護機構，4，1-2．

植生学会企画委員会（2011）ニホンジカによる日本の植生への影響シカ影響アンケート調査（2009～2010）結果．植生情報，15，9-20．

シュリ・前迫ゆり・松村加奈子（2008）内モンゴル草原における生活様式の変遷と植生評価のための衛画像ALOS/AVNIR-2データの有効性．大阪産業大学人間環境論集, 7, 83-102.
只木良也・吉良竜夫編（2002）ヒトと森林－森林の環境調節作用．共立出版．
寺島一郎（2006）植物と環境．「植物生態学」甲山隆司ほか．朝倉書店．
寺島一郎（2014）植物の生態－生理機能を中心に－．裳華房．
富田瑞樹・平吹喜彦・菅野洋・原慶太郎（2014）低頻度大規模攪乱としての巨大津波が海岸林の樹木群集に与えた影響．＜特集＞東日本大震災と砂浜海岸エコトーン植生：津波による攪乱とその後の回復．保全生態学研究, 19, 163-176.
鳥居厚志・井鷺裕司（1997）京都府南部地域における竹林の分布拡大．日本生態学会誌47, 31-41.
鳥居厚志・奥田史郎（2010）タケは里山の厄介者か？．＜特集＞拡がるタケの生態特性とその有効利用への道．森林科学, 58, 2-5.
Walter E. P. (1964) Die Vegetation der erde in oko-physiologicher Betrachtung. Band 2. Die gemassigten und Arktischen Zonen. Gustav Fisher Verlag, Berlin, London.
Whittaker R.H. (1975) Communities and ecosystems 2nd ed. The Macmillan Company, Berlin.
養父志乃夫（2009）里地里山文化論．循環型社会の暮らしと生態系（下）．農文協．
山本進一（1981）極相林の維持機構－ギャップダイナミクスの視点から－．生物科学, 33, 8-16.
Yamamoto, S. (1992) The gap theory in forest dynamics. Botanical magazine of Tokyo, 105, 375-383.
安田喜憲（1981）環境考古学事始め．NHKブックス．
横田岳人（2009）大台ヶ原の植生とその現状．「大台ヶ原の自然誌」柴田叡弌・日野輝明編著．東海大学出版会．
吉岡邦二（1974）植物地理．共立出版．
湯本貴和・松田裕之（2007）世界遺産をシカが喰う．シカと森の生態学．文一総合出版．

参照URL
環境省（1976）自然環境保全調査報告書（第1回緑の国勢調査）（昭和51年）
　http://www.biodic.go.jp/reports/1-1/u000.html（2016年12月閲覧）
環境省（2015）我が国の生態系等に被害を及ぼすおそれのある外来種リスト（生態系被害防止外来種リスト）
　http://www.env.go.jp/press/100775.html（2016年12月閲覧）
環境省近畿地方事務所（2010）吉野熊野国立公園大台ヶ原
　http://kinki.env.go.jp/nature/odaigahara/saisei/saisei_index.html（2016年12月閲覧）
環境省自然環境局：生物多様性

http://www.biodic.go.jp/biodiversity/（2016 年 12 月閲覧）
環境省生物多様性センター：生物多様性と生態系サービス
https://www.biodic.go.jp/biodiversity/activity/policy/valuation/service.html（2016 年 12 月閲覧）
林野庁（2016b）ナラ枯れ
http://www.rinya.maff.go.jp/j/hogo/higai/naragare.html（2016 年 12 月閲覧）

2 絶滅危惧種の保全活動
―淀川のイタセンパラを事例として

鶴田哲也

　現代は生命史上「第6の大量絶滅」といわれる時代であり，人間活動の結果生じている（プリマック・小掘，2008）．世界的に生物多様性の危機が生じており，絶滅のおそれのある種，いわゆる絶滅危惧種の増加に歯止めが利かない状況にある．そのような絶滅危惧種をリストアップした物をレッドリスト，絶滅危惧種の情報を出版物にまとめたものをレッドデータブックといい，日本においても，環境省や各都道府県などの自治体から出版されている．

　2015年に発刊されたレッドデータブック2014では，日本におよそ400種生息する汽水・淡水魚類のうち，167種（約42％）が絶滅のおそれのある種に指定されている（環境省，2015）．この比率は昆虫や植物など他の分類群と比較しても著しく高い．淡水魚の減少要因は種毎に異なるものの，ダム等の河川横断工作物，圃場整備，外来種の侵入，水質汚染，観賞目的の乱獲など，いずれも人間活動に起因するものである（細谷ほか，2015）．日本各地でさまざまな人達がこうした絶滅が危惧される生物種の保全に携わっているものの，成功事例が少ないのが現状である．そこで本章では，今のところ成功事例に数えられる淀川のイタセンパラの保全活動について紹介する．

2.1 イタセンパラとは

イタセンパラ(*Acheilognathus longipinnis*)は,コイ科タナゴ亜科に属する日本固有の淡水魚である(**図 2.1**).本種はかつて琵琶湖・淀川水系,濃尾三川(木曽川,揖斐川,長良川),富山平野北西部の3地域に広く分布していた.しかし現在では個体数が著しく減少し,琵琶湖・淀川水系ではほぼ絶滅に近い状況にあり,濃尾平野と富山平野においてもごく一部の河川に残っているにすぎない状況であるため,環境省の**レッドリスト**ではもっとも絶滅が危惧されるIA類に指定されている(環境省,2015).また,1972年には文化庁が種指定の天然記念物に,1995年には環境省が「絶滅のおそれのある野生動植物種の保存に関する法律」(種の保存法)に基づく国内希少野生動植物種に指定し,法的には保護されている.

図 2.1 婚姻色の出たイタセンパラの雄の写真

本種は平野部の河川中・下流域のワンド,農業用水路に代表される半自然水路,湖沼といった泥底の止水ないし緩流域に生息する.個体数の減少の最大の原因は,圃場整備による水路の改修,ワンドの埋め立て改修等の河川開発,生活排水等による水質汚濁である(環境省,2015).また,タイリクバラ

タナゴの侵入による駆逐の可能性も指摘されており，近年ではマニアによる密漁や，オオクチバス，ブルーギルによる捕食も本種の存続を脅かす要因として無視できない状況にある（環境省，2015）．

イタセンパラは他のタナゴ類と同様に，イシガイ科の二枚貝類の鰓葉に産卵するという特異な繁殖様式をもち，孵化後の仔魚は卵黄を吸収し終えるまで貝内ですごす．タナゴ類の多くの種は春から初夏にかけて産卵を行うのに対し，イタセンパラを含む一部の種は秋季に産卵し，孵化仔魚がそのまま貝内で越冬して翌年の春に貝から浮出する．約半年もの間，貝の中ですごすのである．

イシガイ科の二枚貝類は，幼生期にヨシノボリ類などの底生魚に寄生して生活する．したがって，イタセンパラを**保全**するためには，二枚貝類やヨシノボリ類が生息できる環境を維持しなければならず，もちろんそれらの餌生物も十分に存在しなければならない．イタセンパラの保全を成功に導くためには，本種だけでなく，地域の生態系や生物多様性にも目を向ける必要があるのである．

2.2　淀川のイタセンパラ

淀川は全国的にみても淡水魚類相の豊かな河川で，約100種の淡水魚の生息が記録されており，その中には絶滅のおそれのある種や琵琶湖・淀川水系の固有種も多く含まれている．淀川のシンボルフィッシュと呼ばれるイタセンパラも，本流と直接あるいは間接的につながる池のような構造をしたワンドと呼ばれる止水域に多く生息していた（小俣ほか，2011）．その中でも大阪市内に約30箇所連続して位置するワンドが城北ワンド群と呼ばれ，イタセンパラの主要な生息地となっていた（平松・内藤，2009）．しかしながら淀川のイタセンパラは著しく個体数が減少し，2006年以降はその姿が見られなくなってしまった（河合，2008）．

淀川におけるイタセンパラの減少には水質汚染やワンドの埋め立て等の河川改修が大きく影響したとされる（村上，2008）．特に近年では，ボタンウキ

クサやアゾラ，ナガエツルノゲイトウといった環境省により特定外来生物に指定された水草が大量繁茂し，水中への日光や酸素の供給を妨げ，枯死体が水底に堆積することにより水質や底質の悪化を引き起こしている（内藤ほか，2012）．このような環境の変化にともない，淀川の魚類群集にも大きな変化がみられた．

　大阪府立環境農林水産総合研究所水生生物センター（以下，水生生物センター）が1971年から約10年ごとに実施している淀川淡水域全域での魚類相調査によると，城北ワンド群における1993年までの調査では，**外来魚**はほとんど確認されていなかった．ところが2004年の調査では，地曳網で捕獲された魚類のうちオオクチバスやブルーギルといった外来魚が47％を占め，その割合は2010年の調査では実に90％にまで急激に増加していた（**図2.2**）．この外来魚の急激な増加はイタセンパラが淀川から姿を消した時期とちょうど重なることから，オオクチバスやブルーギルによる捕食が淀川のイタセンパラが野生絶滅に陥った一要因であると考えられる．

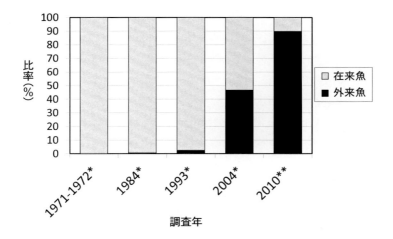

図2.2　城北ワンド群における在来魚と外来魚の個体数比率の推移
　地曳網調査の採集魚類における比率を示した
　＊データは平松・内藤（2009）より引用
　＊＊データは大阪府立環境農林水産総合研究所水生生物センターより提供

このような状況の中で，水生生物センターと国土交通省近畿地方整備局淀川河川事務所が共同でイタセンパラを淀川に野生復帰させるプロジェクトを開始した．厚生労働省の緊急雇用創出事業を活用して城北ワンド群の外来魚駆除を行うとともに，イタセンパラの生息域外保全のため水生生物センター内の池で累代飼育されていた個体の試験放流等が試みられてきたが，当初の取り組みには市民の参加がなかった（上原，2016）．イタセンパラ野生復帰プロジェクトについては各種メディアで度々取り上げられたものの，密漁防止の観点から放流場所を公開できなかったからである．しかしながら，都市部を流れる淀川のような場所で希少種の保全を円滑に進めるためには，地域住民の協力が必要不可欠である．淀川のイタセンパラの保全活動に地域住民が参加し，行政や研究者の三者の連携体制を構築するために，淀川水系イタセンパラ保全市民ネットワークが設立された．

2.3　淀川水系イタセンパラ保全市民ネットワーク

　「イタセンパラを淀川に！」の合言葉のもと，淀川流域で活動する市民団体と研究機関，行政が連携し，2011年8月に「淀川水系イタセンパラ保全市民ネットワーク」（略称：イタセンネット）は設立された．発足当時は17団体であったが，2016年9月現在では41団体にまでその輪は広まっている（イタセンネットホームページ参照）．

　イタセンネットの定例保全活動は，2012年4月から本格的に始まった．4月から11月まで月に2回（基本的に第1土曜日と第3日曜日），外来魚や外来植物の駆除，魚類調査，ワンド周辺の清掃活動などを実施している．外来魚駆除の際には籠モンドリと地曳網を併用していたが，2年目以降は外来魚の数が減少し籠モンドリの駆除効率が悪くなったことから，現在では地曳網を中心に駆除活動を実施している．また，イタセンネットの連携団体には大学関係者が多いことから，大学の教員などが講師となって，学生や市民向けに水辺の外来種対策リーダー養成講座を開講している．

2.4 外来魚駆除の効果

イタセンネットの定例保全活動として行われた魚類調査の結果を見てみると，活動の始まった2012年は一回の調査で地曳網で捕獲された魚類のうち外来魚の占める割合は平均65％であった（**図2.3**）．翌2013年にはその割合は36％に低下し，2014年，2015年はそれぞれ12％と20％と外来魚の割合は低い値で維持されている（**図2.3**）．このように，一定の外来魚駆除効果が認められたことから，2013年10月10日にイタセンパラの親魚500匹が市民の手によって放流された．なお，再導入されたイタセンパラは先にも述べた水生生物センターで生息域外保全されていた個体である．翌年の春にはイタセンパラの稚魚が放流したワンドで750匹確認され，その後も毎年イタセンパラの姿が見られている．このようなイタセンネットの取り組みが評価され，2015年7月には第17回日本水大賞において環境大臣賞を受けた．

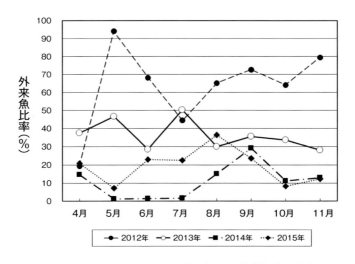

図2.3 城北ワンドにおける外来魚の個体数比率の推移

イタセンネットの魚類調査結果より作成（参照：イタセンネット活動紹介, http://itasennet.exblog.jp/）．イタセンネットの定例活動である地曳網調査の採集魚類における比率を示した．調査が月に2回実施された場合は平均値を示した．

2016年現在までのところ，淀川におけるイタセンパラの再導入は成功していると言える．しかしイタセンネットを中心とした保全活動が続いているからといって，決して安心できるものではない．2013年〜2015年の間に数回，台風など大雨による増水で城北ワンド群は冠水している．その直後の調査では，外来魚駆除が行われているワンドにおいて一時的に外来魚比率が上がることが確認されており，オオクチバスやブルーギルが冠水時に上流域から流されて進入していると考えられる．また，オオクチバスやブルーギル以外にも，コクチバスやチャネルキャットフィッシュといった新たな肉食性の外来魚が淀川でも確認されている（川瀬ほか，印刷中）．今後これらの外来魚が爆発的に個体数を増加させる事態が生じれば，イタセンパラにとっても大きな脅威となるであろう．それに加え，ワンド周辺ではイタセンパラが産卵に利用する二枚貝の真新しい貝殻が岸辺に落ちているのをよく目にするようになった．これは，外来種のヌートリアが捕食した後だという（石田ほか，2015）．現時点ではワンドに生息するタナゴ類の個体数の減少は認められないものの，大食漢であるヌートリアの数が増えれば何れは産卵母貝の減少に伴いタナゴ類の生息数への影響が懸念される．現状では，イタセンパラの存続を脅かす要因がまだまだあるものの，いつの日かそれらがなくなり，イタセンパラが淀川で普通に見られる日が来ることを願ってやまない．

課　題

1. イタセンパラが絶滅の危機に瀕しているのはなぜだろうか．
2. 淀川のイタセンパラの保全を成功させるにはどうすればいいのか考えてみよう．
3. なぜ絶滅危惧種を保全しなければならないのだろうか．

文献

平松和也・内藤馨(2009)淀川城北ワンド群の魚類群集の変遷.関西自然保護機構会誌,31, 57-70.

細谷和海・瀬能宏・渡辺勝敏(2016)レッドデータブックからみた日本産魚類の危機.「淡水魚保全の挑戦－水辺のにぎわいを取り戻す理念と実践」日本魚類学会自然保護委員会編.東海大学出版部, 3-13.

石田惣・木邑聡美・唐澤恒夫・岡崎一成・星野利浩・長安菜穂子(2015)淀川のヌートリアによるイシガイ科貝類の捕食事例,および死殻から推定されるその特徴.大阪市立自然史博物館研究報告, 69, 29-40.

環境省(2015)レッドデータブック 2014 －日本の絶滅のおそれのある野生生物：4. 汽水・淡水魚類.ぎょうせい.

河合典彦(2008)イタセンパラ仔稚魚調査からみた淀川の河川環境の変遷.関西自然保護機構会誌, 30, 103-111.

川瀬成吾・石橋亮・内藤馨・山本義彦・鶴田哲也・田中和大・木村亮太・小西雅樹・上原一彦(印刷中)淀川流域における外来魚の生息状況.保全生態学研究.

村上興正(2008)何が淀川のイタセンパラを絶滅に導いたのか.関西自然保護機構会誌, 30, 75-90.

内藤馨・上原一彦・辻野耕實(2012)淀川ワンドにおける外来魚および外来植物の駆除.日本水産学会誌, 78, 769-772.

小俣篤・上原一彦・小川力也(2011)淀川水系におけるイタセンパラの保全と野生復帰に向けて－イタセンパラの再導入の試行.「絶体絶命の淡水魚イタセンパラ－希少種と川の再生に向けて」日本魚類学会自然保護委員会編.東海大学出版会, 138-158.

プリマック,リチャード B.・小掘洋美(2008)保全生物学のすすめ(改訂版).文一綜合出版.

上原一彦(2016)イタセンパラ－生息地再生と野生復帰プロジェクト.「淡水魚保全の挑戦－水辺のにぎわいを取り戻す理念と実践」日本魚類学会自然保護委員会編.東海大学出版部, 67-85.

参照URL

イタセンネット活動紹介　http://itasennet.exblog.jp/(2016年10月閲覧)
淀川水系イタセンパラ保全市民ネットワーク ホームページ
　http://www.itasenpara.net/(2016年10月閲覧)

3 太陽と地球環境

硲　隆太

　人のサイズを1（m）とすると，マクロの宇宙は10^{27}乗（m），一方，ミクロの素粒子は10^{-35}乗（m）！　この無関係に思える両極端のスケールが実は，宇宙の始まりを通して密接に関係していることが分かってきた．我々の体を形作り，生命のみならず地球はじめ，宇宙のあらゆる人類が知りうる通常の物質は，全宇宙質量のわずか5％で，残りは，未知の宇宙暗黒物質（ダークマター）が担うと十数年までは思われていたのが，宇宙加速膨張の大発見により，さらに正体不明のダークエネルギー（SFではない！　アインシュタインが人生最大の失敗と当時嘆いた"宇宙項Λ"の復活）が突如加わり，宇宙は謎だらけで，まだまだこれまで常識と思われていたこと（教科書）が書き換わる可能性だらけである．そのため，本章は，あくまで現時点で分かりえた事実に基づくストーリーであって，年齢を得るにしたがって，現実に追われ，子供の頃の純粋な疑問を失う場合が多いが（ノーベル賞を受賞された小柴博士は，疑問を忘れず，いつか引き出しから出して使う（その疑問にチャレンジする）ときまで"頭の中で飼う"という表現をされているが），疑問を持ち続け全てを疑い，柔軟な思考で自分の頭で考えれば，将来，読者の"あなた"が教科書を書き換えるチャンスに出会えるはずである．

　本章では，スケールの話を身近なものに置き換え，実感出来るように努め，過去の偉大な先人たちの偉業を学び，（よく，"先人の肩に乗って，未来を見

通す"というような表現をするが…)，まずは地球からスタートし，太陽系および"宇宙の距離はしご"まで歴史的な発展について紹介する．次に宇宙の構成物質探索の最近の進展について述べ，本章の主題の"太陽と地球環境"に関して，なるべく複雑な計算を避け直観的に初歩から理解できるよう，太陽のエネルギーの源および地球との関係について，特に長期的な変動の観点から最新の研究成果も交え，解説する．138億年（46億年）の時空スケールで人間・環境を一緒に考えてみよう．

3.1 地球から宇宙までスケールを実感
〜地球を 100 cm の球に縮めると〜

　日本科学未来館に"100 cm"の地球があり，見るだけでなく，実際に手で触れスケールを実体験出来る．実際の大きさ（直径）は，12,756 km であるが，このスケールを実感出来る人は少ないであろう．驚くべきは，今から2千年以上も前の紀元前240年頃の，ギリシャのエラトステネスは，太陽と日時計の影を利用して，地球が丸いと仮定して，地球の半径をおよそ1,000 km（16 %）の誤差で推計し，当時，日本がまだ弥生時代が始まった頃であることを考えても，相当に精度の高い測定を成し遂げた．
　では，地球唯一の衛星である月の大きさ，月までの距離はどうすれば，求められるであろうか？　同じく，紀元前のギリシャで，月食や三角法を用いて，ヒッパルコスは，実際の約38万kmの距離に近い値を得ており，正確な時計も無い，高度な機器も無い時代に，このことは驚愕である．2016年11月14日は，ウルトラスーパームーンとして68年ぶりに月が地球に35万6509 kmまで最接近し，次にこの程度まで近づくのは2034年11月26日で，この折には35万6400 kmまで近づく．一方，最遠方の折には40万6720 kmとなり，みかけの大きさ，明るさも変化する．月は，単なる衛星としてではなく，地球の自転軸を安定させ，小惑星・隕石からの衝突の盾となり，地球環境，とりわけ生命維持に多大な貢献を果たしている．月の一番身近な地球への影響としては，**潮汐力**が挙げられるが，これとつり合う**遠心力**で，一年に3.8 cm

ずつ遠ざかっており，それに伴い，地球の一日は年に1.6×10^{-5}秒ずつ伸びている．元々，地球から地球半径の3倍程度離れた近い場所に月は形成され，地球の一日の長さは6時間程度であったが，潮汐相互作用により月が地球から遠ざかり，地球の自転角速度は遅くなり，現在の長さになった（稲葉他，2006）（課題1）．月の成因については，最新のカリウムの同位体（^{41}K）の研究から，スイカをスレッジハンマーで叩くような，"極度の"**巨大衝突説**が近年，示唆され，従来の仮説より，地球と火星ほどの原始惑星（ティア）が正面から激しくぶつかり合い，はるかに高温の状態となり，月の石には，カリウムの中でも重い同位体（^{41}K）が，地球の石より0.4パーミル（‰）多く含まれるという新仮説が提唱され話題となっている（Wang and Jacobsen, 2016）．

次に太陽までの距離であるが，同じく古代ギリシャのアリスタルコスが，もし月の光が太陽光を反射したものなら，半月になるのは，太陽，月，地球が直角三角形の配置になるときであり，月の中心と太陽の中心のなす角度を測れば，太陽までの距離が，地球と月の間の距離の何倍になるかわかると推論して求めた．結果，太陽は20倍ほど月よりも遠くにあり，実際の約400倍（1億5千万km）とは異なるが，当時，小数計算，三角関数が考え出されるはるか以前である．晩年，彼は失明しており，太陽を直接見るのは注意が必要である．距離が求まれば，太陽の大きさは，日食のときに月が太陽を覆い隠す事実を用いればすぐに求まり，太陽の大きさは，距離の約100分の1となり，正確には約140万kmとなる．

冒頭に述べた地球の大きさ（約1万3千km）を100 cmの球に縮めると100万分の1の縮尺となり，太陽は，約140万km/1.3万km～110倍となり，他，太陽系の惑星含め，**表3.1**が得られる（永井，2002）．後年，1672年，パリ天文台長のカッシーニは，同僚をフランス領ギアナのカイエンヌに送り，パリとカイエンヌで火星の同時観測を行い，視差に基づいて火星までの距離を求めた．一方，**ケプラーの第3法則**「惑星の公転周期の二乗は楕円軌道の半長軸の三乗に比例」を用いて，火星の公転周期が分かれば，火星の公転軌道半径が求まる（約1.5 AU（天文単位：**図3.2**参照））．さらに近くの恒星までの距離を測るには，地球軌道半径を基線として，視差を測る．地球が太陽の周りを回

表 3.1 地球が100cmの球だったときの太陽系惑星のデータ（永井, 2002より改変）

	大きさ		地球からの最短距離		
	縮尺後	直径（km）	縮尺後	距離（km）	距離（AU）
太陽	110 m	1,392,000	12 km（大阪ドーム）	149,597,870	1.000
水星（図3.1(a)）	40 cm	4,880	7 km（生駒山）	91,688,535	0.613
金星	95 cm	12,104	3 km（鶴見緑地）	41,389,243	0.277
地球（図3.1(b)）	1 m	12,756	大阪産業大学（大東）	0	0.000
月	30 cm	3,476	30 m（バスケットボールコートの先）	384,400	0.003
火星	50 cm	6,794	6 km（萱島神社）	78,341,413	0.524
木星	11 m	142,984	49 km（神戸）	628,700,008	4.203
土星（図3.1(c)）	9 m	120,535	100 km（姫路）	1,279,796,314	8.555
天王星	4 m	51,118	213 km（高松）	2,725,441,315	18.218
海王星	4 m	49,528	340 km（広島）	4,354,852,339	29.110
冥王星	20 cm	2,390	567 km（長崎）	4,292,602,130 〜 7,238,502,130	28.694 〜 48.386

図 3.1 (a) 土星（約14億km遠方のカッシーニ探査機）及び水星（約9.8億km遠方のメッセンジャー探査機）から見た地球と月（NASA（2013），ウェブサイトより転載）

3. 太陽と地球環境

図3.1 (b) 国際宇宙ステーションが地球の様子をライブ配信（NASA (2014), ウェブサイトより転載）

図3.1 (c) 土星（約14億km遠方のカッシーニ探査機）から見た地球と月（(a)左図の拡大）（NASA (2013), ウェブサイトより転載）

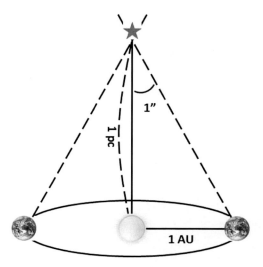

図3.2　パーセクとは？

る夏と冬の対極時に見える恒星の位置のずれ（**年周視差**　図3.2）を確認出来れば，すなわち，地球が宇宙の中心に無く，太陽の周りを回っている**地動説**の証拠となり，単なる恒星までの距離を求めることに留まらず，宇宙観・宗教観を左右する極めて重要な観測事実となり，世界で年周視差の観測競争が始まった．

年周視差が1秒角（3600分の1）となる距離が1パーセク（parsec：parallax（視差）＋ second（秒））となる．すなわち，1天文単位（AU）の長さが1秒角の角度を張る距離を1パーセクと定義する．

1パーセクは約3.26光年，約206265 AU，3.0×10^{16} m．

地球の公転半径（1天文単位）は1億5千万 km（$=1.5 \times 10^{11}$ m）．

1秒角は $\dfrac{1}{20万（正確には216000）}$ ラジアンだから，2×10^5 を掛けて，3×10^{16} m が1パーセクとなる距離．

最近接の恒星 α ケンタウリは0.76秒角で，距離1.3 pc．

1光年は，光の速度（秒速30万 km）で1年間（約 $\pi \times 10^7$ 秒）に進める距離なので

3×10^8 m/s $\times \pi \times 10^7$ s $= 9 \times 10^{15}$ m.
1度は1ラジアンの $\frac{1}{60}$,
1分角は $\frac{1}{3600}$, これを60で割って1秒角は $\frac{1}{216000}$

(太陽や月の視直径は0.5度 = 30分角).

　しかし，太陽の次に最も近い**ケンタウルス座α星**でも4.39光年離れており，この恒星の年周視差はわずか0.76秒で，これは271 m先にある物体を1 mmずらして，その位置のずれを検出出来る精度である．ヨハネス・ケプラー（独：1571〜1630年）の師匠のティコ・ブラーエ（デンマーク：1546〜1601年）は，肉眼観測での当時としては，驚異的な1分角の精度（900 mm腕先の1/4 mm 爪を識別可）で観測を行っていた．しかし，年周視差の観測には，1秒角の精度（20万 m 先（高松）の1 mの人影を識別可）以上が要求され，この後，約240年にも及ぶ観測技術の向上が必要であった．人類最初の年周視差の観測に，ほぼ同時期の1838年〜1839年，ベッセル（独）による白鳥座61番星の0.314秒（課題2），ヘンダーソン（英）によるケンタウルス座α星の0.76秒，ストルーベ（露）によるベガの0.26秒の3名が成功し，地動説が実証された．およそ180年後の現在，観測技術がさらに向上し，年周視差の世界記録は，日本の岩手県から沖縄県までの4ヵ所の電波望遠鏡での同時観測により，直径約2300 kmの日本列島サイズの大きな望遠鏡と同じ性能を発揮するVERAによるS269天体（オリオン座の方向にある星形成領域）の189 ± 8マイクロ秒角である．これは，距離にして17250 ± 750光年に相当し，驚異的な精度（月面に置いた1年玉を地球から見たときの見かけの大きさを識別可）で初めて可能となる遠方の星の年周視差による距離測定である．

　では，年周視差の測れない10万光年以上の遠い星はどのように，距離を測るのであろうか？　年周視差以外にも天体までの距離を測る様々な方法が考え出され，**HR図**（後述3.5 (b)），セファイド，ハッブル定数等，一つの物差しでなく，何段階もの物差しを交換していかなくてはならない．これを**距離の梯子**（はしご）という（杉山，2003）．

　以上，地球から宇宙のスケールまでマクロな世界を俯瞰してきたが，冒頭

に述べた大きさを実感出来る映像を作成したのが，米国の著名なデザイナー，建築家，映像作家であるチャールズ・イームズである．1968年に作成したこの教育ショートフィルムの代表作「**パワーズ・オブ・テン（Powers of Ten）**」では，数量の比較を視覚的に捉え，視点を地球から宇宙の果てへと拡大し，一方，細胞，DNA，原子，原子核へとミクロの世界を対比し，劇的に見せている．タイトルのPowersは，「**べき乗**」の意味であり，「10のべき乗（10^n）」として，前半は，10秒ごとにスケールを10倍にしていき，逆に後半は，$\frac{1}{10}$倍を繰り返し，極大の宇宙から極微の素粒子へ，10の25乗m（約10億光年）から10のマイナス16乗の世界まで，まだCGの存在しなかった時代，実写からアニメーションへの滑らかな移行は見るものを驚かせる（Powers of Ten, 1983）．現在，我々が観測できる宇宙のサイズは，一つの銀河団のさらに1万倍（10^{27}m）であり，一方，自然界の4つの力（重力，電磁気力，強い力，弱い力）を統一すると期待されている「ひも理論」では，素粒子の大きさは10^{-35}mと考えられている（村山，2010）．この無関係に思える両極端のスケールが実は，宇宙の始まりを通して密接に関係していることが分かってきている（**図3.3**）．

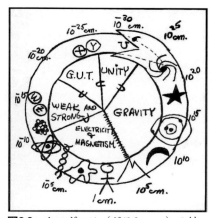

図3.3 ウロボロス（グラショー）の蛇（Sulak, ウェブサイトより転載）
（GRAVITY: 重力，ELECTRICITY & MAGNETISM：電磁気力，WEAK AND STRONG:弱い力と強い力，G.U.T.:大統一理論，UNITY：統一）

3.2 宇宙の構成物質

3.1で述べたVERAの観測により，S269の位置（太陽系から1万7250光年，銀河系中心から4万2700光年）での銀河の回転速度を計測することにも成功し，太陽系と天の川銀河中心までの距離2万6100光年と，太陽系の銀河回

転速度240 km/sが精密に測定された（課題3）(**図3.4**). 得られた回転速度は, 銀河系の星の質量から期待される回転速度よりも大きく, 太陽系とS269の間の領域にも大量の**暗黒物質（ダークマター）**が存在していることが明らかになった. 太陽系の惑星の公転速度からも分かる通り, 公転速度の二乗は太陽からの距離に反比例し, この場所によらずほぼ一定の回転速度の観測事実は, 銀河中心からの距離に応じて（見えない）質量が存

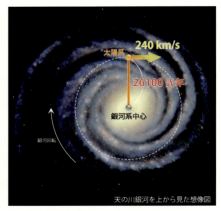

図3.4 天の川銀河を上から見た想像図（国立天文台（2013），ウェブサイトより転載）

在しないと説明出来ず, この銀河の平坦な回転曲線は, ダークマターの存在を強く示唆する（**図3.5**）. 本回転速度の精密測定により, 従来の推定量より, 天の川銀河のハローダークマターの質量は20％重く, 大量に存在する結果となった（Honma et al., 2007, 2012）. 重力レンズ効果により, 銀河のみならず, 銀河の間にも巨大な（見えない）質量が分布していることが判明し, 宇宙背景放射の精密観測および宇宙の大規模構造説明の両面から, 現在, 宇宙の全質量の約2割を占めるダークマターの存在が示唆され, 我々, 人類の知りうる通常の物質はわずか5％以下で, 残りの大部分は, **ダークエネルギー**とよばれる宇宙を加速膨張させる斥力の源が担っていると考えられている. ダークマターの正体については, ブラックホール, **MACHO**（Massive Astrophysical Compact Halo Object）と呼ばれる大質量の自身で光らない天体候補から, ニュートリノ, アクシオン, ニュートラリーノに代表される**WIMP**（Weakly Interacting Massive Particles）, **SIMP**（Strongly Interacting Massive Particles）等の素粒子候補まで, 現在, 世界中で観測競争が苛烈を極めているが（岸本・硲, 1998；硲, 2014, 2016）, 一方, ダークエネルギーの正体は, 本来, 宇宙の物質の万有引力により, 膨張速度は減速はあっても, **加速膨張**しているという大発見は全くの想定外で, 現代宇宙の最大の謎である.

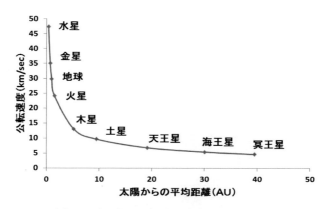

図 3.5 (a) 地球の位置での公転速度はおよそ秒速 30 km

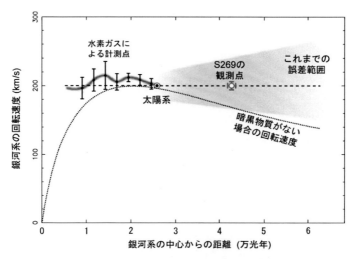

図 3.5 (b) 銀河系の回転速度と銀河系中心距離の関係
（国立天文台 (2007), ウェブサイトより転載）

S269 の観測によって求まった銀河系の回転速度は，この領域のこれまでの観測精度に比べて極めて高い精度で求まっている．暗黒物質が無い場合の回転速度はこの観測と矛盾するので，太陽系から S269 にかけての領域にも大量の暗黒物質が存在していると示唆される．

3.3 太陽と地球

(a) 太陽ニュートリノ問題

宙ガール(ボーイ?)の皆さんは，夜空の星々の望遠鏡による観望会やプラネタリウムで，この星は，○○光年遠方にあると聞かれた記憶があるはず．光は有限の速度であるため(「**光速不変の原理**」としてアインシュタインの**相対性理論**の依って立つ礎)，皆さんが目にする星の光は，○○年前に星から出た光をようやく目にするわけである．では，普段，皆さんが目にする太陽の光は一体，いつ太陽から出た光であろうか？ (課題4(1)) 3.1で述べたように，太陽と地球は1天文単位(1億5千万km)離れているので，この距離を**光速**(秒速30万km)で割れば，要する時間が分かる．すなわち，

$$\frac{1.5 \times 10^8 \text{km}}{3 \times 10^5 \text{km/s}} = 500 \text{秒} \quad (\sim 8 \text{分}) \quad \cdots\cdots\cdots\cdots (1)$$

これから8分後でしか，もし太陽に異常があっても地球では目に出来ないことが分かる．ただし，これはあくまで，太陽の表面から地球まで届く時間であって，太陽の中で生成された光が地球まで届く時間ではない．では，太陽中心**核融合反応**で生成された光が，太陽表面まで出て来れるのに，一体どのくらいの時間がかかるであろうか？ そのためには，太陽の内部構造を考察する必要がある．まず，太陽の表面温度はいくらであろうか？ **太陽定数**(約 1.4 kW/m^2)と**シュテファン・ボルツマンの法則**(課題4(3))もしくは**放射エネルギー**の最大強度の波長(約 500 nm)と**ウィーンの変位則**から，約6000度と求まる．この温度では，物質は溶けるだけでなく蒸発し，もはやガス状態でしか存在出来ない．太陽中心で発生したエネルギー・熱を外に伝える対流循環から，内部はさらに高温で，温度勾配があることが予想されるが，では太陽中心は一体何度なのであろうか？ **標準太陽模型**の計算により，およそ1500万度であると言われているが，本当にそうであろうか？ 太陽の平均密度は，質量を体積で割るとすぐに求まり，水の約1.4倍である(課題4(4))．この通常の密度で核融合反応を起こすには，さらに温度を上げ，1億K以上の高温を作り，原子核の運動を速くして原子核どうしを衝突させる必要

表3.2 標準太陽モデル（国立天文台編 (2016), ウェブサイトより転載）

中心からの距離 (太陽半径=1.0)	圧力 (10^{15} dyn/cm^2)	温度 (10^6K)	密度 (g/cm^3)	内部の質量 (太陽の質量=1.0)	輻射量 (表面総輻射量=1.0)	水素含有量 (質量比)
0.0	240	15.8	156	0.0	0.0	0.333
0.1	137	13.2	88	0.08	0.46	0.537
0.2	43	9.4	35	0.35	0.94	0.678
0.3	10.9	6.8	12.0	0.61	1.0	0.702
0.4	2.7	5.1	3.9	0.79	1.0	0.707
0.6	0.21	3.1	0.50	0.94	1.0	0.712
0.8	0.017	1.37	0.09	0.99	1.0	0.735
1.0	1.3×10^{-10}	0.0064	2.7×10^{-7}	1.00	1.0	0.735

がある．一方，密度を上げれば低温度でも可能であり，太陽の中心部では，およそ150 g/cc（**表3.2**（Bahcall, 1995））という鉄の約20倍の超高密度で，水素原子は電子が剥ぎ取られたプラズマ状態となり，水素原子核の陽子の粒子数密度は，約10^{26}/cc より，陽子（or電子）間の距離は，$\sqrt[3]{\frac{1}{10^{26}}} \sim 2 \times 10^{-9}$ cm となる．これは，およそ原子間距離（原子の大きさ10^{-8}cm）より小さく圧縮されていることになる．一方，1500万度の理想気体のもつ運動エネルギーは，**ボルツマン定数** $k_B \approx 1$ [eV/万度] として，

$$\frac{3}{2}k_B T = \frac{3}{2} 1500 \text{ eV} = 2250 \text{ eV} \quad \cdots\cdots (2)$$

水素の核融合反応の2つの陽子を共にプラスの電気的な反発力に逆らって，その距離（10^{-13} cm）まで近づけるのに必要な**クーロンエネルギー**は，

$$\frac{1}{4\pi\varepsilon_0} \cdot \frac{e^2}{r} = \frac{e^2}{4\pi\varepsilon_0} \cdot \frac{1}{hc} \times \frac{hc}{r} = \frac{1}{137} \times \frac{200 \text{MeV} \cdot \text{fm}}{10^{-13}\text{cm}} = \frac{200}{137} \text{ MeV} \approx 2 \text{ MeV}$$

$$\cdots\cdots (3)$$

（式3）は（式2）の約1000倍のエネルギーであり，太陽の中心で核融合反応生成のため，十分近づくのに足りないように思われるが，**量子力学**の**トンネ**

ル効果 (エネルギー障壁をすり抜ける確率はゼロではない) により, これは可能となる.

さて, 課題4(1)の問いへの答えであるが, これは, 有名な"**ランダムウォーク問題**"(酔っ払いが千鳥足でふらふら歩く乱歩・酔歩)で, 到達時間は, $\frac{距離}{ステップ長} \times (ステップ数)^2$ で求められる. 太陽中心で発生した光子は, 放射&吸収を繰り返し, 半径約70万kmをランダムウォークで旅する. 例えば, 1ステップ長(平均自由行程:mean free path)を1 cmと仮定すると, 光が1 cm進むのに約 3×10^{-11} 秒かかり, 総ステップ数は, $\frac{70万\mathrm{km}}{1\mathrm{cm}} = 7 \times 10^{10}$ なので, 太陽中心から外に出るまでの時間は,

$$3 \times 10^{-11} 秒 \times (7 \times 10^{10})^2 = \frac{1.5 \times 10^{11} 秒}{\pi \cdot 10^7 秒/年} \sim 5000 年 \quad \cdots\cdots\cdots (4)$$

実際の太陽の内部(**図3.6**)は一定密度でなく, 外側に行くほど, ステップ長も長くなり, 内側のコア領域はさらに短く, 1ステップ長(平均自由行程)として0.090 cmとした場合, 約17万年という値が得られている(Mitalas and Sillis, 1992). このことから, 我々が普段目にする太陽の光は, ずっと昔の数十万年前(ようやく猿から人に進化する過程:原人・旧人・新人の時代)の光をようやく目にしていることが分か

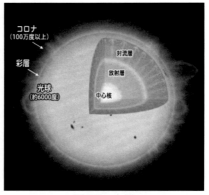

図3.6 太陽
(JAXA (2015), ウェブサイトより転載)

る. 光で観測する限り, 過去の太陽しか見れないことになり, では, 現在進行形のリアルタイムの太陽を見るにはどうすればいいのであろうか?

1938年にベーテとワイゼッカーは, 太陽内部で起こる水素からヘリウムへの核融合反応が太陽のエネルギーを生み出していると考えた.

$$4\,^1\mathrm{H} \rightarrow \,^4\mathrm{He} + 2e^+ + 2\nu_e + 26.7\ \mathrm{MeV} \quad \cdots\cdots\cdots (5)$$

この陽電子(e^+)は, 周りの電子(e^-)と対消滅して光エネルギー(熱)となり, ニュートリノ(ν_e)は弱い力しか感じないため, 太陽内部を光速

（ニュートリノの質量を0と仮定）で進め，

$$\frac{70万 \mathrm{km}}{秒速30万 \mathrm{km}} \sim 2 秒 \qquad \cdots\cdots\cdots\cdots\cdots\cdots\cdots\cdots (6)$$

光なら数十万年以上かかるところを，わずか約2秒で通り抜け，その後，（式1）の8分経過後，地球まで到達可能である．すなわち，ニュートリノで太陽を観測すれば，今の太陽内部の情報を知りうることが出来る．では，太陽から地球に届くニュートリノの数は毎秒いくらであろうか？ $1\mathrm{m}^2$ 当たり，地球が受け取るエネルギー（太陽定数（$1.37 \mathrm{kW/m}^2$））を（式5）の2個のニュートリノ生成に要するエネルギー（$26.7 \mathrm{MeV}$）で割ると，

$$\frac{1.37 \times 10^3 \mathrm{J/s/m}^2}{26 \mathrm{MeV} \cdot 1.6 \times 10^{-19} \mathrm{J/eV}} \times 2 \sim 6.6 \times 10^{10} /\mathrm{cm}^2/\mathrm{s} \cdots\cdots\cdots\cdots (7)$$

およそ，$1\mathrm{cm}^2$ 当たり，毎秒660億個ものニュートリノが地球に届いている計算になる．では，この太陽もすり抜け，ほとんど反応しないニュートリノを地球で観測することは可能であろうか？なんでも突き抜けるニュートリノを捕まえるには，とにかく大量の標的を用意し，的が大きければ，下手な鉄砲も数撃ちゃ当たる方式しかない！この幽霊粒子の測定には，まれに起こる物質との反応によって，生成する原子核や，電子，ミュー粒子などの二次粒子を検出する間接的な方法しかない．世界で初めての太陽ニュートリノ観測は，1970年頃から，米国のDavis博士（太陽ニュートリノの観測で2002年ノーベル物理学賞受賞）らによる1600 m地下金鉱でのHomestake実験と呼ばれる615トンの四塩化炭素を標的に，タンクの中で，ニュートリノと塩素の反応（式8）により，生成されるアルゴン原子の数を，半減期35日の $^{37}\mathrm{Ar}$ の軌道電子捕獲後のオージェ電子を比例計数管で計測することで20年以上，実施された（Davis, 2002）．

$$^{37}\mathrm{Cl} + \nu_e \rightarrow {}^{37}\mathrm{Ar} + e^- \qquad E_\nu > 0.81 \mathrm{MeV} \cdots\cdots\cdots\cdots\cdots\cdots (8)$$

実際に観測されたアルゴン原子の数は，2日に1個で，予想値の約 $\frac{1}{3}$ で，あった．この実験の難点は，リアルタイムでの測定ではなく（アルゴンの半減期35日以上貯めてから計数する方式のため，ニュートリノの飛来時間，方向，エネルギーは不明），しかも本当に太陽からのニュートリノによるアルゴ

ン生成かどうか確証が得られない点にあった．そこで，1987年から，日本でも，太陽ニュートリノ観測が，小柴博士（超新星ニュートリノの観測・ニュートリノ天文学の創始で2002年ノーベル物理学賞受賞）らによる地下1000mの岐阜県神岡地下鉱山での**カミオカンデ実験**（KAMIOKANDE: Kamioka + Nucleon Decay Experiment ／ + Neutrino Detection Experiment）および，1996年以降，後継のスーパーカミオカンデ実験と呼ばれる水チェレンコフ装置を用いて開始された．ニュートリノ源の方向を特定し，リアルタイム測定かつニュートリノのエネルギー分布も測定し，観測された太陽ニュートリノは理論予想値の約半分（45％）であり，この観測値は予想値の30〜50％という"**太陽ニュートリノ問題**"（図3.7 (a)）は疑いのないものとなった．これが紛れも無い事実であるなら，地球にどのような影響があるか？　ここで，先の課題4 (1)"太陽の中で出来た光が，皆さんの目に届くまでにいくらかかる？"を思い出して頂こう．我々の目にする太陽の光は数十万年以上前の光がようやく届いているので，太陽ニュートリノ問題が事実であるなら，"現在"太陽内で作られているエネルギーは数十万年以上前の30〜50％しかないことになり，将来，数十万後に地球に届くエネルギーは30〜50％しかないことになり，大**氷河期**が訪れ，地球の生命は絶滅の危機に直面するはずである！　これは人類の生存にかかわる大問題であり，理論，実験の両面から様々な検証がなされた．

　カミオカンデ実験では，ニュートリノと電子との弾性散乱の反応（式9）を用い，電子がけりだされる方向は，ニュートリノの飛来方向であり，有効重量680トンの純水を標的に一週間に約3個，スケールアップしたスーパーカミオカンデ装置では，有効重量22.5キロトンの純水で1日に約15個が観測された（小柴，2003）．

$$\nu_e + e^- \rightarrow \nu_e + e^- \quad \cdots\cdots\cdots\cdots\cdots\cdots\cdots\cdots\cdots\cdots\cdots\cdots\cdots (9)$$

では，理論予想値の標準太陽モデルが間違っているのであろうか？ここで注意しなければならないのは，カミオカンデでは，雑音になる自然界の放射性バックグラウンドにより，検出出来るニュートリノのエネルギーはおよそ$\gtrsim 5$ MeV以上に限られ，カミオカンデで^{8}Bからのニュートリノを決めると，

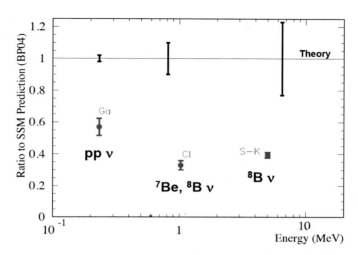

図 3.7 (a) 標準太陽モデル:Theory (1) と実験結果 (Ga: ガリウム実験, Cl: 塩素実験, S-K: スーパーカミオカンデ実験) の比較 (McDonald (2015), ウェブサイトより転載)

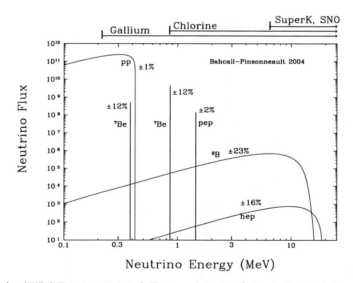

図 3.7 (b) 標準太陽モデルによる太陽ニュートリノエネルギースペクトル
ガリウム, 塩素, スーパーカミオカンデ, SNO 実験の観測可能範囲 (Bahcall (2005), ウェブサイトより転載)

塩素実験から^{7}Beからのニュートリノ（**図3.7 (b)**）（Bahcall and Pena-Garay, 2004）が来なくなってしまい，他の組合せも同様で，2つ以上実験が間違っていないと矛盾が生じてしまう（井上，2007）．そこで，理論モデルや実験結果を疑うより，そもそも素粒子の問題で，太陽で出来たニュートリノが地球に届くまでに観測出来ない別のものに変わればいいと考えられ，**ニュートリノ振動**，ニュートリノ磁気モーメント，ニュートリノ崩壊等，様々な素粒子モデルが提案された．

　太陽ニュートリノ観測が始まって30年後，21世紀の変わり目にこの大問題を解決する重水1000トンを用いた実験（SNO実験：Sudbury Neutrino Observatory）がカナダ・オンタリオ州サドベリーのニッケル鉱山地下2 kmでスタートし，筆者は，運よく，実験開始に合わせ，日本から唯一のメンバーとして参加する機会を得た．所属の米国ワシントン大学・宇宙核物理実験研究センターは，主に第3フェーズの独立に中性カレント反応（式11）を観測する極低バックグラウンド^{3}He中性子検出器の製作・運用（Amsbaugh et al., 2007）を担当しており，重水&光電子増倍管のみの第1フェーズの観測スタートの1999年11月までは，^{3}He中性子検出器の開発に主に携わった．11月以降，観測がスタートして以降は，太陽ニュートリノ観測データ解析に米国西海岸グループ（東海岸及び，英加の3つの解析グループに分かれ，別々の解析ツールを用い，全く独立に一部を解析し，ブラインド解析で最後に全データをオープンし，整合性をチェック）として，主に宇宙線ミュー粒子を利用したエネルギー較正，昼夜補正，時間変動解析，核破砕反応による中性子の寄与等を担当した．1984年，カリフォルニア大学アーバイン校のHerb Chen博士の重水を用いるアイデア（Chen, 1985）でスタートした本実験は，1990年に実験が承認され，装置を設置する穴掘削に3年，実験装置建設に5年，装置建設費だけで100億円，天然の0.015%から99.917%まで濃縮した重水1000トン（**図3.8**）（Boger et al., 2000）をカナダ原子力公社から300億円ローンで調達：カナダは1960年代より，**CANDU炉**による重水減速材を大量に保有しておりカナダで建設された．英米加の3カ国国際共同実験という20前後の大学・研究所が集う100名を超える研究者の大規模実験のため，毎日のTeleconferencingや，メンバー所属機

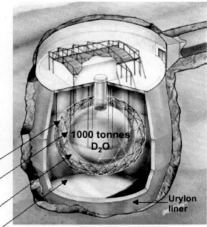

17.8m dia. PMT Support Structure
9456 PMTs, 56% coverage

12.01m dia. acrylic vessel

1700 tonnes of inner shielding H₂O

5300 tonnes of outer shielding H₂O

1000 tonnes D₂O

Urylon liner

Host: INCO Ltd., Creighton #9 mine
Coordinates: 46°28'30"N 81°12'04"W
Depth: 2092 m (~6010 m.w.e., ~70 μ day⁻¹)

図 3.8 SNO 実験装置（左図：写真，右図：断面イメージ）
（SNO Collaboration：Photo courtesy of SNO）

千トンの重水容器：12.01m 直径のアクリル容器，その外側を 1700 トンの内側遮蔽水と，5300 トンの外側遮蔽水で覆う．重水での反応による信号を，17.8m 直径のサポート構造体上の 9456 本の光電子増倍管（立体角 56％のカバー率）で検出する．

設置場所：INCO 社，クライトン 9 番鉱山．北緯 46 度 28 分 30 秒，西経 81 度 12 分 4 秒．深度：2092m（水深 6010m 相当，一日約 70 個の宇宙線ミュー粒子）

関を持ち回りでフェース・トゥ・フェースの会議で米国・カナダを行き来した．並行して，一年 365 日 24 時間 3 交代の実験シフトを担当し，特に，マイナス 20℃の極寒の中，早朝 6 時の地下に降りるケージシャフト（**図 3.9**）で，約 15 分後，地下 2 km に下りるとそこは地熱の岩盤 40℃の高熱と 60℃もの温度差で冬はなかなか他では体験出来ない経験であった．元々，このサドベリー INCO ニッケル鉱山は，18 億年前に隕石が落ち，ニッケルはその隕石による．現在は，日本の神岡鉱山も車で自由に地下に行き来出来るが，以前は，サドベリーと同じく，入坑時間が地下トロッコの運行で制限されていた．またサドベリー地下実験室の特徴として，地球上で最も低バックグラウンドな実験室として，埃・塵・熱の坑道から実験室に入る前に何重もの着替え，水・空気シャ

図 3.9 (a)　旧 SNO 地上観測所の前で撮影（2001 年 5 月撮影）

図 3.9 (b)　INCO 社クライトン 9 番鉱山の地下に降りるシャフト（2000 年 12 月撮影）
（SNO Collaboration：Photo courtesy of SNO）

ワーを経て,クラス100(＜100粒子(1μ以上)/m³ 空気中に)のクリーンルーム環境を達成し,全実験装置の含有放射能をチェックし,ウルトラピュア水の重水・軽水(＜1 放射性崩壊/日/トン),水不純物＜10億分の1を達成した.また当時,世界で最も地下深くで稼働する実験装置として,宇宙線ミュー粒子は1時間に3個(神岡地下の約3000分の1)の極低放射能環境を実現し,スーパーカミオカンデ実験同様,太陽ニュートリノの観測数は1日10個程度であり,実験の成否はまさに,いかに天然の自然からの雑音・放射性バックグラウンドを低減するかにかかっていた.ここで,同じ水チェレンコフ装置及び東北大の液体シンチレータを用いた**カムランド**実験を比較し,**表3.3**にまとめた.SNO実験の特徴は,光電子増倍管による光検出の面積カバー率が最大の56％で,ニュートリノ飛来方向,時間,エネルギーの再構成における,バーテックス分解能,角度分解能,時間分解能が最良であり,明瞭な事象再構築(**図3.10**),バックグラウンドとの峻別が可能となる.SNO実験の最大の利点は,Herb Chen博士のアイデアである"単一の実験で全種類のニュートリノを同時に測定出来る"ことにある.即ち,以下の3種の反応

表3.3 光検出実験装置の比較表

Kamiokande:カミオカンデ, S-K:スーパーカミオカンデ, SNO:SNO実験, KamLAND:カムランド実験, IMB: IMB実験, Borexino: Borexino実験
Vol.(ton):標的容積(トン), PMT_φ:光電子増倍管直径, PMT_in:内側の光電子増倍管数, PMT_out:外側の光電子増倍管数. Coverage:光電子増倍管の立体角(カバー率).

	高精度 チェレンコフ イメージ検出器			
	Kamiokande	S-K	SNO	KamLAND
Vol.(ton)	2141	50000	1000	1000
PMT_Φ	20'	20'	8'	17'+20'
PMT_in	948	11146	9456	1879
PMT_out	123	1885 (8')	91	
coverage (%)	～20	～40	～56	～34
バーテックス分解能 (cm)	～110	71	16	
角度分解能 (°)	～29	26.7	13.5	
時間分解能 (ns)	7	2.8	1.7	

cf. IMB 1.3%, Borexino 34% (カバー率)

$\nu_e + d \rightarrow e^- + p + p$ 荷電カレント反応：$E_\nu > 1.4$ MeV　　(10)

$\nu_x + d \rightarrow \nu_x + n + p$ 中性カレント反応：$E_\nu > 2.2$ MeV ……………(11)

$\nu_x + e^- \rightarrow \nu_x + e^-$ 　　弾性散乱……………………………………(12)

の内，荷電カレント反応（チェレンコフ光）から電子ニュートリノ寄与のみを抽出出来，重水の分離反応である中性カレント反応（中性子検出）から3種類均等の寄与が得られ，弾性散乱（チェレンコフ光）からは電子ニュートリノに対して非電子ニュートリノ（ミュー，タウ）の寄与が約6分の1と，これ

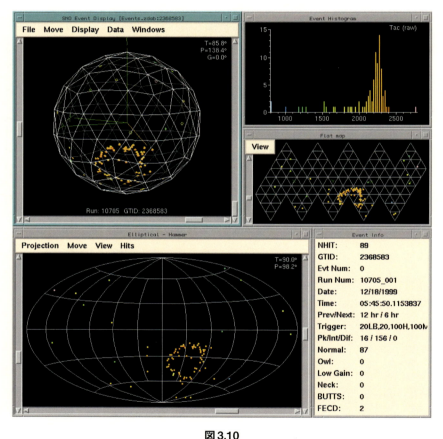

図3.10

（SNO Collaboration：Photo courtesy of SNO）

ら3種の反応による太陽方向分布，エネルギースペクトル，半径方向分布の各々の分布の違いを用いて3種の反応数を求める．中性カレント反応では，重水から分離した**中性子**を検出しないといけない．第1フェーズ（1999～2001年）の重水＆光電子増倍管の測定では，中性子が重水に捕獲された後の約6 MeVのγ線を利用する．第2フェーズ（2001～2003年）の重水に塩を混ぜる測定では，約3倍の^{35}Clへの捕獲断面積を利用した，より観測し易いγ線エネルギー（8.6 MeV）を用いる．第3フェーズ（2004～2006年）では，光電子増倍管を用いず，全く独立に^{3}He中性子検出器を重水中に沈め，直接，重水から分離した中性子を測定する．観測開始から一年数か月後の2001年に報告した最初の240日の観測データでは，カミオカンデの弾性散乱データと併せた報告を行ったが，SNO実験のみの観測データを用いた約一年半後の2002年に報告した約300日の観測データにより，電子ニュートリノの数は予想値の約$\frac{1}{3}$，全種類のニュートリノの数（$(5.44 \pm 1.0) \times 10^6$ /cm^2/s（誤差20 %））は，見事に理論予想値（$(5.05 \pm 0.2) \times 10^6$ /cm^2/s）と一致（**図3.11**）し，太陽から生み出された電子ニュートリノが地球に到達するまでに，別の種類のミュー・タウニュートリノに変わっている（ニュートリノ振動）ことが証明された（Ahmad et al., 2001; Ahmad et al., 2002; 硲, 2002）（A.B. McDonald博士・実験代表者が，太陽ニュートリノによるニュートリノ振動の発見で2015年ノーベル物理学賞受賞）．ここで賢明な読者は，（式7）から1cm^{2}当たり，毎秒660億個のニュートリノが地球に届いているんじゃなかったの？ あれ？ 毎秒約500万個で4桁も観測数が少ないのはなぜ？ と思われた読者はお目が高い！ 実は，先に述べた通り，カミオカンデ実験同様，SNO実験も，雑音になる自然界の放射性バックグラウンドにより，検出出来るニュートリノのエネルギーはおよそ5 MeV以上に限られ，太陽ニュートリノのほとんどを占める**pp-連鎖反応**からのニュートリノは最大エネルギーが0.42 MeVの低エネルギーのため（**図3.12 (a)**）（Lipari, 2003），検出不可能である．これら水チェレンコフ装置を用いた実験で観測出来るニュートリノは，全体のわずか0.02 %の^{8}Bからのニュートリノ（予測精度20 %）（**図3.12 (b)**）で，最近，ようやくメインのpp-連鎖・核融合反応の太陽ニュートリノの"リアルタイ

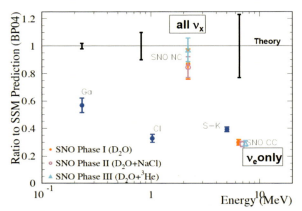

(a) 標準太陽モデル:Theory (1) と実験結果 (Ga: ガリウム実験, Cl: 塩素実験, S-K: スーパーカミオカンデ実験, SNO:NC: SNO実験中性カレント反応, SNO:CC: SNO実験荷電カレント反応 (第1フェーズ: 重水, 第2フェーズ: 重水に塩, 第3フェーズ: 重水に^{3}He中性子検出器, 各々の結果を色で表示)) の比較.

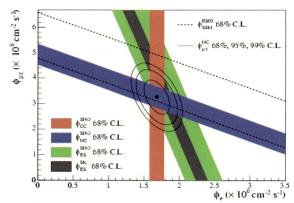

(b) SNO実験の3種の反応 (CC: 荷電カレント反応, NC: 中性カレント反応, ES: 弾性散乱) と SK (スーパーカミオカンデ実験) の ES: 弾性散乱の観測結果と標準太陽モデルの予測結果. ϕ_e: 電子型ニュートリノのフラックス, $\phi_{\mu\tau}$: 電子型以外のニュートリノのフラックス.
電子型ニュートリノだけの観測 (CC) は縦線 (X=測定値), 電子散乱 (ES) は少し傾き (X+Y/6=測定値), 全種類観測 (NC) は (X+Y=測定値) の斜め線, 標準太陽モデル (SSM) も (X+Y=予測値) で表され, 2本の直線の交点が連立方程式の解であるが, 4本の直線が1点で交わっており, 確かに, 電子型以外のニュートリノが太陽から届いていることを示す.

図3.11
(McDonald (2015), ウェブサイトより転載)

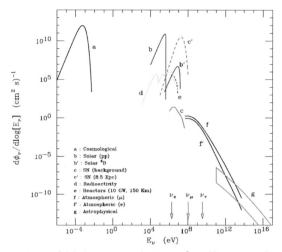

(a) 様々なニュートリノ源からのニュートリノエネルギースペクトル
a: 宇宙初期生成残存, b: 太陽pp連鎖反応, b': 太陽 ^{8}B, c: 超新星残存, c': 8.5Kpc 超新星残存, d: 放射性崩壊, e：原子炉（10 GW, 150km), f: 大気（ミュー粒子), f'：大気（電子), g: 超高エネルギー（未知の活動銀河核or γ線バースト起源？）
（Lipari, 2003 より転載）

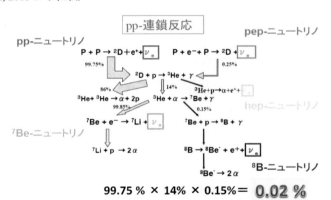

(b) 太陽内核融合反応のpp連鎖反応（Bellini, 2014より改変）
図3.12

ム"測定にイタリア・グランサッソ地下でのBorexino実験が成功した（Bellini et al., 2014）．CLEAN, LENS, HERON, MOON実験（Ejiri et al., 2000; Hazama et al., 2005）始め，いくつかのより高精度な実験計画が提案されている．1990年

よりイタリア・グランサッソ地下（**GALLEX/GNO**）及び旧ソ連・バクサン地下（**SAGE**）でのガリウムを用いた塩素と同様な（リアルタイムでない）放射化学法では，反応閾値が充分低いため，pp-連鎖反応からの太陽ニュートリノ観測が可能で測定がなされた．

$$^{71}\text{Ga} + \nu_e \rightarrow {}^{71}\text{Ge} + e^- \quad E_\nu > 0.23 \text{ MeV} \quad \cdots\cdots\cdots (13)$$

pp-連鎖反応は精度1％の予測精度であり，観測結果が注目されたが，やはり，両実験とも予測値の約半分で，メインのpp-連鎖反応でも太陽ニュートリノ問題が確認された．

さて，SNO実験による^{8}B太陽ニュートリノ・フラックスの20％の測定精度は，太陽の中心温度を1％以下の高精度で測定に成功したことを意味する（Bahcall, 2001）．^{8}Bニュートリノの数は，極めて太陽中心温度に敏感で，中心温度の25乗のべきに依存する．一方，pp-連鎖反応のニュートリノの数は，中心温度が下がれば，逆に増えるという，中心温度の－1乗のべきに依存し，このことからも太陽ニュートリノ問題解決のために，単に太陽の中心温度を下げればよいという単純なものではないことが分かる（Bahcall and Ulmer, 1996, Castellani et al., 1997）．太陽ニュートリノ観測により，標準太陽モデルの正しさが実証され，これで将来，大氷河期が来ることは無く，現在の太陽中心でも予測通りの核融合反応が行われていることが確認された．

最後に，太陽の**寿命**について，考察してみよう．そのためには，輝く太陽のエネルギーの源を知る必要があるが，上に見てきたように，熱核融合反応が源であることが証明されたが，例えば，太陽が全て石炭でできていて，燃焼の化学エネルギーで輝いていると仮定すると，一体いくら輝けるであろうか？　太陽が毎秒，放射する全エネルギーは，太陽を中心として半径1億5千万kmの距離（地球）で1 m²当たりに毎秒受け取るエネルギーが太陽定数（1.4 kW/m²）であるから，全エネルギーは，

$$1.4 \times 10^3 \text{ J/s/m}^2 \times 4\pi (1.5 \times 10^{11} \text{m})^2 \sim 4 \times 10^{26} \text{ J/s} \quad \cdots\cdots\cdots (14)$$

石炭1gの燃焼熱は20〜30 kJ/g（0.1〜0.2 eV）なので，課題4（4）で求めた太陽質量2×10^{30} kgを掛け，（式14）で割ると，

$$\frac{20 \sim 30 \text{kJ/g} \times (2 \cdot 10^{30} \text{ kg})}{4 \cdot 10^{26} \text{ J/s}} = 3300 \sim 4900 \text{ 年} \quad \cdots\cdots (15)$$

わずか,数千年しかももたないことが分かる.一方,質量Mの天体が無限遠から半径Rの大きさまで重力収縮したとすると,"単位質量当たり"の万有引力ポテンシャルは

$$-\int_{\infty}^{R} \left(-\frac{GM}{R^2}\right) = -\frac{GM}{R} \quad \cdots\cdots (16)$$

より,全体では,$\frac{GM^2}{R}$ の重力エネルギーが解放される.太陽質量及び太陽半径 (70万km) を入力し,(式14) で割ると,

$$\frac{GM^2/R}{(4 \cdot 10^{26} \text{ J/s})} = \frac{6.7 \cdot 10^{-11} \text{ m}^3/\text{kg/s}^2 \cdot (2 \cdot 10^{30} \text{kg})^2}{(70 \cdot 10^7 \text{ m} \times 4 \cdot 10^{26} \text{ J/s})} \sim 3 \times 10^7 \text{ 年} \quad \cdots (17)$$

重力エネルギーにおいても,1億年に足りず,3000万年しかもたない.では,原子核エネルギーではどうであろうか? (式5) の核融合反応より,4個の陽子 (水素原子核) から1個のヘリウム原子核が生成される際に,反応の前後の質量の差 $(4 \times 1.0080 - 4.0026 = 0.0294)$ は,4個の陽子質量の0.7%だけ少なくなっており,この**質量欠損**分がエネルギーに変換される.この質量 (m) とエネルギー (E) が等価であるという有名な関係式を**アインシュタインの等価原理**とよび,約1 kgの水素原子核は $\frac{0.0294}{4} = 0.007$ kgの質量を失うので,

$$E = mc^2 = 0.007 \text{ kg} \times (3.0 \cdot 10^8 \text{ m/s})^2 = 6.3 \times 10^{14} \text{ J} \quad \cdots\cdots (18)$$

よって,太陽が全て水素で出来ていると仮定し,全てヘリウムになる際の質量欠損は,

$$E = 2 \cdot 10^{30} \times 6.3 \times 10^{14} \text{ J} = 1.3 \times 10^{45} \text{ J} \quad \cdots\cdots (19)$$

これを (式14) で割ると,

$$\frac{1.3 \times 10^{45} \text{ J}}{(4 \cdot 10^{26} \text{ J/s})} = 3 \times 10^{18} \text{ s} \sim 1 \times 10^{11} \text{ 年} \quad \cdots\cdots (20)$$

実際,太陽中の水素の割合は,重量比約70%で,残りはほぼヘリウムで,核反応は中心コアのみ (全質量のおよそ1割の水素のみ) とすると,1000億年の1/10の100億年となる.(もしくは (式5) の26 MeVを用いて,化学エネルギー

の0.15 eVに対して1.7億倍であることを使って計算してみよう（戸塚, 2008））．

(b) 暗い太陽のパラドックス

太陽の輝くエネルギーの仕組みが理解され，寿命も約100億年と分かったが，では，ずっと同じ明るさで輝いてきたのであろうか？ デンマークのアイナー・ヘルツシュプルングとアメリカのヘンリー・ノリス・ラッセルは独立に，恒星を明るさと色で分類した分布図（縦軸に絶対等級・光度，横軸に

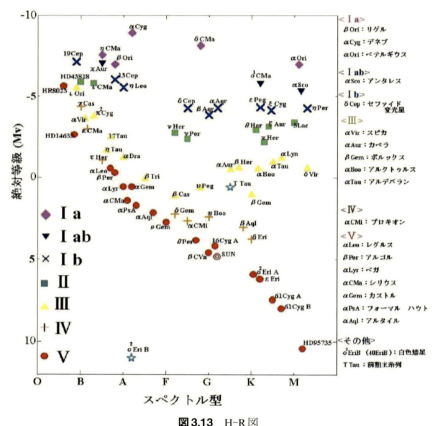

図3.13 H-R図
（国立天文台（岡山天体物理観測所）（2002）ウェブサイトより転載）

スペクトル型（表面温度）でプロットした両者の頭文字を取った**HR図**または色－等級図）を作成（Russell, 1914）し，**恒星進化**を理解する重要な指標を示した（**図3.13**）．恒星の大部分は，左上（青く明るく高温）から右下（赤く暗く低温）に延びる線上に位置し，これを**主系列星**（**図3.13**のV）と呼ぶ．我々の太陽も今，ここに位置し，星の内部圧と重力がつり合い，水素の核融合反応が安定に進行している星である．**表3.2**より現在の中心の水素質量比は約33％で，太陽誕生時の約70％と比較して，現在の太陽は，約半分の水素を消費したことになる．よって，誕生してから100億年のおよそ半分の約46億年と考えられ，主系列星の中間頃，いわば星の活動期に当たる．水素燃焼が進み，中心部にヘリウムが増えるとヘリウム核ができ，水素核反応はその外側で進むようになる．ヘリウム核が重くなると温度上昇し，水素の外層が膨張し，大きく明るい**赤色巨星**（**図3.13**のII, III：IVは準巨星）（膨らんだ分，表面温度は低下）になる．太陽程度の質量の星は，この後，外層のガスを放出して**惑星状星雲**となる．残った中心核は，むき出しのため表面温度は上昇するが小さくなるため暗くなり，**白色矮星**になる．ヘリウムの核反応でストップし，中心部は重力収縮し，太陽程度の質量が地球サイズ（～1トン/1 cm^3）という高密度星になる．その後，冷えて暗くなり，一生を終える．一方，太陽より重い大質量星（超巨星：**図3.13**のI）は，鉄まで核反応が進んで止まり，**超新星爆発**を起こし，残った中心核は重力収縮し，収縮が止まれば**中性子星**を形成し，止まらず重力崩壊となれば**ブラックホール**になる．恒星の一生は生まれたときの質量で決まり，質量が大きいほど明るく，明るさは核融合反応の燃料の消費速度に当たり，重い星ほど，寿命は短い（**表3.4**）（Schaller et al., 1992）．さて，太陽の明るさの変化は，以下の式（21）で与えられる（Gough, 1981）．

$$L(t) = [1 + \frac{2}{5} \times (1 - \frac{t}{t_\odot})]^{-1} \times L_\odot \quad t \lesssim t_\odot \quad \cdots\cdots (21)$$

ここで，$t_\odot$と$L_\odot$は，各々，現在の太陽の年齢，光度で，tは誕生以来の年代である．例えば，46億年前の太陽誕生時の明るさは，

表3.4 太陽質量＆明るさ（温度）と寿命の関係

ハビタブルゾーン（生命居住可能領域）は，
$40M_\odot$の場合，350〜600AU，$M_\odot$の場合，1〜2AU，$0.2M_\odot$の場合，0.1〜0.2AU．
（国立天文台編，1991およびSchaller et al., 1992より改変；泉浦(2013)，ウェブサイトより転載）

スペクトル型	温度(K)	実視絶対等級	質量 (太陽単位)	半径 (太陽単位)	寿命(年)
O5	45,000	− 5.5	40	20	〜 500万
B5	15,000	− 1.0	6	4	〜 4000万
A5	8,300	+ 1.8	2.0	1.7	〜 10億
F5	6,600	+ 3.2	1.3	1.2	〜 30億
G5	5,600	+ 5.1	0.9	0.9	〜 120億
K5	4,400	+ 7.2	0.7	0.7	〜 400億
M5	3,300	+ 12	0.2	0.3	〜 2000億
G2	5,800	+ 4.83	1	1	〜 100億

$$L(0) = \left[1 + \frac{2}{5} \times \left(1 - \frac{0}{46}\right)\right]^{-1} \times L_\odot = \frac{1}{1.4} L_\odot = 0.71\, L_\odot \cdots\cdots (22)$$

即ち，誕生時には，今の明るさの71％と3割も暗く，現在にかけて明るくなってきているのである．では，このときの地表温度がどうなるかを計算してみよう！　地球表面の温度を決める要因の一つは，太陽から地球に届く放射エネルギーである．一方，地球自体は，暖められた温度に応じて長波長の**赤外線**の放射を出し，温度は，この両者のバランスで決まる．地球の距離で受ける単位面積当たりの太陽エネルギーは太陽定数$S_0=1.37$ kW/m^2（課題4(3)）であり，**アルベド**（反射能：A = 0.3：地球は受けた熱を全て吸収しているわけではなく，一部反射している．現在の地球全体の平均は約0.3）と併せ，その入射エネルギーが，放射エネルギーに等しい（温度を持つ物質は，（表面）温度の4乗に比例して電磁波として熱を放出するというシュテファン・ボルツマンの法則）（課題4(3)を用いて）ので，地球の半径をRe，表面温度をTeとして，

地球の断面積×太陽定数×吸収率　＝　地球の表面積×**黒体放射** $\cdots$(23)

$$\pi Re^2 \times S_0 \times (1 - A) = 4\pi Re^2 \times \sigma Te^4 \cdots\cdots\cdots\cdots (24)$$

$$\therefore Te = \left[\frac{S_0(1-A)}{4\sigma}\right]^{\frac{1}{4}} = 255 \times \left(\frac{S}{S_0}\right)^{\frac{1}{4}} \times \left[\frac{(1-A)}{0.7}\right]^{\frac{1}{4}} \text{K} \cdots\cdots (25)$$

地表面温度は255 K，即ち−18℃となる．あれ，おかしいと思いませんか？現在の太陽の明るさでも氷点下になり，地球の平均気温の15℃になりません！

では，ここで，地表から放射されたエネルギーの一部は**温室効果**によって，地表に戻され，必ずしも全部は出て行かない．その温室効果を，右辺に射出効率（$\alpha : 0 < \alpha < 1$）のパラメータとして入れて，平均気温15℃（= 288 K）になる割合を見よう（多田, 2011）．

$$\pi \, Re^2 \times S_0 \times (1 - A) = \alpha \times 4\pi \, Re^2 \times \sigma \, Te^4 \quad \cdots\cdots (26)$$

$$\therefore \alpha = \frac{S_0 \times (1 - A)}{4 \times \sigma \, Te^4} = 0.61 \quad \cdots\cdots (27)$$

このことから，地表から放射されたエネルギーのうちの61 %は外に出て行くが，残りの39 %は出て行かないでまた地表に戻ってくる．この39 %は，大気が吸収して熱を持つので大気自身がまた放射し，四方に放射するが，内側に放射したものにより地表が暖められる．これがまさしく温室効果である．可視領域を中心とした0.3～1.3 μm辺りはほぼ地表に届いているが，およそ1.3 μmより長波長の領域はところどころ大気に吸収され，地表まで届かないことが分かる（**図3.14 (a)**，**(b)**）．また太陽光の波長は0.5～1 μm辺りの短波長で，一方，地球からは10～50 μmの赤外の長波長を出している．地球の大気は，太陽光はほとんど通すが，地球の長波長はほとんど通さない．

さて，（式26）に戻って，誕生間もない初期の太陽が，現在の7割の明るさしかなければ，地球の表面温度はどうなるであろうか？　太陽定数（S_0）を現在の70 %として（式26）を再度，解いてみる．左辺に0.7をかけ，αを0.61とすると，

$$Te = 263 \, K \, (= -10℃) \quad \cdots\cdots (28)$$

なんと，温室効果込みでも地表面が凍ってしまう！こうなると，地表面のアルベドも0.3ではなくなり，一面，白く反射され，低めに見積もっても0.8位になる．太陽放射が現在の70 %，射出効率が同じで，アルベドが0.8にして計算すると，地表面温度はなんと，

$$Te = 193 \, K \, (= -80℃) \quad \cdots\cdots (29)$$

これは尋常でない寒さである！　ガチガチに凍り，**全球凍結**に陥る．一旦，地球表面のアルベドが0.8になった状態から抜け出すには，太陽の明るさが4倍にならなければ全球凍結から脱出出来ない．実際の3次元モデル解析で

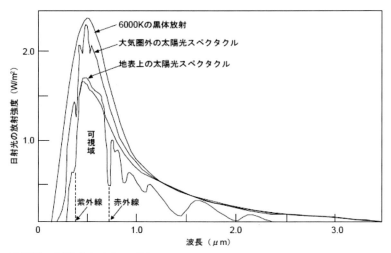

(a) 波長別日射強度と大気の吸収

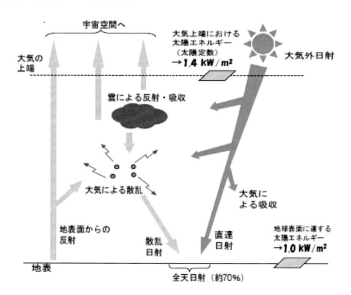

(b) 大気に入射した日射の収支

図3.14
（NEDO, 2001 より転載）

ちゃんと計算しても1.3倍程度の今より明るい太陽が過去に存在しない限り，脱出不可である．1972年にカール・セーガンとジョージ・ミューレンによって提唱された，この初期の**暗い太陽**，即ち「若くて」今ほど明るくなかった太陽の**パラドックス**では，始生代における太陽光度は現在の70％程度であり，理論的には始生代は非常に寒冷で，地球上に液体の海が存在出来なかった可能性があると指摘している．仮に大気組成を固定した場合，地球史の前半は**全球凍結（スノーボールアース）**状態に陥る．また，このような条件では，一度，全球凍結に陥ると，現在の太陽光度になっても，全球凍結状態から抜け出せない．しかし，現実には，38億年前から海洋が存在していたことが，縞状鉄鉱床，枕状溶岩，礫岩の存在などから分かっており，矛盾（パラドックス）が生じる（Sagan and Mullen, 1972）（**図3.15**）．

では，このパラドックスを回避するには，どのような解決法が考えられるのか？　大きく以下3つの解決法が提案されている．

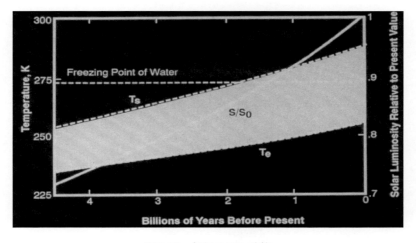

図3.15　気候モデル計算

もし大気組成が現在と同じであれば，地球は誕生後初期の間，太陽光度が約30％暗いため，氷点下（横点線）の全球凍結状態に陥る．横軸：現在から過去十億年前に遡る．縦軸左：絶対温度，縦軸右：現在の太陽の明るさを基準にした太陽光度．S/S_0斜め実線：Goughによる太陽光度計算（Gough, 1981）．Ts点線：現在の大気組成での地表温度．Te点線：大気が無い場合の地表温度．Ts及びTeで囲まれた帯領域：大気による温室効果の大きさ．

（Kasting et al., 1988より改変）

3．太陽と地球環境

① 太古の大気組成が**温室効果ガス**（二酸化炭素，メタン，アンモニア）に富んでいたと考える仮説 → CO_2 レベルが予測ほど高くない地質記録が発見され，その代替案として CH_4 + NH_3 の温室効果が考案．CH_4 の光分解で生成された有機物のもやが大気上層で太陽紫外線を吸収し，NH_3 が長期にわたって安定に存在可（Sagan and Chyba, 1997）．
② 惑星アルベドが現在と異なり，低かった → 雲の減少でアルベドが低くなる（Rosing, 2010）
③ 実は暗くなかった太陽仮説 → 初期の太陽が今より5％重ければ十分明るかったことになるが，太陽風やコロナ質量放出によってどの程度軽くなってきたか？（Minton and Malhotra, 2007）

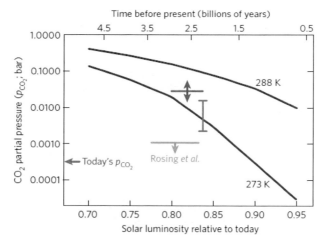

図3.16 地球誕生以来の大気中二酸化炭素分圧の予期される変化
（Kasting, 2010 より転載）

実線273K：地球地表平均気温を氷点に保つのに必要な二酸化炭素分圧．実線288K：現在の地表平均気温15℃に保つのに必要な二酸化炭素分圧．共に，地球のアルベドが現在の値かつ二酸化炭素及び水蒸気が主要な温室効果ガスに限った場合．Rosing et al.：少ない温室効果を補うために，より小さい地球アルベドを仮定したため，二酸化炭素分圧が大幅に減少．以前の地球化学法による始生代時の二酸化炭素分圧評価はほぼ一致していた（Rosing, 2010）．上下矢印（下）：古地層からの二酸化炭素分圧上限．（上）：縞状鉄鉱層中の菱鉄鉱の存在に基づく二酸化炭素分圧下限．誤差棒：他の古地層からの二酸化炭素分圧評価．横軸（上下）は図3.13と同様．

ここで，さらなる謎が浮かび上がる．**図 3.16** は縦軸に温室効果ガスを二酸化炭素で代表させた場合の，液体の海 (氷結しない) を保つのに必要な二酸化炭素濃度 (下の線) を，横軸に過去に遡る年代 (太陽光の現在に比較した明るさ) を表す．もし，温室効果ガスが二酸化炭素であるなら，45 億年前に 10 分の 1 気圧以上無いと地球は凍ってしまう．その後，太陽は徐々に明るくなってくるので，液体の海を保つには，それに併せ，温室効果ガス濃度も徐々に低下していかないといけない．地球自身が生き物で，自身の生存に適するよう，自身を調節するという **ガイア仮説** よろしく，そんなに都合良く，意図的に大気組成を 40 億年に渡ってコントロールし続け，現在に至ったのであろうか？　ここで，上記の謎は，一旦，全球凍結に陥れば，その状態から抜け出せないと信じられてきたため，**図 3.16** の下側の下線を跨がないという制約に基づくものであったことを思い出して欲しい．この全球凍結 (スノーボールアース) 仮説は，**原生代** 後期の氷河期の 4 つの謎 (赤道域にまで氷床が発達，氷河性堆積物直上に熱帯性のキャップカーボネート，縞状鉄鉱床が形成，炭素同位体比の負異常から見られる光合成活動の停止) を説明するための提案であったが，全球凍結下では，風化，浸食が起こらず，$CaCO_3$ の沈殿が起こらず，大気中の CO_2 消費が止まり，光合成活動も無く，火山活動によって大気中に CO_2 分圧が溜まり，CO_2 の温室効果により，全球凍結から脱出出来ることが分かった (Kirschivink, 1992)．実際，原生代の初期 24 億年～22 億年前と，原生代後期の 9 億年～6 億年前に全球凍結が起こったらしいことが判明したが，**顕生代** には一度も陥らなかったのに，なぜ原生代に繰り返し全球凍結に陥ったのかは大きな謎である (田近, 2007)．

3.4　おわりに

これまで太陽活動の 46 億年に及ぶ長期的な放射エネルギーの変動と地球環境への影響について考察してきたが，太陽活動には，黒点の 11 年周期等のより短期的な周期変動も認められ (課題 4 (2)) (宮原, 2014)，未来の太陽活動及び宇宙天気予報 (NICT) 含め，我々の宇宙線観測と気候変動との相関研究 (川谷他, 2015) を併せ，それらについては紙面を改め，解説する．また太

陽系は我々の銀河内を約2億年かけて一周することを（課題3）で学んだが，この太陽系の銀河公転に伴う銀河のスパイラルアーム（巨大分子雲）通過（**図3.4**）との関係から地球の周期的な氷河期との関連も指摘されており（藪下，1988），宇宙と地球環境との関連もより詳しく述べたく思う．立花隆著「宇宙からの帰還」に宇宙飛行士へのインタビューで宇宙から地球を眺める（**図3.1**）体験をすると"地球は宇宙の奇跡，人間存在，人知を超えたある意思"を感じざるを得ず，畏敬の念を覚え，宗教家に転身する宇宙飛行士が多いという話があり，今後，宇宙旅行が現実になれば人類の思考にも新たなパラダイムシフトが起きるかもしれない．

　最後に，逆説的であるが，アイシュタインの言葉「教育とは，学校で学んだことをすべて忘れたその後に残っているものだ」を贈り，本著をきっかけに，いつまでも自然への純粋な興味を持ち続けてもらうよう期待する．

課　題

1. 1億年後の地球の1日の長さは？
2. ベッセルの測った角度は0.000087度．これから計算して「はくちょう座61番星」の距離は？
3. 太陽系と天の川銀河の中心までの距離26100光年と太陽系の銀河回転速度240 km/s（時速86万4千km ＞ 音速マッハ1 〜 時速1224 km）が精密に得られた．この距離と速度から，太陽系は天の川銀河を何年で1周するか？
4. (1) 太陽の中で出来た光が，皆さんの目に届くまでにいくらかかる？
    (2) 太陽活動は11年周期が知られているが，近年，異常が観測されどのような地球への影響が危惧されているか？
    (3) 太陽の表面温度はいくらでしょうか？
      ・黒体の表面から単位時間，単位面積あたりに放出される電磁波のエネルギーIは，黒体の絶対温度の4乗に比例し，$I = \sigma T^4$と表される（シュテファン・ボルツマンの法則）．σ（シュテファン・ボルツマン定数）：5.67×10^{-8} [W・m^{-2}・K^{-4}]
      ・太陽の半径 (r=) 6.96×10^8 [m]

- 太陽と地球の距離（軌道長半径 R=）1.496 × 10^{11} [m]
- 太陽定数：太陽から地球に到達する太陽の放射エネルギー：地球大気の上端で入射方向に垂直な単位面積当たり，単位時間の太陽エネルギー：1.37 × 10^3 [W/m^2]
- $\sqrt[4]{1116} = 5.780$

（4）太陽の平均密度は？

5. 顕生代（最近の5億年間）の5回の生物大量絶滅と宇宙とはどのように関係しているだろうか？過去に学び，来る将来の危機に備え，われわれ人類はどうすればよいだろうか？

6. 重力は引力であるため，宇宙の膨張は引き留められ，減速するはずである．しかし，現在の宇宙は加速膨張しており，いったい何が宇宙を加速膨張させているのか？この正体不明の"ダークエネルギー"による斥力と，加速膨張に逆らって銀河等の宇宙構造の形成を生むこれまた正体不明の"ダークマター"による引力との力の兼ね合いによって，現在の宇宙は成り立っている．謎のこれら宇宙の構成物質と宇宙の未来についても考えてみよう．

文献

Ahmad, Q.R., Hazama, R., McDonald, A.B. et al. (SNO Collaboration) (2001) Measurement of the rate of v_e+d → p+p+e$^-$ interactions produced by ^{8}B solar neutrinos at the Sudbury Neutrino Observatory. Phys. Rev. Lett., 87, 071301,1-6.

Ahmad, Q.R., Hazama, R., McDonald, A.B. et al. (SNO Collaboration) (2002) Direct evidence for neutrino flavor transformation from neutral-current interactions in the Sudbury Neutrino Observatory. Phys. Rev. Lett., 89, 011301,1-6.

Amsbaugh, J.F. et al. (2007) An array of low-background ^{3}He proportional counters for the Sudbury Neutrino Observatory. Nucl. Instr. Meth., A 579, 1054-1080.

Bahcall, J.N. (2001) Neutrinos reveal split personalities. Nature, 412, 29-31.

Bahcall, J.N., Pinsonneault, M.H., and Wasserburg, G.J. (1995) Solar models with helium and heavy-element diffusion. Rev. Mod. Phys., 67, 781-808.

Bahcall, J.N. and Pena-Garay, C. (2004) Solar Models and solar neutrino oscillations. New J. Phys., 6, 63,1-19.

Bahcall, J.N. and Ulmer, A. (1996) Temperature dependence of solar neutrino fluxes. Phys. Rev., D53, 4202-4210.

Bellini, G. et al. (2014) Neutrinos from the primary proton-proton fusion process in the sun, Nature, 512, 383-386.; Final results of Borexino Phase-I on low-energy solar neutrino spectroscopy. Phys. Rev., D89, 112007,1-68.

Boger, J. et al. (2000) The Sudbury Neutrino Observatory. Nucl. Instr. Meth., A 449, 172-207.

Castellani, V. et al. (1997) Solar neutrinos: Beyond standard solar models. Phys. Rep., 281, 309-398.

Chen, H.H. (1985) Direct approach to resolve the solar-neutrino problem, Phys. Rev. Lett., 55, 1534-1536.

Davis, R. Jr. (2002) A half-century with solar neutrinos. Nobel Lecture, December 8, 2002.

Ejiri, H., Hazama, R. et al. (2000) Spectroscopy of double-beta and inverse-beta decays from ^{100}Mo for neutrinos. Phys. Rev. Lett., 85, 2917-2920.

Gough, D.O. (1981) Solar interior structure and luminosity variations. Solar Physics, 74, 21-34.

硲隆太（2002）Recent results from SNO. 特別招待講演, 日本物理学会2002年秋季大会, 立教大学, 東京, 2002年9月.

硲隆太（2014）ダークマターの直接検出実験の現状.「宇宙核物理実験の現状と将来」研究会（招待講演), 大阪大学核物理研究センター, 2014年8月.

硲隆太（2016）高純度 NaI（Tl）シンチレータによる宇宙暗黒物質の探索. 第11回抽出クロマトグラフィー用Resin及びPacked Columnsに関するユーザーズセミナー（招待講演), KKRホテル東京, 2016年4月.

Hazama, R. et al. (2005) Spectroscopy of low energy solar neutrinos by MOON: Mo Observatory Of Neutrinos. Nucl. Phys. B (Proc. Suppl.), 138, 102-105.

Honma, M., et al. (2007) Astrometry of galactic star-forming region Sharpless 269 with VERA: Parallax measurements and constraint on outer rotation curve. Publ. Astron. Soc. Japan, 59, 889-895.

Honma, M. et al.(2012)Fundamental parameters of the milky way galaxy based on VLBI astrometry. Publ. Astron. Soc. Japan, 64, 136, 1-13.

稲葉知士　他（2006）太陽系形成史. Waseda Global Forum, 3, 31-40.

井上邦雄（2007）ついに解決した太陽ニュートリノ問題. 数研出版, 8-11.

Kasting, J.F., Toon, O.B., Pollack, J.B. (1988) How climate evolved on the terrestrial planets. Scientific American, 256(2), 90-97.

Kasting, J.F. (2010) Faint young sun redux. Nature, 464, 687-689.

川谷真祐・福井弘昭・硲隆太（2015）地上・地下での宇宙線測定と太陽活動との相関関係. 16th Workshop on environmental radioactivity, KEK Proceedings 2015-7, 36-43.

Kirschivink, J.L. (1992) Late proterozoic low-latitude global glaciation: the snowball earth, in Schopf, J.W. and Klein, C. eds., The proterozoic biosphere: A multidisciplinary study. Cambridge University Press.

岸本忠史・硲隆太（1998）CaF_2検出器によるダークマターの探索. 日本物理学会誌, 53(7), 519-523.

国立天文台編（1991）理科年表．丸善株式会社，天54 (138)．
小柴昌俊（2003）ニュートリノ天体物理学の誕生．学士会アーカイブス, 842．
Lipari, P. (2003) Introduction to neutrino physics. Prepared for CERN-CLAF School of High-Energy Physics Conference: C01-05-06, 115-199.
Minton, D.A. and Malhotra, R. (2007) Assessing the massive young sun hypothesis to solve the warm young earth puzzle. The Astrophysical Journal, 660, 1700-1706.
Mitalas, R. and Sillis, K.R. (1992) On the photon diffusion time scale for the sun. The Astrophysical Journal, 401, 759-760.
宮原ひろ子（2014）地球の変動はどこまで宇宙で解明できるか．化学同人．
村山斉（2010）宇宙は何でできているのか．幻冬舎新書．
永井智哉（文），木野鳥乎（絵），日本科学未来館（協力）（2002）地球がもし100cmの球だったら．世界文化社．
NEDO（2001）ソーラー建築デザインガイド．
Rosing, M.T., Bird, D.K., Sleep, and N.H., Bjerrum, C.J. (2010) No climate paradox under the faint early sun. Nature, 464, 744-747.
Russell, H.N. (1914) Relations between the spectra and other characteristics of the stars. Popular Astronomy, 22, 275-294 and 331-351.
Sagan, C. and Mullen, G. (1972) Earth and Mars: Evolution of atmospheres and surface temperatures. Science, New Series, 177, 4043, 52-56.
Sagan, C., and Chyba, C. (1997) The early faint sun paradox: organic shielding of ultraviolet-labile greemhouse gases. Science, 276, 5316, 1217-1221.
Schaller, G., Schaerer, D., Meynet, G., and Maeder, A. (1992) New grids of steller models from 0.8 to 120 $M_\odot$ at z = 0.020 and z = 0.001. Astron. Astrophys. Suppl. Ser., 96, 269-331.
杉山直（2003）宇宙での距離の決定．天文月報, 96 (12), 646-655．
多田隆治（2011）「気候変動の科学・その1」～地球の気候はどの様にして制御されてきたか？，第1回環境サイエンスカフェ（主催：日立環境財団）1-14, 2011年2月．
立花隆（1985）宇宙からの帰還．中公文庫．
田近英一（2007）酸素濃度の増大とスノーボールアース・イベント．2005年度春季大会シンポジウム「地球環境の進化と気候変動」の報告, 天気54(5), 28-34．
Wang, K. and Jacobsen, S.B. (2016) Potassium isotopic evidence for a high-energy giant impact origin of the Moon. Nature, 538, 487-490.
藪下信（1988）巨大分子雲と恐竜絶滅．地人書簡．

参照URL
Bahcall (2005) Solar Neutrino Viewgraphs
http://www.sns.ias.edu/~jnb/SNviewgraphs/snviewgraphs.html（2016年12月閲覧）

泉浦秀行（2013）天文学入門Ⅰ
http://epa.desc.okayama-u.ac.jp/~hosizora/2013/131025/lecture/astro2013b.pdf（2016年12月閲覧）

JAXA（2015）太陽観測ロケット実験CLASP打ち上げ成功
http://www.isas.jaxa.jp/j/topics/topics/2015/0918.shtml（2016年12月閲覧）

国立天文台（岡山天体物理観測所）（2002）H－R図
http://www.oao.nao.ac.jp/stockroom/extra_content/story/ippan/hr/hrdiagram.htm
（2016年12月閲覧）

国立天文台（2007）VERAによる天体精密距離測定の成功について（S269成果報告）
――もっとも遠い天体の距離測定ならびに世界最高精度の観測を達成
http://veraserver.mtk.nao.ac.jp/hilight/pub070711/S269.html（2016年12月閲覧）

国立天文台（2013）天の川銀河系の精密測量が明かすダークマターの存在量（VERA成果報告）
http://veraserver.mtk.nao.ac.jp/hilight/2012press_honma.html（2016年12月閲覧）

国立天文台編（2016）理科年表オフィシャルサイト http://www.rikanenpyo.jp/kaisetsu/tenmon/tenmon_015.html（2016年12月閲覧）

McDonald, A.B. (2015) 2015 Nobel Lecture slides
https://www.nobelprize.org/nobel_prizes/physics/laureates/2015/mcdonald-lecture-slides.pdf（2016年12月閲覧）

NASA (2013) NASA Releases Images of Earth by Distant Spacecraft
https://apod.nasa.gov/apod/image/1307/earth_cassinimessenger_1799.jpg
https://apod.nasa.gov/apod/image/1307/earthmoon2_cassini_946.jpg
（2016年12月閲覧）

NASA (2014) ISS HD Earth Viewing Experiment
https://eol.jsc.nasa.gov/ESRS/HDEV/（2016年12月閲覧）

NICT（2016）宇宙天気情報センター
http://swc.nict.go.jp/contents/（2016年12月閲覧）

Powers of Ten（983）日経サイエンス（http://www.nikkei-science.com/page/sci_book/06239.html）（2016年12月閲覧）

SNO Collaboration
http://www.sno.phy.queensu.ca/（2016年12月閲覧）

Sulak, L. Website for CC104 course, Boston University, Textbook Chapters 10 & 11, Fig. 11-1. Glashow's Snake
http://physics.bu.edu/cc104/chapters10and11.html（2016年12月閲覧）

戸塚洋二（2008）戸塚洋二の科学入門．東京大学，立花隆ゼミナール
http://www.kenbunden.net/totsuka/（2016年12月閲覧）

第2部

人と環境

4. アフリカと日本のアグロフォレストリー
　　—人と自然の関係から考える
　　　　　　　　　　　　　　佐藤靖明

5. 地域環境保全とコミュニティ
　　　　　　　　　　　　　　川田美紀

6. 自然資本の経済学
　　—価値の「見える化」で環境を守ろう
　　　　　　　　　　　　　　花田眞理子

4 アフリカと日本のアグロフォレストリー
―人と自然のかかわりを考える

佐藤靖明

　人間の営みとそれをとりまく環境は，グローバル―ローカル，自然―文化など，さまざまな視点やスケールからとらえることができる．本章では，森林と農地を同じ場所で組み合わせる農林業のシステム「アグロフォレストリー」において，人間と自然がいかなる関係を結んでいるのかという観点から考えていく．

　まず，人と自然の関係を広くとらえるために有効な知見として，自然に依存した人びとの暮らしを出発点とする生態人類学と民族生物学の流れを紹介する．

　つぎに，世界のアグロフォレストリーについて述べる．このシステムは構造，機能，農業生態学的適応，社会経済・管理といった4つの指標により大きく分類され，世界各地で自然環境や社会文化的背景に合わせた形態がみられる．例えば中部アフリカの熱帯雨林のアグロフォレストリーは，焼畑移動農耕，混作，根栽作物の3つに特徴づけられる．東アフリカ高地では，バナナの庭畑の集約的管理とそこで生育する植物の多目的な利用がなされている．他方，日本の里山も広い意味でアグロフォレストリーということができる．また，日本で展開してきた焼畑や有機農業は，生態系の動態を生かして自然の恵みを得る方法であり，アグロフォレストリーと目指す方向性を同じくしている．

このように,アグロフォレストリーのしくみを深く理解するためには,自然と人間社会を別個にとらえるのではなく,地域における自然と人間のかかわりとその多様な意味に目を向けることが大切である.

4.1 アグロフォレストリーとその背景

　世界の農業と自然環境は,解決が困難な2つの問題を抱えている.一つは人口増加に見合った食料の増産である.世界の人口は,1965年に約33億人であったのが,2015年には約74億人と,この50年で実に2倍以上となっている(**図4.1**).とくに,熱帯地域に位置するいわゆる「開発途上国」の人口割合が増え続けており,1998年には世界全体の8割を超えた(総務省統計局,2016).食料生産量を増やし続けるには,栽培面積を増やすか,もしくは生産性を向上させていくことが必要である.しかしその可能性については,マルサスの人口論をはじめとする悲観的な見方がある.

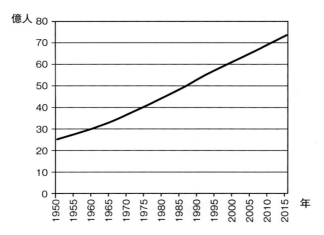

図4.1　1950年から2015年までの世界の人口推移
(United Nations, Department of Economic and Social Affairs, Population Division, 2015から作成)

もう一つの問題は，自然の破壊や生物多様性の減少である．例えば世界の森林面積は，1960年から1990年の30年間に年平均1500万ha，計約4億5000万ha減少したとの推計がある（永田・井上，1998）．また1990年以降も，減少する速度は年平均500万haと遅くなったものの，2015年までに約1億3000万haが失われ，残された面積は約40億haである（FAO, 2016）．このように，森林面積は人口とまったく逆の傾向を示してきたといえる．

　森林破壊の要因の一つは，急速に進められる農地の拡大や集約農業の展開であり，地域および全球レベルのさまざまな環境問題の要因にもなっている．また，天然林などの自然生態系のみならず，生産の場である農林地の環境劣化をも引き起こしているともいわれている．そのため，農業生産と環境保全の相反する課題をいかに両立させられるかが強く求められている（大久保，2013）．その対策が模索される中で，熱帯地域を中心に注目を集めてきたことの一つが農業（アグリカルチャー，agriculture）と林業（フォレストリー，forestry）を複合させた「**アグロフォレストリー（agroforestry）**」である．一つの畑の中に樹木栽培と樹木以外の農作物栽培を組み合わせるこの土地利用システムに関しては，1978年に国際アグロフォレストリー研究センターが創設され（2002年より世界アグロフォレストリーセンターに改名），栽培技術や生産性など，多角的に議論がなされている（Atangana et.al., 2014）．

　アグロフォレストリーは，「食料増産」と「自然環境の保全」という一見矛盾する課題の両方を可能にすることが期待されている．しかし，一つの耕地に一種類の作物を栽培する方法，つまり単作を「ふつう」だと感じる日本の私たちは，この複雑な形態をどのように考え，評価したらよいのだろうか．

　客観的な指標，例えばある時期における収穫量と生物多様性を測り，それにもとづいて，システムの良し悪しを「科学的に」考えることは可能であろう．しかし，異なる種類の植物が一度に栽植されるしくみは複雑で，科学的にまだ解明されていないことも多い．そして，ここで見落としやすい大事なことがある．それは，自然とかかわる主体，つまり現地で暮らす人びとからの視点である．アグロフォレストリーというシステムは，まったく新しい発想から編み出されたものではなく，世界各地の民族が伝統的に行ってきた面

が強い．そのため，長い年月をかけて農耕のしくみが地域に根付いたという経緯を踏まえ，かれらが培ってきた知識や技術からこのシステムを理解していくことが重要となる．つまり，自然や農業の「科学的（に理解できる）しくみ」とともに「現地の人びとの知識や技術」も知ることで，アグロフォレストリーの意味を深くとらえることができるのである．

4.2 人と自然の関係論

　人と自然の関係にかかわる学問分野のうち，人間側に着目した分野として，ここでは生態人類学と民族生物学を取り上げる．文化社会的な側面にかんする隣接分野としてはこれらのほかに，社会学から展開した環境社会学，民俗学から展開した環境民俗学などがあるが，視点や調査手法には共通性が多くみられる．また，これらを含み，かつ地球環境問題との関係を踏まえて論じていく分野に環境人類学がある（タウンゼンド，2004）．読者はまず，個々の課題や関心に応じた分野を学びの出発点とするのがよいだろう．

　なお，これらの分野にかかわるテーマには，農業のはじまりを考える「**ドメスティケーション（栽培化，家畜化）**」をめぐる研究がある．これについては，生態人類学，民族生物学，農学，考古学などの分野にまたがり人と動植物の関係の機序が論じられ，また，理論的な視座も提供されてきた（中尾，1966；福井編，1995；山本編，2009）．その概要は 4.3 (b) で紹介する．

(a) 生態人類学

　人と自然のかかわりを実証的に明らかにすることを目指した分野に「生態人類学」がある．生態学とは，第1章（前迫）と第2章（鶴田）で述べられたように，生物と生物，生物と周辺環境の関係を明らかにする分野である．一方，人類は生物としての側面だけでなく文化的な側面を持っており，これらの両方の特徴を解明するのが人類学である．そして，生態人類学は，自然と文化の視座を合わせもつ複合的な学問である．

　日本の生態人類学は，サルから人類への進化を考える霊長類学と，栄養・

疾病・人口などを考える医学・保健学という2つの分野に端を発していて，文化人類学や社会学の視点も取り込み，極めて学際的な様相を呈している．初期の生態人類学的研究は，アフリカ大陸，太平洋諸島，ニューギニア高地など，自然環境に強く依存した小規模な社会を対象としておこなわれた．フィールドワーカーは各地のコミュニティに入り込み，寝泊まりしながら生業活動にも参加する「参与調査」という方法を用いながら，観察や計測，聞き取りを進めていった．日本の霊長類学を創設した伊谷純一郎をはじめ，田中二郎，掛谷誠，鈴木継美，大塚柳太郎などによる**フィールドワーク**の成果は，自然とともにある人びとの暮らしと自然環境を総合的に論じる「モノグラフ」や「民族誌」という形として結実していった．

初期の生態人類学は，小さく閉鎖的な生態系（例えば○○島，○○の森）を分析単位として，生態系の一部として人を位置づけ，人と環境の相互作用を全体論的に研究することを目指していった．その際，生態系が（例えるなら一つの身体のように）自己調整機能を持ち均衡を保ち続けることを前提としていた．しかし，これらの研究に対しては，フィールドでみることができるのはある一時点であり，年々変化していく生態系を分析するという視点に欠けるといった批判を受けた．また，システムとしての生態系に焦点を当てることにより，その中の人間社会が変化に対していかに主体的に対応するか，という視点が軽視されることも指摘された．それらの批判を踏まえて，近年では，人間が自然環境にはたらきかけながらいかに柔軟に生き，生態系と連動して変化していったか，という視点からの研究も盛んになりつつある．

生態人類学的な研究の共通点として，徹底したフィールドワークによって人びとの行動や景観（例えば食料の入手と摂取，畑の面積，各樹種の個体の空間的分布）を観察・計測し，生計維持活動のしくみを客観的，実証的に解き明かしていったことが挙げられる（**図4.2**）．研究者の間でよくモットーにされたのが「動くものは数えよ，止まっているものは測れ」である．

図4.2 生態人類学的調査（2017年8月撮影、四方篝氏提供）

　例えば人は必ず毎日誰かと（または1人で）何かを食べているが，この正確な記録は，生態人類学の調査では食行動や栄養，社会にかんする基礎データとなっていく．フィールドには，ばねばかりがよく携行され，収穫物や摂取物の重さが頻繁に計測され，世界の民族間での栄養摂取量にかんする比較に用いられたりもした．近年では，地点を正確に特定するGPS機器，上空からの写真を撮影できるドローン，携帯用健康測定機器が使われることもある．
　なお，生態人類学の考え方と方法，現代的展開を知るための書籍として，秋道・市川・大塚編（1995）や，2001～2002年に刊行された「講座・生態人類学（全8巻，京都大学学術出版会）」がある．

(b) 民族生物学

　生態人類学と一部重複し，より文化的な側面に重きをおいた学問として**民族生物学**（エスノバイオロジー）がある（Anderson et al. eds., 2011）．生態人類学と同じく，この分野も学際的で，民族植物学，民族動物学，民族生態学といった領域を含む．これらの研究ではとくに，世界各地における人びとの**知識**，行為，言語といった観点からのアプローチが注目されてきた．例えば，和歌山県太地町の人びとはなぜ，またどのようにクジラの追い込み漁をして祭

りも執り行うのかや，アフリカの森林に暮らすピグミーの人びとはどれだけ植物の知識が豊富なのか，といった疑問を持ったことはないだろうか．このような現地の人びとの認識や分類，考え，ひいては世界観は，「在来知」「民俗知」「エスノサイエンス」などと呼ばれ，西欧科学（サイエンス）との違いやその意味が研究されてきた．

　この分野での著名な研究者として，フィリピン・ミンドロ島のハヌノー民族による壮大な植物の分類体系を解明し，民族生物学を発展させていったコンクリン（Conklin, 1954），人類一般に共通する色彩語彙とその普遍的な発展段階を主張したバーリンとケイ（Berlin and Kay, 1969）などが挙げられる．日本人では，アフリカの牧畜民における色と模様の多彩な認識体系を発見し，西欧科学が入る前からそれらが家畜の遺伝的なしくみと結びついていたことを示した福井勝義などの研究が有名である．

　ところで，人と自然をつなぐものとして「知識」とともに「**技術**」があるが，民族生物学の分野では，これらはときに不可分なものとされる．篠原（2005）によると，ここでいう技術は人びとの自然観や自然認識と深く連関しているとともに，身体的な技能と自然知の二つから理解することができる．身体的な技能とは，経験的に獲得された身体を使う技法である．例えば漁師が山をみて現在地を正確に把握する「山アテ」や，山村における野生植物の採集技術がそれにあたり，外部の者からは「勘」や「コツ」などと呼ばれるものである．また，自然知とは，例えば人びとの植物にかんする膨大な博物学的知識や分類法が挙げられる．単純な道具のみ用いる環境下で，人類はこの身体知と自然知によって自然と対峙してきたのである．しかし，文明における道具の発達によって，それらの知識・技術は衰えていった．

4.3 自然に依存した人びとの暮らし

(a) 四大生業

　現代において「生業（なりわい）」という言葉は，お金を得るための主たる仕事といった意味で使われるが，元来は，人類が自然環境から生活に必要なものを得る手段，生きるための営みのことを指す．この意味において人類の生業は，大きく**狩猟・採集・農耕・牧畜**の四種類からなり，**四大生業**と呼ばれる．狩猟とは山野の野生動物を獲ることであり，ここでは海や湖，河川での漁撈も含まれる．採集は野生植物を採ることである．現代では狩りや魚釣り，山菜採りやきのこ採りといったレクリエーションを楽しむ人も多いが，自然と対峙するそれらの行為自体は四大生業のうちの狩猟・採集と同じである．ヒト科の生物が出現したのは今から500〜400万年前といわれているが，農業と牧畜がはじまったのはわずか1〜2万年前であるから，人類の歴史の大部分は狩猟採集によって食料を得ていたことになる．

　人類社会は大きく分けて，①自然社会，②農業社会，③産業社会という3つの段階を経てきたといわれる（近年では，④情報社会の到来を主張する人も多い）．自然社会は狩猟と採集，すなわち野生動植物の直接的な利用が生計の基盤となっている社会で，採取経済（foraging economy）の社会ともいわれる．それに対して，農業社会は自然資源のコントロール，すなわち植物の栽培や家畜の飼養にその経済的な基盤をおいている．

　今日，完全な狩猟採集のみによる社会は存在しないが，過去も含めて狩猟採集を中心に営む社会は熱帯雨林からサバンナ，半砂漠まで，高地や極乾燥地域などを除き，極めて多様な環境に分布していた．

　意外なことであるが，狩猟採集社会は私たちが想像するよりもはるかに楽な生活であったことが分かっている．食料獲得のために働く時間はせいぜい一日数時間であり，残りの時間は昼寝をしたり，おしゃべりをしたり，遊んだりして過ごす．かれらの持ち物は少ないが，これは移動する生活への適応である．そもそも，かれらの欲望はつつましいものであり，必要量に比べて自然資源は無尽蔵であるため欠乏感を持つことはなかった．このような観点

から，人類学者のサーリンズは狩猟採集社会を「最初の豊かな社会」と呼んだ（以上，秋道・市川・大塚編，1995）．

(b) ドメスティケーションと農業

野生の動植物を栽培化，家畜化することを「ドメスティケーション」という．ドメスティケーションとは，広い意味では「馴らすこと」であるが，ここでは，野生の動植物が遺伝的に変化し，人間がその繁殖をコントロールするようになることを指す．動物の例だと分かりやすく，ブタは家畜化されているがイノシシは野生であり，ライオンは人間になかなかつかず家畜化されていない．ドメスティケーションは農業と牧畜の起源にもかかわり，人類にとって極めて重要な出来事である．このことを考える際には，必然的に採集と農耕，狩猟と牧畜の区別に着目することになり，「農業とは何か」「牧畜とは何か」という本源的な問いに触れることになる．ドメスティケーションの研究は生物種ごとに多数あるが，そのうちの代表的な考え方を以下に述べる．

阪本（1995）は，植物のドメスティケーションを「人間と植物の共生関係の成立過程」と定義し，西南アジアで栽培されるイネ科植物（とくにムギ類）の栽培が多くの段階を経て成立するモデルを作り上げていった．彼は，人間の出現以前における哺乳類の時代からすでにドメスティケーションの前段階として動物と植物の相互関係がはじまっていたことを想定している．そして，そこでの草原化を経て，狩猟採集の時代に人間の暮らす環境に適応した「雑草性植物」が出現し，それが栽培植物の出現につながっていく，というプロセスを描いた．

松井（1989）は，ドメスティケーションの過程において，人がどのように植物に介入していったのかについて，生物と人間の関係を広くみながら検討した．その結果，集中的な利用をとおした人間と数種の植物の長期的で安定した平衡関係「セミ・ドメスティケイション」の段階を見出した（**図4.3**）．例を挙げると，中東地域の人びとはナツメヤシに強く依存し，食料や物質文化として利用するだけでなく，その作物を擬人化し，それらに関わる知識や精神

文化を発達させてきたが，栽培化には至らなかった．セミ・ドメスティケーションの状態は，必ずしもすべてがドメスティケーション，つまり私たちが農業と呼ぶような人―植物関係の段階に移るわけではなく，むしろ農業の素材として扱われるのは植物種のうちほんの一部である．

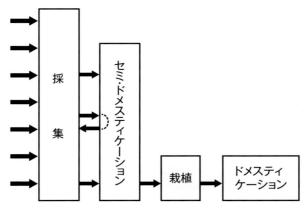

図4.3 採集，セミ・ドメスティケーション，ドメスティケーションの関係（松井，1989）

　ドメスティケーションにかんする古典的な研究の多くは，「いつ」「どこで」「なぜ」農業（牧畜）がはじまったのかという問題にかかわってきたが，人類学を含む上に挙げた研究では，「どのように」という問いが追究されていった．その結果分かった重大な知見は，単に人間がその都合や効率性を追求して植物に介入し，栽培植物や家畜が生み出されてきたのではなく，段階的で長期的なプロセスを経てきたこと，単に野生か栽培かといった二分法では分けられない多様な人間と植物の関係がある，ということである．次節で述べるアグロフォレストリーの植物にも，野生植物と栽培植物の両方があり，人間とのかかわり方も多種多様である．つまり，畑や森林をみる際には，そこにさまざまな人―植物関係の束を見出そうとする姿勢が，多角的かつ通時的な理解を深めていく鍵になる．

4.4 世界のアグロフォレストリー

(a) 指標と分類

　世界のアグロフォレストリーは，熱帯と温帯に100以上の種類がある．それらは，大きく4つの指標から分類される（**表4.1**, Atangana et al., 2014）．これらの視点とは，①システムの構造（「樹木」「農作物」「家畜」という三つの基本的な構成要素の組み合わせや空間的な配置），②生産面や環境保全の機能（役割），③標高と雨量への対応，そして④集約性や商業的農業の程度である．これらの分類には，自然環境と人間活動の両方からの視点が複数存在することに注目したい．

　これらのうち，外観から分かる基本的なものが①である．その主な基本要素としては，農業を意味するアグリカルチャー（agriculture, agri-, agro-），林業を意味するシルヴィカルチャー（silviculture, silvi-, silvo-），牧畜を意味するパストラル（pastoral）があり，それらは動植物の構成でもあり，生業の分類でもある．

表4.1 世界各地のアグロフォレストリーを分類するための主な指標
（Atangana et al., 2014から作成）

大指標	細目	分類
構造	要素の性質	アグリシルヴィカルチャー（農＋林） シルヴォパストラル（林＋牧） アグロシルヴォパストラル（農＋林＋牧） その他（林＋漁など）
	要素の配置	空間（三次元）的，混栽・密植，混栽・疎植，線状，境界上，一時的
機能	生産機能	食料（果物），飼料，薪，バイオエネルギー，炭素，材木，非木材林産物
	環境保全	防風林，河岸，土壌保全，保湿，土壌改善，日陰
農業生態学的適応		湿潤低地，湿潤高地（標高1,200m以上），半湿潤低地，半湿潤高地
社会経済・管理	技術の投入	低投入，中投入，高投入
	コストと収益の関係	自給的，中間的，商業的

アグロフォレストリーにおいて展開される技術（方式）は，大まかには30ほどが見出される．そのうち，アグリシルヴィカルチャー（農＋林）でみられる技術は**表4.2**の14種類である．ここからも分かるように，世界のアグロフォレストリーは，少数の優れた方式が流行し画一化されるのではなく，各地の自然環境，社会文化的背景に合わせてさまざまな形態が練り上げられ，また現在でも試され続けているのである．つぎに，アグロフォレストリーの実例として，アフリカでみられる対照的な2つの形態をみてみよう．

表4.2 アグリシルヴィカルチャーにおける技術（方式）
（Atangana et al., 2014 から作成）

技術（方式）名	配置
1. 休閑	樹木を植栽し，休閑期に残しておく
2. タウンヤ	畑をはじめる初期に樹木と他の作物を間植する
3. アレー・クロッピング	樹木の生垣をつくり，他の作物をそれらの列間に植える
4. リレー栽培	樹木と他の作物をそれぞれ列状に（交互に）植え，雨季前に樹木から木くずをつくりマルチングする
5. 多層の樹木畑	複数の種，層からなる植物を不規則かつ高密度に栽植する
6. 多目的樹種の栽植	畑の中や端にまばらに樹木を植える
7. プランテーション作物の組み合わせ	①プランテーション作物を混ぜ合わせて多層を形成させる ②プランテーション作物を規則的に配置させる
8. 庭畑	住居のまわりに樹木や他の作物を多層的に密植する
9. 土壌保全・埋め立てのための樹木作物	土壌を埋め立てるため，堤防，テラスなどに沿って樹木を植える
10. 斜面農業	土壌浸食を抑え収量を増加させるため，等高線に沿って線状に植えた樹木作物の列と列の間に他の作物を栽植する
11. 湿地でのアグリシルヴィカルチャー	水田においてイネと樹木を栽培する
12. かんがい	果樹と他の作物を組み合わせる
13. 防風林，生垣	風の流れを変えるため，畑の周囲や間に樹木を多層的に配置する
14. 燃料生産	畑の中や周囲に燃料となる樹木を栽植する

(b) アフリカ熱帯雨林における森林の循環とアグロフォレストリー

　アフリカ大陸の中部，コンゴ盆地を中心とした年間降水量が1,500mmを越える地域には熱帯雨林が広がっている．もともとこの地域には森林の林産物に依存する狩猟採集民が暮らしていたが，森林を切り開いて畑にするための鉄器や，そこでの生育に適した東南アジア原産のバナナなどが伝播するようになり，農耕民が森林に進出するようになった．

　かれらの森林における農耕は，アグロフォレストリーの大分類でいうとアグリシルヴィカルチャー（農＋林）にあたる．より詳細にみると，**焼畑移動農耕**，**混作**（複数の種類の作物が混じって植えられること），**根栽作物**（イモ類，バナナ）という3つに特徴づけられる（小松，2010；四方，2016）．

　焼畑移動農耕の「移動」とは，畑を開き，数年～数十年かけて森に戻してまた畑を開く循環的な方法を指す．それを複数の場所でおこなうため，畑が移動していると表現される．そして，森を戻すという技術は，**表4.2**の「**1. 休閑**」に相当する．

　ここでは，四方（2013, 2016）をもとにカメルーン東南部（**図4.4**）の事例を紹介する．森林の中で，まずイラクサ科のムサンガ（*Musanga cecropioides*）と呼ばれる樹種が優占する二次林を伐開する．そこに，トウモロコシ，キャッサバ，ヤウテア（*Xanthosoma sagittifolium*），料理用バナナを中心にさまざまな作物を植え付ける（**図4.5**）．それらを栽培・収穫した後に放棄し，10年前後ないしそれ以上の休閑を経て再び利用する．森林の伐開後，トウモロコシとキャッサバは生育の初期に強い日射を必要とするが，草丈が高くなると除草されなくなる．そのため，畑に作物がまだ生えているうちに二次植生が繁茂し始める．その中で，日陰の中でも比較的育ちやすい料理用バナナは年間をつうじて，数年にわたって収穫が続けられて主食とされる（**図4.6**）．また，近年では商品作物であるカカオ（チョコレートの原料）の重要性が増していて，森林に新たなカカオ畑も開かれる．その際に自給用の作物も一緒に植え，カカオの樹木が生長するまでの間，これらの栽培と収穫を繰り返す（**図4.7**）．つまり，熱帯雨林での農耕は，森林を循環的に利用することによって成立する森林休閑型である．

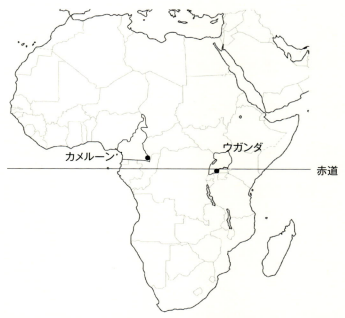

図4.4 カメルーン東南部(中部アフリカ熱帯雨林)とウガンダ南部(東アフリカ高地)の事例地域

図4.5 カメルーン東南部(中部アフリカ熱帯雨林)の混栽畑(四方篝氏撮影)

4．アフリカと日本のアグロフォレストリー──人と自然のかかわりを考える

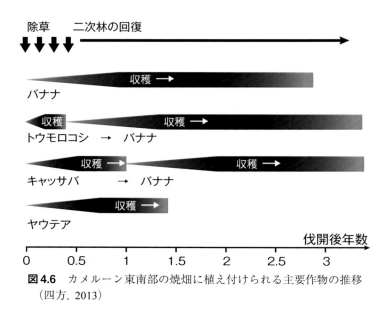

図 4.6 カメルーン東南部の焼畑に植え付けられる主要作物の推移
（四方，2013）

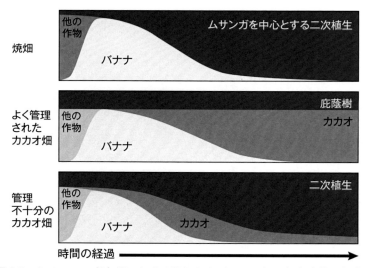

図 4.7 カメルーン東南部における焼畑およびカカオ畑の経年変化の概念図
（四方，2013）

このように森林のダイナミクスと融和的におこなわれる焼畑移動農耕であるが，もう一つの特徴として，植生が遷移する過程でみられるさまざまな景観（ランドスケープ）に注目したい．この地域では，作物の栽培期間と，二次植生が回復する休閑期間がはっきりと線引きできない．つまり，森林に回復するまでのさまざまな段階の生態系がパッチ状に広がることになる．このことを生かして，人びとは多様な植物を利用する．例えば，火入れの後の燃え残った木々は薪として利用され，作物を食べにやってくる小動物は罠で捕獲される．森林の回復過程で生育する樹木の葉や果実，キノコは料理に利用される．森林から産出されるものは多様であり，文化経済面で多くの豊かさを人びとにもたらしている．なお，そのうち木材以外のものは**非木材林産物**（Non Timber Forest Products，略してNTFP）と称され，近年，その有用性や利用の持続性に注目が集まっている．

(c) 東アフリカ高地のアグロフォレストリー

　ウガンダ，ルワンダ，タンザニアなどの国々にまたがる東アフリカ内陸部には，標高1,000〜2,000mの高地が広がっている．そこにはアフリカ屈指の高い人口密度を支える集約的な料理用バナナの栽培地域が分布している．そこではバナナが重要な炭水化物の供給源であり，例えばウガンダでは，1人あたり年間150〜500kgものバナナが消費されている（Tushemereirwe et al., 2001）．畑は住居を取り囲んでつくられるが，そこにはバナナを中心に多種類の樹木や草本が生育し，アグロフォレストリーの様相をなす．かれらの農耕は，アグリシルヴィカルチャー（農＋林）の方式（**表4.2**）において，「**8．庭畑（ホームガーデン）**」に相当する．

　ここではウガンダ南部の事例を紹介する（**図4.4**，**図4.8**）（佐藤，2011）．まず，バナナの庭畑の中の空間は垂直方向に多層的である．バナナは生長すると3〜5mになるが，その下層には商品作物としてのコーヒーが栽培される．そして，さらにその下の地面近くには，野菜や薬草などが栽培されるが，「勝手に」萌芽し生育することもある（**図4.9**）．また，クワ科やマメ科などの高木の枝葉が，バナナの上方の空間を覆い，それらの落ち葉は土壌を肥沃にす

る.庭畑で生育するこれらの植物は,暮らしのあらゆる場面で用いられている(**表4.3**).この地域では,人口密度の高まりによって森林が消失しつつあるが,燃料のための木材や非木材林産物の供給など,森林が果たすべき機能の一部を庭畑における樹木が代替しているということもできる.

図4.8 ウガンダ南部(東アフリカ高地)のバナナ栽培地域の景観

図4.9 ウガンダ南部(東アフリカ高地)における庭畑

表 4.3 庭畑の中で生育するバナナ以外の植物の例

方名	学名（和名など）	生活形	利用法
mutuba	*Ficus natalensis*（クワ科，イチジクの仲間）	木本	・樹皮をむき，加工して樹皮布にする．（同じ樹木から毎年採取可能）
omwanyi	*Coffea canephora*（ロブスタコーヒー）	木本	・果実を乾燥させて業者に販売する． ・果実を煮て噛み料として販売する．
muyembe	*Mangifera indica*（マンゴー）	木本	・果実を食べる．
nsogasoga	*Ricinus communis*（トウゴマ）	木本	・材木，棒（バナナを支える等）に用いる．
kajaaja	*Ocimum lamifolium*	草本	・枝から先の部位を煮て胃痛などの薬にする．
dodo	*Amaranthus caudatus*（ヒモゲイトウ）	草本	・苦味野菜．若葉をおかずに用いる． ・ブタなどのえさ，畑の肥料にもなる．
nammere	*Phyllanthus amarus*	草本	・自生するが除草せずに生えたままにしておく．豊作のまじないに用いる．

　この地域の人びとは，暮らしの中でバナナとの強いつながりを持つ．利用面では主食料理をはじめ多種類の料理法がみられ，醸造酒，蒸留酒にもされる．葉や繊維を用いる物質文化も暮らしにとって非常に重要である．

　庭畑に生育するバナナの**品種**は多様であり，それぞれ果実の形態や食味などが異なる（**図 4.10**）．東アフリカ高地独自の系統のバナナは，各地での呼称にもとづくと数百にのぼるが，植物分類学的に同じものをまとめると 80 ほどになる（Karamura, 1999）．また，各世帯が数十の品種を一つの庭畑で栽培することは珍しくなく，他の人から譲り受けたり購入したりして，自分の畑に植え付け，人生の中で徐々に品種を増やす傾向にある．なお，東アフリカ高地の中でも地域や世帯によって，庭畑における植物の多様性が大きく異なる．それは人びとの家計や文化的背景，微環境と植物の多様性が密接に関係していることを示唆している．

図 4.10 東アフリカ高地系バナナのさまざまな品種

　この地域の農業は，数十年にわたってずっと同じ場所でバナナを育て続ける常畑栽培である．畑を開くときは，まずナタや鎌を使って草木を除去することからはじめる．その後，一年のうち乾燥が続く時期（乾季）のおわりか雨の多い時期（雨季）にバナナの苗を植え付け，1年半後から3年後に収穫する．その間，葉の剪定，雄花序の除去など，果実に栄養分を行き届かせて大きくさせるため，バナナの個体ごとに手厚い世話をする．また，定期的にマルチングや除草作業をおこなう．熱帯雨林での栽培が生態系の遷移に適応していたのとは大きく異なり，手の込んだ管理が細やかにおこなわれる．その結果，1ヘクタールあたり6〜17トンものバナナが収穫されることもある（Tushemereirwe et al., 2001）．

　このシステムの特徴の一つとして，バナナの庭畑が日常生活の空間の一部となっていることが挙げられる．庭畑のほぼ全域にはバナナが植えられているが，その畑の中や周辺に，トイレや水浴び場，作業場，ゴミ捨て場などが配置される（**図4.11**）．生活で出てくるゴミは庭畑の肥料として土に還る．また驚くことに，墓も置かれることもある．庭畑のまわりには，樹木や蔓などを用いた柵を設置するなどして，外と内の境界を明確にする．つまり，かれらにとってのバナナの庭畑は，私たちの生活での感覚に例えると「家の中」なのである．

114

図 4.11 ウガンダ南部のある庭畑（佐藤, 2011）

　もう一つの特徴は，バナナ畑は食料をはじめ，さまざまな植物資源を供給する場でもあり，豊かさの象徴とされることである．人びとは，他人のバナナ畑における状況をみてその世帯の社会的なステータスを判断する．また，大きく肥沃なバナナ畑には呪いがかけられることがあり，それを避ける技も用いられる．

　このように，東アフリカ高地のアグロフォレストリーは，熱帯雨林でのアグロフォレストリーとは対照的に，バナナが中心的な要素となり，積極的に自然にはたらきかける農林業といえる．ただし両者とも，バナナの生産性と植物の多様性の両方を志向するシステムである．

4.5 日本のアグロフォレストリー

アグロフォレストリーは主に熱帯地域を中心に議論されているが，日本にも，アグロフォレストリーや，それに類する営みが多くみられる．ここでは，里山，焼畑，有機農業について説明する．

(a) 里山

里山とは，集落・田畑・ため池・水路・樹林・草地などの空間的な要素が組み合わされた生態系のことを指し，自然の営みと人間活動との合作ともいえるダイナミックなシステムである（鷲谷，2011）．鷲谷は，山岳などを意味する「山」とは異なり，多様な樹林のほか，草原，湿地や水辺も含まれるものとして里山をとらえている．それらの場所からは，伝統的な農業生産と人びとの暮らしに必要な資源，すなわち作物を育てるための肥料と水，家畜を養うための飼料，家屋を建てて維持するための木材・茅・竹，燃料とする薪や炭，日用品をつくる蔓・竹・菅（すげ），葦（ヨシ）などが採集されていた．日本人の多く，とくに中高年の人たちは「子供の頃にそこ（里山，裏山）でよく遊んだ」といった共通の経験を持ち，身近で親しみある自然である．このような景観は，自然と人工の「中間」，「パッチ状の複合的な生態系」，「半自然」，「半栽培」といった見方がなされており（鷲谷，2011，塙，2013），多様な動植物の生息・生育と密接に結びついている．

日本では，かつて至るところでみられた里山が全国的に衰退している一方で，その自然環境の重要性が再認識されてきている．また，人間と生物が同じ場所で共存できる環境をつくる「**ランド・シェアリング**」という考え方が近年注目されており（四方，2016など），里山はその典型的な場でもある．2010年に名古屋で開催された生物多様性条約第10回締結国会議（COP10）では，二次的な自然環境における生物多様性の保全とその持続可能な利用の両立を目指す「SATOYAMAイニシアティブ」が打ち出された．現在では「SATOYAMAイニシアティブ国際パートナーシップ」が，世界各地においてそれらの景観を見出し，関係する団体，政府機関の間での情報共有と協力活

動を推進している．世界のアグロフォレストリーは「SATOYAMA」のケーススタディとして取り上げられており，広い意味において里山とアグロフォレストリーは，景観や機能といった観点で，共通性を持っているといえよう．

(b) 焼畑

　焼畑はアグロフォレストリーにおける技術の一つであり，私たちにとっては「火入れ」，「野焼き」といった言葉の方がなじみがあるかもしれない．前節で挙げたアフリカ熱帯雨林など世界各地では広くおこなわれているが，日本でみる機会は少なくなっている．

　佐藤（1999）は焼畑を包括的に議論する中で，福井（1983）の議論の要点をまとめ，以下の条件を満たすものを焼畑と定義している．①耕作と休閑のコンビネーションによって成立し，前者より後者の時間が長いこと，②休閑期に自然の遷移による地力の回復が意図されること，③耕地を放棄する際にも休閑の後の再利用が想定される循環的農耕であること．なお，森林やヨシ原などの野焼きは，農業をおこなわないと厳密には焼畑とはいえないが，自然の遷移を利用した循環的な資源利用という点では焼畑と共通している．

　原田と鞍田らは，現代における焼畑の意味を問い直し，理論と事例の両面から総合的に検討をおこなった（原田・鞍田編，2011）．その中で，日本においては宮崎県椎葉村，四国山地の限界集落，福島県昭和村，山形県などの事例が挙げられ，食文化の多様性やその系譜との結びつきが論じられている．また，焼畑への視点の新しさとして，この農業が今まで考えられてきたよりずっと環境負荷が小さいこと，少ない肥料をうまく利用する技にたけた農法であることが指摘されており，新たな可能性として注目される．つまり，私たちは焼畑をみるとき，「アグロフォレストリーは環境保全の役割もあるはずなのに，森林を焼くなんて野蛮だ」という先入観を排除しなくてはならない．

(c) 有機農業

　有機農業は，必ずしも農業と林業などの要素の組み合わせではないが，以下の理由で取り上げたい．それは，生態系の動態を生かしてその恵みを得る

という点において，アグロフォレストリーや焼畑と共通の考え方にもとづいているからである．

　有機農業とは，狭い意味では，農林水産省による有機JAS認定にみられる「農薬や化学肥料などの化学物質に頼らない」農業であり，多くの消費者はそのような認識で野菜などを購入している．しかし，有機農業をより思想的な背景からとらえる立場から，中島（2010）は「有機農業は自然共生を求める農業のあり方であり，JAS規格等の特別な基準を満たすための特殊農法ではない」と述べている．そして，その技術論のキーワードとして，「低投入・内部循環・自然共生」を掲げている．それは，「投入の増加によって産出の拡大を図る」という生産関数的世界から脱却し（**図4.12 (a)**），低投入を前提とした圃場内外の生態系の豊かな形成とその高度化を促す行為として位置づけられ，そこでは時間の積み重ねが重要な意味を持つ（**図4.12 (b)**）．このことは，アフリカのアグロフォレストリーや日本の焼畑のしくみと同じである．有機農業もアグロフォレストリーも，特殊な農業ではなく，むしろ農業本来の営みとして考えるべきであろう．

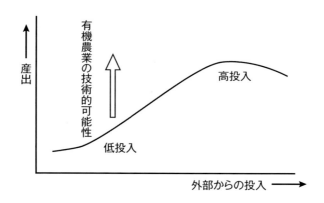

図4.12 (a)　農業における投入・産出の一般モデルと有機農業の技術的可能性（中島，2010）

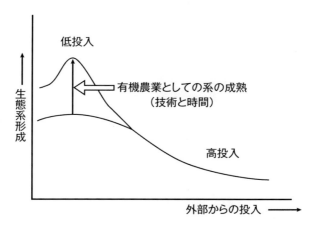

図 4.12（b） 農業における内部循環的生態系形成と外部からの資材投入の相互関係モデル （中島，2010 より作成）

4.6 おわりに

　アフリカや日本のアグロフォレストリーを人間と自然の関係から考えることで，私たちは何を見出し，何を学ぶことができるだろうか．

　一つは，野生と栽培の間にある「**人間―植物関係のグラデーション**」という視点である．人間の生活，植物の繁殖方法とそのつながり方は地域によって異なり，必ずしも「野生か栽培」か，といった単なる二分法で語ることができない．また，世界の現実，例えば化学肥料に強く依存した農業の限界を考えると，「いずれ人間が自然を完全な管理下におき，農林業が工業化していく」という進化的な考え（史観）は，本当なのだろうかという疑問がわいてくる．アグロフォレストリーにみられるように，農業の自然循環機能，自然への回帰，自然の価値の再発見といったことの意味をサイエンスや思想，政治・社会の文脈で議論する場は，今後ますます増えていくことだろう．

　もう一つは，先住民への考え方である．今でも，「先住民が野蛮で自然を破壊してきた」とする幻想は根強く残っている．しかし，自然に直接依存して

生活し，それがいかに重要であるのかを身をもって知ってきたのは先住民自身である．また，地域の自然はもともとかれらのものだったはずである．焼畑を自然破壊の元凶とする「**焼畑悪玉論**」でみられるような，先住民に責任を押し付ける乱暴な議論は避けるべきで，むしろ，その地域における自然へのかかわり方を科学の視点も交えて学ぶとともに，なぜ私たちはかれらの生活を脅かしているのか，という問いに真剣に向かいあうべきであろう．

　私たちには，現代の都市的生活の中で，自然に直接依存しない「自己家畜化」（尾本編，2002）に進んでいる危惧がある．この章で述べたアグロフォレストリーなどをとおして人と自然のかかわりに深い関心を寄せ，自然を基盤として生きているという当たり前の事実を改めて認識していきたいものである．

課　題

1. 人口増加以外に農業の持続性を阻害する要因をできるだけ多く挙げ，それらを整理しなさい．
2. セミ・ドメスティケーションの事例を挙げ，そこでみられる人間と動植物の関係を述べなさい．
3. 世界各地におけるアグロフォレストリーの事例を探し，その自然循環機能や文化・社会に関する特徴を述べなさい．
4. あるアグロフォレストリーを対象に現地調査する場合，どのような方法を用いて何を調べるか．目的と方法を含む調査計画を立てなさい．

文献

秋道智彌・市川光雄・大塚柳太郎編（1995）生態人類学を学ぶ人のために．世界思想社．
Anderson, E. N., D. M. Pearsall, E. S. Hunn, and, N. J. Turner eds. (2011) Ethnobiology. Hoboken, N. J., Wiley-Blackwell.
Atangana, A., D. Khasa, S. Chan, and A. Degrande (2014) Tropical agroforestry. Springer.
Berlin, Brent and P. Kay (1969) Basic color terms: Their universality and evolution. Berkeley, University of California Press.
Conklin, Harold C. (1954) The relation of Hanunóo culture to the plant world. Ph.D Thesis, Yale University.
塙狼星（2013）アフリカの里山―熱帯林の焼畑と半栽培．「半栽培の環境社会学」宮内泰介編．昭和堂，94-116.
原田信男・鞍田崇編（2011）焼畑の環境学―いま焼畑とは．思文閣出版．
福井勝義（1983）焼畑農耕の普遍性と進化―民俗生態学的視点から．「山民と海人―非平地民の生活と伝承（日本民俗文化体系第 5 巻）」小学館, 235-274.
福井勝義編（1995）人間と自然の共生（講座 地球に生きる2）．雄山閣出版．
Karamura, D. A. (1999) Numerical taxonomic studies of the East African Highland Bananas (*Musa* AAA-East Africa) in Uganda. IPGRI.
小松かおり（2010）森と人が生み出す生物多様性．「森棲みの生態誌―アフリカ熱帯林の人・自然・歴史Ⅰ」木村大治・北西功一編．京都大学学術出版会, 221-242.
松井健（1989）セミ・ドメスティケイション―農耕と遊牧の起源再考．海鳴社．
永田信・井上真（1998）森林資源と地球環境．「生物資源の持続的利用（岩波講座 地球環境学6）」武内和彦・田中学編．岩波書店, 23-58.
中島紀一（2010）有機農業の基本理念と技術論の骨格．「有機農業の技術と考え方」中島紀一・金子美登・西村和雄編．コモンズ, 61-83.
中尾佐助（1966）栽培植物と農耕の起源．岩波書店．
尾本惠市編（2002）人類の自己家畜化と現代．人文書院．
大久保悟（2013）農業生産システムを生態系として捉える―生産と生物多様性保全の両立．「アジアの生物資源環境学―持続可能な社会をめざして」東京大学アジア生物資源環境研究センター編．東京大学出版会, 23-42.
阪本寧男（1995）ムギの民族植物誌―フィールド調査から．学会出版センター．
佐藤廉也（1999）熱帯地域における焼畑研究の展開―生態的側面と歴史的文脈の接合を求めて．人文地理, 51(4), 375-395.
佐藤靖明（2011）バナナの民の生活世界―エスノサイエンスの視座から．松香堂書店．
四方篝（2013）焼畑の潜在力―アフリカ熱帯雨林の農業生態誌．昭和堂．
四方篝（2016）多様性をうみだす潜在力―カメルーン東南部，熱帯雨林における焼畑

を基盤とした農業実践．「争わないための生業実践―生態資源と人びとの関わり（アフリカ潜在力4）」重田眞義・伊谷樹一編．京都大学学術出版会，265-299．
篠原徹（2005）自然を生きる技術―暮らしの民俗自然誌（歴史文化ライブラリー204）．吉川弘文館．
タウンゼンド，パトリシア・K（2004）環境人類学を学ぶ人のために．世界思想社．
鷲谷いずみ（2011）さとやま―生物多様性と生態系模様（岩波ジュニア新書686〈知の公開〉シリーズ）．岩波書店．
Tushemereirwe, W. K., D. Karamura, H. Ssali, D. Bwamiki, I. Kashaija, C. Nankinga, F.Bagamba, A. Kangire, and R. Ssebuliba (2001) Bananas (*Musa* spp). In Agriculture in Uganda Volume II Crops. (Joseph K. Mukiibi ed.), Kampala, Fountain Publishers, 281-321.
山本紀夫編（2009）ドメスティケーションの民族生物学的研究．国立民族学博物館．

参照URL

FAO (2016) FAOSTAT > Data > Forest Land
　http://www.fao.org/faostat/en/（2016年11月閲覧）
総務省統計局（2016）世界の統計2016 >世界人口・年齢構成の推移（1950～2050年）
　http://www.stat.go.jp/data/sekai/0116.htm（2016年10月閲覧）
United Nations, Department of Economic and Social Affairs, Population Division (2015)
　World Population prospects, the 2015 Revision > Total Population
　https://esa.un.org/unpd/wpp/Download/Standard/Population/（2016年11月閲覧）

5 地域環境保全とコミュニティ

川田　美紀

　環境を「保全する」ということは，どういうことなのか．何を，どのように保全することが望ましいのか．なぜ保全するのか．この問いに対する答えは1つではなく，人びとの立場や現場の状況によって異なる場合がある．

　また，環境問題は環境に対して関心のある一部の人たちだけで解決できる問題ではない．環境に対してあまり関心のない人たち，まったく関心がない人たちとも協力する必要がある．

　本章では以上のことをふまえて，"コモンズ""社会的ジレンマ"などの概念を学び，みんなが環境問題解決のための取り組みに参加できるような仕組みはいかにして構築することができるのかを考える．

　さらに，近年では地域の環境を保全するにあたって地元の地域コミュニティの役割が重視されるようになってきており，そのように考えられるようになってきた経緯と，コミュニティが地域環境保全に関与することの実践面での重要性について論じる．

5.1　環境への社会学的アプローチ

　本章では，環境（問題）に社会学的にアプローチしていく．社会学とは，複数の人間によって構成されている社会あるいは集団を研究する学問である．

したがって，社会学は環境を直接分析対象にするのではなく，環境と関わっている人間を対象にすることで，間接的に環境についての分析をすることになる．回りくどい表現をしたが，要するに，人間の活動が環境に何らかの影響を及ぼす，そのカラクリを明らかにすることによって，環境問題の解決に寄与しようとするのである．

このように環境（問題）に社会学的にアプローチしていく学問分野は，社会学のなかでも**環境社会学**と呼ばれる．日本の環境社会学は，アメリカと並んで研究が盛んであるのだが，そもそも環境社会学が学問分野として成立したのは意外と最近のことで，日本の環境社会学会が発足したのは1992年のことである（その前身である環境社会学研究会発足は1990年）．

日本の環境社会学の特徴は，大きく2つ挙げられる．1つは，おもに農山漁村を研究してきた社会学者らが，公害や開発の事例研究をおこなうなかで，被害者あるいは生活者の視点から現場で起きている環境問題の解決を目指して立ち上げた学問領域であるということ，もう1つは，広大な土地があり，自然と人間の生活との間に比較的境界を設定しやすいアメリカなどと異なり，狭い土地で，自然と密接に関わりながら人間が生活してきたために，自然に対して積極的に手を加えることにより，自然と人間の生活を両立させるような環境保全のあり方を模索することができる分析モデルを備えているということである．環境社会学の入門書としては，鳥越・帯谷編（2009）が入手しやすく読みやすい．

5.2 何を，どのように，保全するのか

(a) 人間は環境を壊す存在？守る存在？

環境について研究するさまざまな学問分野があるなかで，環境社会学の強みは，おそらく次の2つの事柄を分析・把握することができる点であろう．1つは，人間は確かに自然環境に対してマイナスになるようなことをたくさんしているけれど，その一方で，マイナスを小さくするだけではなく，プラスになるようなこともしてきたということである．たとえば，水辺に自生して

いるヨシという植物がある．家の屋根を葺くなどの用途でかつては人間が積極的に利用していた自然資源である．人間は，自分たちが利用するのに好都合なヨシを手に入れるため，冬になるとヨシ原に火を入れるということをしてきた．火を入れることで，翌年には太くてまっすぐなヨシが育つ（**図5.1**）．人間は，自らがヨシを利用するために火入れという行為をしているのだが，結果として，ヨシ原の環境を維持・保全していた．

図5.1　手入れされたヨシ原：渡良瀬遊水地（2007年2月撮影）

つまり，ある環境を破壊するのも，保全するのも，人間の関わり方次第なのである．人間が環境とどのような関わりを持つかによって，環境を破壊することになったり，環境を保全することになったりする．人間が環境との関わりを維持し続けようと考えている場合，人間の活動はその環境を保全することにつながっていることがたいへん多いように思う．

(b)　環境が「保全されている」とはどういう状態か

　もう1つは，「環境に対してプラスになるようなこと」というのは，実は簡単に判断できることではないということである．たとえば，先に挙げたヨシで考えてみよう．ヨシは，太くてまっすぐに育つように人間が手を入れてくれて感謝をしているだろうか．ヨシに聞きたくても，当然のことながらヨシは人間の言葉を話さないので聞くことができない．人間がきれいに整ったヨ

シ原をみて,あるいは,太くまっすぐ育ったヨシをみて,美しい,立派である,環境が保全されていると評価しているのである.

もう1つ例を挙げよう.ある草原があって,人間が手を加えなければ,徐々に木が育ち,森になる.草原の状態を維持するためには,人間が手を加える必要がある.さて,人間が手を加えずに森になるのと,人間が手を加えて草原のままにするのと,どちらが環境保全なのだろうか.この問いに対する答えは,地域によって異なると考えられる.熊本県の阿蘇の草原(**図5.2**)は,牛を放牧するために冬になるとわざわざ草原に火入れをして,草原を保全している.けれども,人間の手がほとんど入っていない自然空間では,草原に木が生えてやがて森になるということは,自然の営みとして望ましいとされるだろう.

図5.2 阿蘇の草原(2012年8月撮影)

だとすると,環境に対するマイナス・プラスの影響ということを論じる際にまず考えなければならないのは,人間がどのような基準で環境を評価しているのかということになる.

さまざまな学問分野が,それぞれに環境にアプローチをしている本書では,それぞれの章で異なる環境評価の基準が提示されているであろう.そして,それらの基準のほとんどは,誰が評価をしても同じ結果が得られる「客観的基準」である.けれども,本章で論じるのは,それ(客観的基準)とは異

なる基準である．それは，その人間が属している集団（社会）の文化や，その人間が持っている環境との関わりによって異なる基準である．

(c) 環境評価の基準

読者の中には，評価する人間が誰であるかよって異なるような，そんな怪しげな基準を取り上げることに意味があるのだろうか，と疑問に思う人もいるかもしれない．なぜそのような怪しげな基準に注目する必要があるのだろうか．そのことを理解してもらうために，少し環境の話から脱線して，日常生活のなかから考えてみよう．

食事をするという行為を，なぜするのだろうか．生きるために必要なエネルギーなり栄養素を摂取するため，だろうか．もしそうだとすると，サプリメントや点滴などで必要なエネルギーや栄養素を摂取することができるなら，食事をするという行為をすることはなくなるだろうか．サプリメントや点滴という選択肢ができたとしても，食事をしたいと思う人は，いるのではないだろうか．その理由としては，おいしいものを食べたいとか，誰かと一緒に食事をしたい，などが考えられる．

必要なエネルギーなり栄養素を摂取することは，人間が「生存」するために必要なことである．しかし，私たち人間は，食事をするという行為によって「生存」することを可能にしているだけではなく，「おいしい」とか「楽しい」といった幸福感も得ている．しかも，この「おいしい」とか「楽しい」という気持ちは，誰もが同じ食物を食べて等しく感じるものではない．ある物を好んで食べる，あるいは食べない集団（社会）文化があったり，誰が作った物なのか，誰と一緒に食べるのかなどによって，おいしいと感じたり感じなかったりすることもありうる．

客観的ではない環境評価の基準というのも，これと同じようなものと考えられる．ある環境が，人間の生命を脅かしたり，健康を害したりするのであれば，それは生命を脅かしたり健康を害したりすることのないように改善する必要がある．これは，程度の差こそあれ，Aさんの身体には悪影響を及ぼすのに，Bさんの身体には良い影響を及ぼすというようなものではなく，人

間一般に対して共通して害があるとか,利があるというように評価することができるものである.具体的な例を挙げると,飲用している水が原因で感染症が広がるとしたら,感染症の原因となる病原体を除去したり,飲用に供されるまでのプロセスで病原体が混入することを防ぐ対策を取らなければならない.これは,私たち人間が生存するために必要な水質環境であり,望ましいものであるかどうかを客観的に評価することが出来るものである.けれども,水環境の保全といったとき,この水質以外の評価基準も存在する.集団(社会)によって「水環境が保全されている」と判断する基準が異なる可能性がある.水質よりも水中や水辺の動植物の存在が重視される場合もあるかもしれないし,人びとがアクセスしやすいように手入れがきちんとされていることが重視される場合もあるかもしれない(**図5.3**).その基準は,人間とその水環境がこれまでどのような関わりを持ってきたのか,今後どのような関わりを持ちたいのか,ということと密接に絡んでいる.

図5.3 手入れが行き届いている洗い場:長崎県島原市浜の川湧水(2009年7月撮影)

(d) 客観的ではない環境評価の基準が必要とされる理由

このような基準があることを認識し,考慮することの大切さが,近年主張されるようになってきた.なぜなら,人間は,生存さえできれば満足なので

はなく，幸福に暮らしたいと願い，それを実現しようするからである．幸福に暮らすためには，身近な環境が安全なものであるだけではなく，安らぎや喜びを与えてくれたり，魅力的であって欲しいものである．魅力的であれば，人間はその環境に住み続けたいと思うし，その環境を維持するために努力もするだろう．

　環境は，少数の環境保全に対する意識を持った人たちだけでは守ることはできない．つまり，環境に対してさほど関心のないような人たちにも受け入れられるような政策立案をする必要がある．そのためには，環境を科学的に捉えることができる一部の専門家たちが大勢の一般の人びとに対して「環境を守るためにこうすべきだ」と訴えるだけではなく，それぞれの集団（社会）に属する人間が幸福に暮らす，あるいは安らぎや喜びを享受することができる環境とはどのようなものなのかということを，彼らが共有している文化から探ったり，環境との関わりのあり方から彼ら固有の環境評価の基準を明らかにしたりすることが，たいへん重要なのである．

5.3　環境に対する人びとの認識と行動

(a)　私たちは環境をどのように認識し，行動しているか

　環境を評価する基準には，客観的ではないものがあると述べた．この客観的ではない評価基準というのは，人びとの環境に対する認識の違いをベースにしている．客観的に評価できる環境とは，誰がどこから見ても同じように把握できる環境である．たとえば，川の水に何がどれくらい含まれているかを測定する場合，測定する水が同じであれば，Aさんが測定しても，Bさんが測定しても，出てくる数値は同じになるはずである．一方で，客観的ではない環境評価基準とは，川を見て，AさんとBさんがどう評価するか，というようなことである．子どもの頃，よく川遊びをしていて，自分の子どもにもその川で川遊びをさせたいと思っているAさんは，もっとキレイな川にしたい，と思うかもしれないが，住んでいるマンションから見下ろしたところに川が見えて，その景観を気に入っているBさんは，ゴミが散乱していなけ

れば，多少水が濁っていようと十分キレイだと思うかもしれない．

(b) 環境との距離感

では，ここでまた具体例を挙げて考えてみよう．次の3つの場所でポイ捨てをしやすい／しづらいという感覚の違いがあるだろうか．ある場合は，しやすい順に並べてみよう．

1) 自宅から3軒くらい離れた道端
2) 大学に行く途中の道
3) 富士山の登山道

一般に，自分にとって身近な環境ほど，汚さないと考えられている．しかし，なかには「富士山の登山道」が最もポイ捨てしづらいと思った人がいないだろうか．もし，そう思ったとしたら，それはなぜだろう．いくつか考えられるのだが，そのなかの1つに「愛着・誇り」が考えられる．富士山は日本の国が世界に誇る美しい景観と考えている人は，物理的に遠い環境であっても，心理的に身近に感じているため，汚したくないと思うのだろう．だとすれば，ある環境を保全するための対策として，人びとがその環境を心理的に身近に感じるようなしかけを考えるということは，効果的な方法になりうるかもしれない．

では，どのようにすればある環境を心理的に身近に感じることができるのだろうか．現在，行政の政策にも応用されている方法に「私（たち）のもの」と認識するというものがある．たとえば，Aというプロサッカーチームの「ホームグラウンド」がある．Aを応援するファンの人たちは，「自分達の」グラウンドと認識し，サッカーの試合を観たあと，誰かに頼まれたわけでも，もちろん強制されているわけでもないのに，自らすすんで周囲のゴミ拾いをして帰るというようなことがある．その人たちは，いつでもどこでもすすんでゴミ拾いをするというわけではなく，応援しているサッカーチームのホームグラウンドだから，その場所に愛着を持ち（心理的に身近に感じ），その場

所をキレイな状態にするために自らすすんで活動することができるのである．環境との距離の問題については嘉田（1995）で詳述されている．

5.4　複数の人びとが共同で利用する環境

(a)　コモンズ

　ところで，これまでこの章で論じてきた環境は，学術的な用語を使うと「コモンズ」として一括りにすることができる．コモンズとは，平たい言葉で言うと「みんなのもの」「みんなが共同で利用するもの」である．自然環境で例を挙げると，川や海，湖，森，山などが典型的なコモンズである．

　コモンズが環境問題のなかで論じられるようになった契機は，ギャレット・ハーディンの「コモンズの悲劇」という論文である（Hardin, 1968）．その論文では，複数の人びとによって共同管理される資源は，行政によって管理される資源や，個人によって管理される資源と比較して，保全されにくいということが論じられている．

　具体的な例を挙げるなら，ある牧草地があって，そこで複数の人たちが牛を飼っているとする．もし，その牧草地を利用している人たち1人1人に区分して，Aさんはこの区画を利用する，Bさんはこの区画を利用する，Cさんは……というように分けたとしたら，各人は自分に割り当てられた区画を持続的に利用できるよう適度な頭数の牛を放牧するだろう．ところが，ある牧草地を複数の人たちが共同で利用した場合，過放牧をしてより多くの牛を出荷することができた利益を得るのは自分だけであり，過放牧をして牧草地が荒れた不利益は共同利用をしている全員がこうむることになる．そうであるならば，個人の合理的な選択は過放牧することとなる．ただし，そのような考えで，皆が過放牧をしたならば，牧草地は荒れ，再生不可能になってしまうだろう（**図5.4**）．

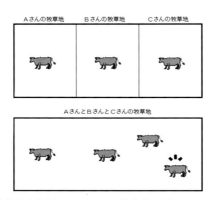

図 5.4 牧草地が区分されている場合と区分されていない場合

 ところが，ハーディンによるこの議論に対して，現実にはそのようなことにはならないという反論がなされた．そして現在では，コモンズである環境が保全されてきた事例も多数報告されている．

 牧草地の共同利用のような事例では，共同利用している人びとはお互いの存在を認識しており，なおかつ不適切な牧草地利用をした場合，共同利用をしている他の人びとにそのような行為を容易に気付かれると想像できる．そのような人間関係があるなかで，他の人びとに迷惑をかけてまで自分の利益を追求するような行動を取ることは，本当に合理的な選択と言えるだろうか．そのようなことをしたならば，その当事者は牧草地を共同で利用している他の人びととの人間関係が壊れて，共同利用自体が認められなくなる恐れも出てくるはずである．

 ハーディンの議論は，"誰でも利用できる資源"についての問題であり，それがイコール"コモンズ"の問題ではない．つまり，コモンズを利用する権利が特定の人たちに限定されていて，その人たちが顔見知りの関係である場合，人びとは節度を持ってコモンズを利用すると考えられる．一方で，たとえば大気のように誰もが利用できて，誰の利用がどのような影響を与えているのかが把握し難いような状況においては，人びとは自分1人くらいが不適切な利用をしてもいいだろうと思いがちである．コモンズについては，井上・

宮内編（2001）が参考になる．

(b) 社会的ジレンマ

現在顕在化している環境問題の多くは，この「自分1人くらいいいだろう」という意識によって引き起こされていると言っても過言ではない．ゴミのポイ捨て，照明のつけっぱなし，トイレの水を何度も流すなど，小さな心がけで防ぐことができるのだが，個人にとってはその心がけをすることがやや面倒に感じることがある．しかも，1人1人の行為が環境に与える影響は小さい．なので，皆が「自分1人くらいいいだろう」という気持ちでその行為をしてしまいがちだ．けれども，もし皆がそれらの行為をしたならば，街はポイ捨てされたゴミであふれるだろうし，電力や水が不足して，より多くの電気や水を確保するためにより多くのエネルギーを使わなければならなくなるだろう．

このような，個人にとって合理的と思われる行為が，社会全体にとって非合理な結果をもたらすことを，**社会的ジレンマ**という．社会的ジレンマは，解決することが困難であるが，先に述べたように誰のどのような行為がどのような影響を及ぼしているのかを把握しやすい状況，あるいは把握できるようなしくみを作ることができれば，解決できる可能性が出てくるだろう．

5.5 環境保全からまちづくりへ

(a) 高度経済成長時代の環境に対する考え方

現代日本社会に生きる私たちにとって，環境を保全するべきだという考え方は，実際に保全ができているかは別として，かなり浸透しているだろう．より平易な言い方をするなら，「環境を保全しよう」と呼びかけて，その呼びかけに応じて協力するかどうかは別として，かなりの人たちは「それは大切なことだ」「ぜひそうしよう」と答えるだろう．

けれどもそれは，現代の私たちの社会では当たり前の考え方であっても，過去の私たちの社会，あるいは現代の別の国の社会では，当たり前ではない

かもしれない．

たとえば，高度経済成長時代の日本社会では，経済的な豊かさを追求することがとても大切だと考えられていた．自然資源に頼りながら暮らしていた時には，その資源を持続的に利用することが可能になるように自然を保全しつつ利用していたが（**図5.5**），自然資源に頼らない**ライフスタイル**を選択することが可能になると，多少環境が破壊されたり汚染されたりしても，経済的あるいは物質的豊かさを実現するためにはやむを得ないという考え方が社会の中で優位になっていった．そのような考え方に沿って，森林を伐採して宅地造成をしたり，古い建造物を近代的な建造物に変えるような再開発をしたりしてきた．高度経済成長以前の自然資源利用については川田（2006）で具体的な事例が示されている．

図5.5 家畜の餌を採取する：沖縄県今帰仁村（2009年1月撮影）

(b) 環境保全の担い手としての地域住民

そのような開発計画は，行政や専門家主導で進められ，地域住民がそこに加わることはほとんどなかった．むしろ，行政や専門家主導で進められた計画に対して不満や違和感を持った住民は，開発に対する反対運動をおこない，行政や専門家との対立を深めていった．

ところが近年では，地域開発計画に住民が参加すべきだという考え方は，日本社会では広く浸透している．行政は，住民の意見を計画に反映させるた

めに，説明会を開いたり，委員会を設置したりと，さまざまな工夫をするようになってきている．従来は対立的であった行政や専門家と住民との関係は，協力的なものに変化してきているといえる．

なぜ，このような考え方の転換があったのか，そこにはいくつかの理由がある．まず，開発計画を立てるために必要な技術や知識は，行政や専門家のみが持っていると考えられていたが，住民は，地域の環境と関わってきたなかで，行政や専門家とは異なる固有の技術や知識——**生活知**——を獲得していて，そのような技術や知識も開発計画を立てるうえで重要であると考えられるようになってきた．

また，開発計画を立てるための意思決定を住民がおこなうことで，住民が開発計画の対象となっている環境に対して関心を持つことも大切である．行政や専門家が計画を立て，実行した場合，その結果問題が生じても，住民はその問題を自分たちの問題として認識しづらく，あまり関心を持たないかもしれないが，自分たちが関与して立てた計画を実行して問題が生じた場合には，解決に向けて積極的に動く可能性が高いだろう．

さらに，汚染された環境や破壊された環境を元に戻すのとは異なり，地域の環境をどのようにすることが望ましいか，どのような状態を環境が「保全されている」と捉えるのか，という問いの答えは，冒頭でも述べたように1つではない．それぞれの地域の状況に合った「望ましい環境」は，地域住民の意見を聞いて検討することがもっとも合理的であろう．

(c) 地域コミュニティにおける合意形成

地域の環境を開発したり，保全したりするにあたり，地域住民の意見を取り入れることが大切であるということは前節で述べた．では，地域住民の意見とは，具体的にどのように把握することができるのだろうか．地域住民といっても，複数の住民がいて，それらの住民の意見はまったく同じではないはずである．住民Aさんの意見を地域住民の意見とするのか，住民Bさんの意見を地域住民の意見とするのか，あるいは複数ある意見のなかで，もっとも多い意見を住民の意見とすればよいのか（多数決）．

行政が実施する市民アンケートなどは，住民1人1人の意見を聞き，集計するという方法で住民の意見を把握しようとするものである．もちろん，そのようにして住民の意見を把握する方法もあるのだが，地域の環境を開発したり，保全したりするにあたっては，地域**コミュニティ**で合意形成をするということがしばしばおこなわれる．

　地域コミュニティとは，ある特定のエリアに住んでいる人たちで構成される，地域の生活をめぐるさまざまな問題に対応する集団と理解すればよいだろう．日常的には地域の祭りをしたり，運動会を催したりして住民間の親睦を図ると共に，地域の環境美化活動などをおこなって住みやすい地域づくりをしている（図5.6）．地域に開発計画や迷惑施設建設計画などが持ち上がった際には，計画に対する反対運動をおこなったり，どのような条件であれば計画を受け入れるかといった交渉をする母体になる．

図5.6　だんじり祭り：兵庫県神戸市（2013年5月撮影）

　地域コミュニティがある計画に対して反対の意見を表明する際，それは，コミュニティの構成員の多数決の結果であるとは限らない．地域コミュニティには，**自治会（町内会）**をはじめとしてさまざまな地域住民組織が存在しており，それら住民組織のリーダーなどが中心となって，地域全体のために望ましい方向性について住民の合意を形成しているのである．

(d) **地域コミュニティがおこなう"手段としての"環境保全**

　環境保全をおこなう住民組織としては，地域コミュニティのほかに**環境NPO**などが挙げられる．環境NPOとは，環境保全を目的として，善意から自発的に活動をおこなう人びとによって構成されている営利を追求しない組織のことである．環境NPOと地域コミュニティの大きな違いは，環境NPOが環境を保全することを目的として結成されていて，その目的を達成しようとする人たちが構成員になっているのに対し，地域コミュニティは何か1つの目標を達成するために結成されるのではなく，特定のエリアに住んでいるということを根拠としてまとまりを形成し，そのエリアに住むことをめぐって課題や問題が生じたときにはそれに対応するということである．

　したがって，両者による環境保全活動には，おのずと違いが生じる．環境NPOは，環境を保全することが目的で活動しているのに対して，地域コミュニティは住むことをめぐる課題や問題を解決するための手段として必要だと判断すれば環境保全をする．

　具体的な例として**歴史的環境**の保全運動を挙げよう．歴史的環境とは，人間の手によって造られ，比較的長い年月にわたり維持されている場所のことである．江戸時代に形成された町並みや，棚田のような自然景観も歴史的環境と捉えることができる．

　ここでは古い町並みの保全（**図5.7**）について考えてみよう．古い町並みが

図5.7　町並み保全地域：佐賀県鹿島市（2012年12月撮影）

5．地域環境保全とコミュニティ　　*137*

きれいに残っている地域があったとして，環境NPOは，その古い町並みをできるだけ残そうと活動をする傾向がある．それに対して，地域コミュニティは，古い町並みを残すことで，過疎化や，地域経済の停滞などの問題が解決し，地域が活性化するのであれば，その手段として古い町並みを保全する．保全することが目的ではなく，地域の活性化が目的なので，活性化のために必要と判断すれば，古い町並みに手を加えることもありうる．

ただ，近年では，環境NPOのなかにも，地域コミュニティと連携をして，単に環境を保全するということを目的とするのではなく，その地域の活性化につながるような形で環境を保全しようと考える組織が少なくない．環境NPOについては鳥越編（2000），歴史的環境については片桐編（2000）が参考になる．

5.6 環境と人びととの関わりのあり方

近代化によって，おそらくもっとも環境改変が進んだ空間は水辺である．その近代化の内実は，多くが**公共事業**という枠組みで括ることができる．全国各地の海岸や湖岸では，干拓や埋め立てがおこなわれたし，多くの河川でコンクリート護岸工事がなされたし，河川の上流では治水や利水の目的で数々のダム建設がされた．水環境の近代化をめぐる環境社会学の研究については，川田（2013）に整理されている．

これらの環境改変がなされた当時は，ほとんどの人びとがそれらの改変は必要あるいはやむを得ないと考えていた．けれども，今振り返ってみると，本当に必要な環境改変であったのか，疑問に思う人も少なくない．その理由は，かけがえのない自然環境が失われたからというだけではなく，それらの環境改変によって，環境と人びとの関わりのあり方まで変わってしまったからである．

たとえば，ある住民が住んでいる地域を流れる川は，現在はコンクリート護岸になっているが，その住民が子どもの頃は，護岸工事はされていなかった．護岸工事がされて，子どもがうっかり足を滑らせて川に落ちるような危

険はなくなったが，そもそも誰も川に近づかなくなり，子どもたちの遊び場としての機能も果たさなくなった．川は周辺の家や工場からの排水でどんどん汚れていき，その後，排水に関する規制がなされたものの，今では通行する学生が，コンビニで買ったお菓子の空き袋などをポイ捨てするスポットになってしまっている．

　海や湖，川だけではなく，水田でも近代化による環境改変とそれに伴う環境と人びとの関わりの変化は起きている．戦後，日本各地の水田で，基盤整備事業というものが盛んにおこなわれた．湿田と呼ばれる，水気が多く人が作業のために入ると腰のあたりまで埋まってしまうような水田を深く埋まることのない水田に変えたり，さまざまな形をしていた水田を四角く整えたり，いくつもあった小川を最小限にまとめたりすることで，より広い面積の水田を確保し，機械で土を耕したり，苗を植えたり，稲を刈ったり，効率よく水田に化学肥料や農薬を撒けるようにしたのである（**図5.8**）．

図5.8　基盤整備事業実施後の水田：滋賀県野洲市（2010年3月撮影）

　基盤整備事業をおこなうことで，水田での農作業の負担は，格段に小さくなった．それまで家族総出で，長い時間をかけておこなっていた作業は，家族の一部あるいは1人が機械を操作してあっという間に終えることができるようになった．また，農薬を使うことで，草取りをする手間がなくなり，害虫の駆除もできるようになった．ところが，それと同時に，水田から害虫だけ

でなく，さまざまな生き物の姿が見られなくなっていった．

　滋賀県にある琵琶湖周辺の水田で実施されている「魚のゆりかご水田プロジェクト」は，農業の近代化によって失われた人と自然との関わりを再生することを目的とした事業である．かつて，琵琶湖から水路をつたって水田に遡上し，産卵していたフナやナマズ，コイなどは，基盤整備時事業によって湖と水田の間に大きな水位の高低差ができたために，水田まで遡上することも，産卵することもできなくなってしまった．また，農薬が使われるようになって，もともと水田や水路にいた生き物も生息することが難しくなってしまった．米作りをしている農家の人たちは，農作業中に生き物を見かけることはなくなり，子どもたちも水田や水路で遊ぶことはなくなってしまった．そこで，「魚のゆりかご水田プロジェクト」では，魚が水田まで遡上できるような魚道を設置し（図5.9），さらに産卵・孵化した魚が生存できるように農薬の使用も最小限かつ，魚への影響が小さいものにしている．再び魚が遡上するようになった水田では，都市住民や地元の子どもたちが遡上した魚の観察をするイベントが開催されている（図5.10）．

　「魚のゆりかご水田プロジェクト」に参加している人たちには，自分たちが農業をすることが環境を汚染したり破壊したりするのではなく，環境を守ることに繋がってほしいという気持ちがもちろんある．しかし，誤解してはいけないのは，彼らは環境を守るために農業をしているのではないということ

図5.9　魚が遡上するために水路に設置された堰：滋賀県野洲市（2015年6月撮影）

図5.10 琵琶湖から遡上した魚を観察するイベント：滋賀県野洲市（2012年6月撮影）

である．子どもたちに自然のなかで遊ぶ楽しさを味わってもらえたり，農業をしていない都市の人たちから活動を評価されたり，自らも豊かな自然に触れて癒されたり，収入がアップしたり，といった生活するうえでのさまざまなメリットを享受することができるからこそ，つまり自らの生活を豊かにするための手段になるからこそ，環境に配慮した農業をしているのである．

　環境社会学は，このような生活の豊かさを実現するための手段としての環境保全が重要であり，望ましいと考える．それは，単に人びとの理解が得やすいからということではなく，環境が人びとの生活の豊かさを実現するための手段であり続ける限り，人びとは環境を徹底的に破壊することはないと考えるからである．

> 課　題
>
> 1．ゴミのポイ捨てがされやすい場所とそうでない場所は，何が違うのか，考えてみよう．
> 2．社会的ジレンマとはどのような状況か．環境問題以外で具体例を挙げてみよう．
> 3．まちづくりに地元住民が参加することのメリットについて話し合ってみよう．

文献

Hardin, G. (1968) The tragedy of the commons. Science, 162, 1243-1248.
井上真・宮内泰介編（2001）コモンズの社会学（シリーズ環境社会学2）．新曜社．
嘉田由紀子（1995）生活世界の環境学．農山漁村文化協会．
片桐新自編（2000）歴史的環境の社会学（シリーズ環境社会学3）．新曜社．
川田美紀（2006）共同利用空間における自然保護のあり方．環境社会学研究，12, 136-149.
川田美紀（2013）水環境の社会学－資源管理から場所とのかかわりへ－．環境社会学研究，19, 174-183.
鳥越皓之編（2000）環境ボランティア・NPOの社会学（シリーズ環境社会学1）．新曜社．
鳥越皓之・帯谷博明編（2009）よくわかる環境社会学．ミネルヴァ書房．

6 自然資本の経済学
──価値の「見える化」で環境を守ろう

花田眞理子

　豊かな生態系の自然，美しい景観，きれいな空気，美味しい水……私たちはこうした自然環境から多くの恵みを受け取っているが，残念ながらこれらの環境価値の多くには価格が付いていない．したがって，開発や利用によって環境価値が減殺しても，誰もその再生費用を負担しないことから，我先に利用することになり，過剰利用が引き起こされる．これが環境問題を引き起こす原因であると考えられている．

　環境問題は，経済システムが環境の価値や環境汚染のコストを適切に表示していないために起こるとするならば，自然環境の利用や汚染行為に価格を付けることによって，生産者や消費者にコストとして認識させればよい．これを経済学では「外部費用の内部化」と呼ぶが，こうした社会の制度設計を通じて過剰生産・過剰消費にブレーキをかける試みが進んでいる．

　この章では，まず6.1で環境価値を貨幣評価することがどうして環境問題の解決に必要なのか，市場メカニズムから説明する．6.2では貨幣価値で環境を評価する具体的な方法について説明する．6.3では，生態系や自然環境の価値を貨幣換算して環境が守られた事例や，実際に自然の浄化能力を利用する暮らしを紹介する．6.4では，太陽光パネルの導入策の効果について，費用便益分析で比較してみよう．6.5では，事業活動が与える環境負荷を企業が考慮するようになってきた世界的な流れを，自然環境を損ねる企業のリスクや，

自然環境を保護する企業のメリットなどの観点から説明したい．そして6.6では，身近な地域での取り組みを評価する簡単な例を紹介しよう．経済社会の中で生きる皆さんに，環境の価値を貨幣表記で「見える化」する重要性について，考えるきっかけにしていただければと考えている．

6.1　環境問題と貨幣価値

　近年，**地球温暖化**問題や海洋汚染といった地球環境問題から，ごみの最終処分場の逼迫や鳥獣害問題，土壌汚染問題などの地域環境問題まで，さまざまなレベルの環境問題が深刻化している．地球温暖化や生態系の喪失がこのまま進行すれば，やがて人類社会そのものが持続できない危機的状況に陥ることが指摘されるまでになっている．いまや経済社会のすべての主体（生産者，消費者，行政）が，それぞれの活動による環境負荷（＝環境への悪影響）の削減に取り組まなければならないことは国際的に合意されているのである．それなのに，環境問題がなかなか解決に向かわないのはなぜだろうか．

　豊かな自然環境や美しい景観など，誰でもが楽しむことができて（非競合性），誰かが楽しんだからといって他の人が楽しむことを制限できない性質（非排除性）をもつものを一般的に「公共財」という．ところで，誰でも利用できる共有地の牧草（公共財）を，自分の牛の餌として利用しようと考えた牧畜業者たちが，自分のもうけを増やすために勝手にどんどん自分の牛の数を増やしていったらどうなるだろうか．いくらその牧草地が広くても限りがあり，やがて牛の食餌量が牧草の再生能力を上回ると，以前の牧草地は荒廃地へと姿を変え，牧畜業者は誰も放牧することができなくなってしまう．これが，個々の利益追求に委ねてしまうと有限な資源を維持することができなくなることを示唆した有名な「共有地の悲劇」(Hardin, 1968) である．詳しくは前章 (p.133) をご覧いただきたい．これは，増加し続ける世界人口に対して有限な地球資源が維持できなくなることへの警告でもある．

　その後，このような公共財に関する社会的ジレンマは，利用者になんらかの形式で適切な負担を賦課するような制度や掟を施行すれば，エコロジカル

な最適の成長経路を持ちうることが示された（宇沢, 2003）．こうした制度設計のためには，「牧草の価値」や「牧草の再生コスト」を貨幣価値で示す必要がある．

環境問題は，**外部性**の問題として考えることもできる．私たちが経済システムと呼ぶ市場活動では，生産や消費といった経済活動の行司役は価格である．価格が高いと思えば消費者は購入しないし，生産者はなるべく価格を低く抑えてたくさん売れるようにコストを削減しようとする．ところがその価格に含まれるのは，原材料費や人件費など，すでに価格の付いているコストだけであり，工場からの廃液による河川の汚染など，市場を通らずに外部に与える影響は考慮されない．あなたの家の横を流れるきれいな川が，だんだん濁って悪臭を放つようになってきたのは上流に工場ができたからだったとしよう．その工場の製品はあなたが購入するようなものではなかった場合，あなたはその製品の市場取引には関係のない第三者だ．工場は，法律で禁じられた汚染物質は流さないようにしているが，あえてそれ以上の汚染防止対策を行おうとはしない．なぜならば，それは生産コスト増につながり，価格競争上不利になるからである．こうして徐々に，きれいな川という環境価値があなたの地域から失われてしまう．このように，市場の当事者以外の第三者に市場取引を経ずに経済活動の影響が発生することを「外部性」の発生という．外部性にはプラスとマイナスがあるが，特にマイナスの影響は「外部不経済（外部コスト）」と呼ばれ，「公共財」と同様に「市場の失敗」の一つと考えられている．

市場の失敗に対応するための方策が政府の介入，すなわち環境政策である．外部性に対する環境政策には，公害対策のように環境基準を設けて汚染物質の排出を抑制する「法規制的手法」のほかに，環境税のように排出に対して課税したり，排出の少ない活動を促進するための補助金を出したりする「経済的手法」，適切な情報表示や環境教育などの啓発を通じて購買行動へはたらきかけるような「自主的手法」などがある．これらの政策を実施する際にも，適切な課税標準や補助金額の設定などのために，環境価値を貨幣価値で表す価格付けが必要となってくる．

ではなぜ環境に価格付けをすることが重要なのだろうか．それは，価格の付いていない「豊かな自然」などの公共財は市場取引の際にその価値が無視されて，浪費されるおそれがある一方，価格付けをすれば，環境の利用や環境価値の減価は経済システムからしっかりコストとして認識されるようになり，なるべく減らそうという努力の対象になるからである．

 では，経済システムと自然システムの関係について市場メカニズムの観点から考えてみよう．

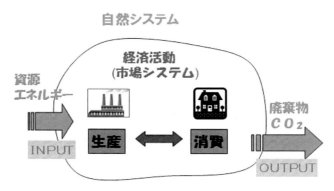

図6.1　経済活動が自然システムに与える影響

 生産や消費といった私たちの経済活動は，社会がよって立つところの地球の自然環境に大きな影響を与えてしまっている（**図6.1**）．生産のために自然システムから資源を採取し（INPUT），エネルギー消費のために発生する二酸化炭素や消費後の廃棄物などを自然システムに排出（OUTPUT）することにより，自然環境の価値は低下するが，これは市場経済では考慮されない．なぜならば，経済システムの外にある自然システムの環境価値は十分価格付けがされていないため，市場取引の際に適切に考慮されていないからである．

 そこで，現在価格の付いていない環境価値に価格を付けることによって，市場取引の際に認識してもらおうという方策が「**外部費用の内部化**」であり，環境経済学の大きなテーマの一つである．市場メカニズムを通じて環境保全

を図るこの手法は環境を守るうえで大変重要である.

例えば,経済活動の大きさを示すGDPとエネルギー消費量の関係を考えてみよう.エネルギー消費量は「人口」と「経済規模」と「効率性(技術)」によって決定されると考えられる.第一次石油危機(1973年度)以降の日本の最終エネルギー消費と実質GDPの推移をみると(**図6.2**),2010年度まではたしかにGDPとエネルギー消費は足並みを揃えている.両者とも2007年度までは増加傾向にあり,2008年度のリーマン・ショックで双方とも一時落ち込んだが2010年度にはやや回復している.ところが,2011年度以降の推移をみると,GDPの増加傾向に対してエネルギー消費量は減少している.これは東日本大震災(2011年3月11日)以降の省エネ意識の高まりによるエネルギー需要の減少とともに,再生可能エネルギーの固定価格買取制度導入など,環境保全の価格付けによる効果であると考えられる.二酸化炭素排出削減のための再生可能エネルギーへの転換政策の効果については6.4で費用便益分析による評価を紹介したい.

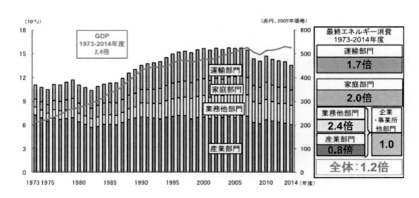

図6.2 最終エネルギー消費と実質GDPの推移(資源エネルギー庁,2016)

さて,経済成長,すなわちGDPを増やすためならば,資源枯渇や地球温暖化につながるエネルギー消費の増加は仕方がないものと黙認する時代はもう終わりを告げた.なぜならば,エネルギー多消費型経済がもたらす二酸化炭

素の排出による地球温暖化という地球の気候システムの減価の影響が，社会的なコストとして国際的に広く認識せざるを得なくなってきたからである．

　2007年，イギリス財務省が気候変動問題の経済的側面に関するレビューを発表した．600ページにわたる報告書は，責任者だった元世界銀行チーフエコノミストのニコラス・スターン卿に因んで**スターン・レビュー**と呼ばれ，「気候変動の経済学」として国際政治の議論のベースとなった．この報告書の要点は，「地球温暖化など気候変動による経済的な損失は第一次・第二次世界大戦による損失に匹敵するものになるおそれがある．」「経済モデルを用いた分析によれば，今行動を起こせば気候変動の最悪の影響は回避することができるが，行動しない場合，毎年世界のGDPの少なくとも5％，最悪の場合は20％に相当する被害を受ける．ただしその対策コストは2050年までGDPの1％程度である．」というものであった．このレビューは，地球規模で低炭素社会へ移行するために，各国政府は課税システムなどによる二酸化炭素排出規制を行う必要があること，削減技術の開発の促進も望まれること，そして「何もしないことによって生じるコスト」が「対策に必要なコスト」を大きく上回ることを示したものとして，大いに注目された．

　では課税システムによる炭素排出削減の仕組みとはどのようなものだろうか．あなたが100万円の自動車を購入したとしよう．この価格には，人件費や原材料費など，すでに市場で価格が付いている生産要素のコスト（私的費用）は含まれているが，自動車の走行による大気汚染という社会的な損失コストは含まれていない．汚染の影響を受けるのはこの自動車の売買取引には関係のない第三者の住民や生態系であるため，外部性が発生することになる．この外部費用の分を政策によって価格に上乗せするのが「外部費用の内部化」である．もしも排ガス規制によって新たな排出削減装置が義務付けられて価格が10万円上がった場合，排出者であるあなたは10万円払って大気環境を保全することになる．つまり1台の自動車によるマイナスの影響から大気環境を保全する価値は10万円ということになり，大気という自然環境の価値が市場に組み込まれることになるのである．こうした規制が環境負荷の小さな技術や商品の研究開発も促進し，将来にわたる環境保全に寄与していくこ

とになる.

　では,環境価値の減価を勘定に入れないまま経済活動が行われるとどうなるのか,経済学から説明しよう. **図6.3**は,自動車の市場の需要と供給を示すもので,私的限界費用は外部費用を考慮しなかった場合,社会的限界費用は外部費用を考慮した場合の供給曲線である.

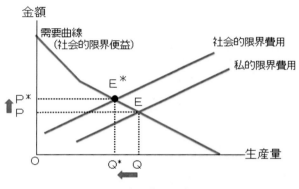

図6.3 外部費用の内部化

　限界費用とは1単位生産を増やした時の追加的な費用であり,限界費用曲線と需要曲線との交点Eで価格と生産量が決まると考えられる.外部費用を考慮すると交点はEからE^*に移り,価格は外部費用分上乗せされるのでPからP^*に上昇し,生産量はQからQ^*に減少する.これは,環境価値を考えなかった場合には過剰生産となり,社会的な環境価値(便益)を損なっていることを表している.外部費用という環境価値のマイナスは社会全体のマイナスであり,誰も負担しない状態では使った者勝ち・汚した者勝ちでどんどん環境が悪化していく.こうした事態を回避するためには,「共有地の悲劇」で示されたように,利用者になんらかの形式で適切な負担を賦課するような制度が必要である.

　図6.4は**環境税**を導入した場合の市場を表している.Sは環境税のない場合の供給曲線,Stは課税後の供給曲線である.**図6.3**で説明した外部費用を

税金の形で上乗せすることで，市場に外部費用を認識させていることがお分かりになるだろう．

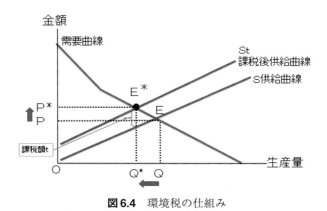

図6.4 環境税の仕組み

代表的な経済的手法には，「環境税」のほかに，排出総量を定めて各主体に排出枠を割り振り，排出枠を売買できる「**排出権取引制度**」がある．排出権取引制度では，排出枠が売買される際の価格が，まさに排出による社会的損失の値段ということになる．再生可能エネルギー普及促進のための「**固定価格買取制度（FIT）**」や「再生可能エネルギー利用割合基準（RPS）」，生物多様性保全のための「生物多様性オフセット」などを行う場合も，環境負荷コストや環境負荷回避コストの見積もり，すなわち環境の貨幣的な評価が必要になってくる．そこで次節では環境の価値を定量的に評価する方法について説明することにしよう．

6.2 環境価値の経済的評価法

豊かな地球環境は私たちに様々な恵みをもたらしてくれる．しかし前節でみてきたように，生態系などの自然環境には，通常の商品のような価格が付けられていないため，環境利用はタダとみなされ，汚染されたり失われたり

してもその損害を特定の主体に担わせることができず，損害を小さくしようというインセンティブが働かないので，自然環境の価値はどんどん低下していってしまう．そこで，環境のもっている価値を市場に認識してもらうため，貨幣価値で評価する手法が開発されてきたのである．

　環境価値の評価手法は，「**顕示選好法**（Revealed Preferences: RP）」と「**表明選好法**（Stated Preferences: SP）」に大別される．「**顕示選好法**」は，人々の経済活動から得られるデータをもとにして環境価値を評価する手法であり，「表明選好法」は，例えば「あなたはこの素晴らしい景観を維持するためなら，年間いくらまで支払いますか？」というように，環境保全の金額的評価を直接人々に尋ねるアンケートによって，その環境の価値を算出する手法である（**図6.5**）．

図6.5　環境価値のミクロ的な評価手法

　顕示選好法には「**トラベルコスト法**」（ある場所へ行くための旅行費用をもとにその場所の環境を評価する．主にレクリエーションや景観等訪問に関連する環境を評価），「**ヘドニック法**」（地代や賃料をもとにその場所の環境を評価する．地域的なアメニティ，死亡リスクなどを評価），「**代替法**」（すでに価格が付いている私的財と置き換えたときの費用で評価する．森林の水質改善や土砂流出防止機能などを評価），「**回避行動法**」（環境悪化や被害の影響を回避するために費やされた費用によって評価する．水質汚染や騒音などを評

価),などの手法がある.ただし顕示選好法は,手法によって対象とする環境が限定的にならざるを得ないという面がある.

一方,さまざまな環境を評価対象にできる表明選好法には,「CVM (Contingent Valuation Method；**仮想評価法**)」や「**コンジョイント分析**」などがある.

CVM は,生態系や景観などの非利用価値を評価できる数少ない重要な手法として広く用いられてきた.CVM では,環境を守るためにいくら支払うかを尋ね,回答者は自由に金額を記入するもので,実際に CVM による生態系評価を行う場合は,二段階住民票方式など,もう少し複雑な質問設計が行われる.こうしたアンケート調査から得られた金額は「支払意志額」と呼ばれるが,一般的には1世帯あたり1年あたりの金額とされるので,その地域の世帯数と対象期間の年数を掛け合わせることによって,生態系の価値が算出されることになる.

生態系評価額＝支払意志額×対象地域の世帯数×対象期間

生態系保全評価の場合,対象者はかなり広く考えられることも多く,その価値は高額に上ることが多い.例えば栗山(1998)によると,釧路湿原の生態系保全については支払意志額16,614円,総額361億円(栗山,1996),琵琶湖の水質保全については支払意志額3,964円,総額6,184億円(舟木・安田,1996),ダム開発による生態系破壊の回避は支払意志額13,016円,総額287億円(栗山,1997),などの試算がある.

CVM はアンケートの結果によって価格付けを行うものなので,基本的にはどのような自然環境でも調査対象とすることができる.ただし,これはアンケート調査の宿命でもあるが,アンケート自体の設計や調査方法,対象の選び方などによって結果が変わってくる可能性があるので注意しなければならない.

また,多属性選好を評価する「コンジョイント分析」も表明選好法の一つである.これは主にマーケティングなどで用いられてきた手法であり,例え

ば商品における市場競争力における環境価値の測定と評価などに利用されている．

こうした貨幣価値による**生態系サービス**の定量的評価は，生態系のもつ価値を客観的に示すことにより，開発か保護かという対立に解決の道筋を提供するものと考えられる．次節ではその具体例を紹介したい．

さて，こうした環境価値のミクロな測定方法と並んで，マクロ経済活動の

表6.1 環境価値を考慮した主なマクロ経済指標

環境・経済統合勘定	①経済活動中の環境保護活動の状況の表示；SNA（国民経済計算体系）の既存計数から分離される環境関連の支出額（実際環境費用）や資産額（環境関連資産額），②環境に関する外部不経済を貨幣表示した「帰属環境費用」；経済活動に伴う環境の悪化を経済活動の費用として表示，の2つの計数をSNAの勘定表にとりまとめたもの．
環境調整済国内純生産（EDP；Eco Domestic Product）	国内純資産（GDPから生産活動に伴う固定資本の減耗額を控除）からさらに経済活動に伴う自然資産の減耗額を経済活動の費用として貨幣表示した帰属費用を控除した計数．環境までを考慮に入れた付加価値額を算出しているため，「グリーンGDP」と呼ばれる．
エコロジカルフットプリント（Ecological Footprint）	人間活動が環境に与える負荷を，資源の再生産および廃棄物の浄化に必要な土地や海洋の表面積として示した数値．地球の環境容量を示す指標．各国の経済規模と人口によって適正な経済規模を算出できる．
持続可能性指標（ESI；Environmental Sustainability Index）	環境持続可能性に関する21の指標（天然資源の埋蔵量，過去及び現在の汚染レベル，環境管理の努力，グローバル・コモンズ保護への貢献度，環境パフォーマンスを長期にわたり改善していく地域社会の能力等）．
包括的富指標（IWI；Inclusive Wealth Index）	GDPのように短期的な経済発展を基準とせず，持続可能性に焦点を当て，長期的な人工資本（機械，インフラ等），人的資本（教育やスキル），自然資本（土地，森，石油，鉱物等）を含めた，国の資産全体を評価し，数値化したもの．
人間開発指数（HDI；Human Development Index）	GDPには反映されない社会の豊かさや進歩の度合いをはかる包括的な経済社会指標として，各国の所得水準・平均寿命・教育水準などから計算される指数．
持続可能な経済福祉指標（ISEW；Index of Sustainable Economic Welfare）	自然環境の汚染が経済の持続可能性を損なうコストであると捉え，大気汚染や水質汚濁，騒音公害，湿原や農地の喪失，オゾン層の減少などのコストを経済指標から差し引くなど，環境汚染の経済的な損失を入れた経済指標．
真の進歩指標（GPI；Genuine Progress Indicator）	GDPの個人消費データをベースとして，家庭やボランティア活動などの経済的貢献について加算し，環境破壊や環境汚染，交通事故，犯罪，家庭崩壊など，幸せや進歩にマイナスな活動に伴う経済価値や，健康や環境への被害額を控除する．さらに貧困層への所得分配について加重調整を行う．

環境への影響を考慮した経済指標も求められるようになった．従来の経済指標では，価格の付いていない環境の非利用価値の損失や，将来にわたる自然環境の損失を防ごうとする予防的な支出に関わる便益については計上されない．しかし現在の過度の環境利用は必然的に将来の環境容量の低下と質の低下をもたらすものであり，これを考慮しない経済成長は持続可能性に疑問がもたれることになる．そこで，環境価値の収支を組み込んだマクロ経済指標が開発されている．それらの経済指標の主なものをまとめたのが**表6.1**である．

　これらの指標の一つである「**包括的富指標（IWI）**」を使って世界20カ国の資本ストックの状況を数値化した「包括的な豊かさに関する報告書2012」（UNU-IHDP・UNEP, 2013）から，日本の現状をみてみよう．日本の資本ストックの構成をみると，人的資源（年齢・性別人口，年齢・性別死亡率，雇用，学歴，雇用報酬等）が73％，人工資本（投資，資産の耐用期間，産出の伸び等）が26％，そして自然資本（化石燃料，鉱物，森林資源，農業用地等）は1％に過ぎない（**図6.6**）．しかし1990年から2008年の19年間に自然資本が増えた国は，20か国中なんと日本だけであった．

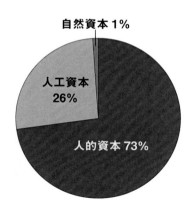

図6.6　日本の資本ストックの内訳（UNU-IHDP・UNEP, 2013より作成）

その自然資源の構成をみると農地と森林が94%を占めている（図6.7）．このうち農地は1990年以降減少傾向にあるものの，森林資源は増え続けており，これが日本のIWIを押し上げる要因になっていると報告書は指摘している．

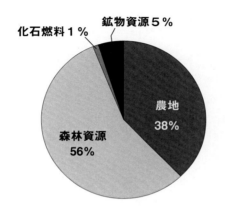

図6.7 日本の自然資本ストックの内訳（UNU-IHDP・UNEP, 2013より作成）

包括的富指標（IWI）では，GDPが増えたとしても自然資本が減ると総合評価ではマイナスになりやすく，産油国では，化石燃料の掘削・生産は自然資本が減ったとみなされる．つまり，石油などの自然資本を蕩尽するような経済発展は持続的ではないことをこの指標は示しているのである．

6.3 自然環境の価値の定量化

2010年に名古屋で開催された生物多様性条約第10回締約国会議（COP10）にむけて，生態系の経済的評価に関する知見や研究をまとめてUNEPから発表されたのが「生態系と生物多様性の経済学（**TEEB**；The Economics of Ecosystem and Biodiversity）」という最終報告書である．そこでは年間の生物多様性の損失が世界全体のGDPの6%〜7%に相当するとの警告が発せられた．この報告書はその副題「Mainstreaming the Economics of Nature: 自然の経

済学を社会の主流に」からもわかるように，生態系サービスや生物多様性保全の経済価値を算出する試みがなされている．例えば以下のような試算結果は，金額表示によって生態系保全の重要性をあらためて世界に認識させることとなったのである．

(1) 森林の保護による温室効果ガス排出の防止効果は3.7兆ドル以上

森林破壊の速度を2030年までに半減させることによって，全地球的な温室効果ガス排出をCO_2換算で年15〜27億トン減少させることが可能であり，その結果，現在価値に換算して3.7兆米ドル超と見積もられる気候変動による損害を防止できる．

(2) 全世界の昆虫による受粉の総経済価値は世界の年間農業生産高の9.5％に相当

スイスでは，平均的なミツバチの巣は，受粉を通じて，蜂蜜製品の価値のおよそ5倍にあたる約2億1,300万米ドル相当の年間農業生産物に寄与している．全世界の昆虫による受粉の総経済価値は1,530億ユーロ，世界の農業生産高（2005年）の9.5％に相当するものと推計される．

また，TEEBでも簡単に紹介されているニューヨーク市の水道水の事例は，生態系サービスの価値を評価して環境保護につなげることに成功した好例として知られるので，ここで少し詳しく紹介することにしよう．

ニューヨーク市の水道の水源はマンハッタンから約200キロ北上したハドソン河の西に広がる広大な自然保護地区キャッツキル・パーク内にある（**図6.8**）．キャッツキル山脈は標高1000メートルを超える山々が連なり，美しい渓流での釣りや川下りなど，市民の憩いの場でもある．

さてあなたが，週末にはキャッツキルの自然の中でハイキングを楽しむニューヨーク市民だったとしよう．最近水源近くの農場やキャンプ場などからのごみや排水の栄養分によって市内の水道水の水質が悪化してきた．そこに，連邦の厳しい水質基準をクリアするための新しい大規模浄水プラントを60〜80億ドルかけて建設する計画が持ち上がった．一方，キャッツキルの

図6.8 キャッツキル・パーク（CatskillPark.com より転載）

豊かな自然の浄化能力を試算した結果，農場の管理技術を改善して汚染水の水路への流出を防いでもらえば水質は改善することがわかった．美しい自然を守ることは楽しい週末を守ることにもなる．そこであなたたち市民は山の所有者に10〜15億ドル払って自然の浄化能力を維持してもらう方策を選択した．その結果，新しい大規模浄水プラントの建設費用だけでなく，年間運営コスト3〜5億ドルも節約できることになったのである．また市民が払う水道料金は9%増加したが，もし浄水場を建設していた場合には2倍に跳ね上がっていたという試算もある．この実話は，森林や土壌のもつ地下水浄化能力という価値を金額で表示し，その機能を維持するために関係者にお金を払う価値が十分にあることを示し，結果的に市の財政支出も市民の水道代も節約することができた例として称賛されている．

なおその後，ニューヨーク市は4億6200万ドルを投じて，貯水池の水源域に指定されたエリアの自然濾過機能を維持するために，「水源域保護プログラム」を遂行している．これは周辺自治体や企業，団体に協力を求めながら，浄化槽の更新，新たな排水処理システムの設置，湿地保全，土地管理の改善などを働きかけるほか，観光業などへの融資や農業技術の振興を通じて，豊かな自然という地域の財産を守りつつ，飲料水の水質保護・自然資源の保全と地域経済の持続的発展の両立をめざすものと理解されている．

図6.9 ニューヨーク市の水源域（Catskill Mountainkeeper.com より転載）

　また，健全な森林管理と適切な木材生産とともに，水源域の土地取得を進めて，重要な自然資源の保全をめざしているのもこの地域の取り組みの特色である．**図6.9**はキャッツキルの水源域の自然環境を守ろうとする人や地域の関係者などで構成されるキャッツキル・マウンテンキーパーという団体が作成した地図である．青い線で囲まれた70万エーカーの土地が，私的所有者から国や市が買い上げて自然環境を保護維持していくべきと考えられているエリアである．現在，このエリアが属する4市がその中の森林の41%を所有し，ニューヨーク市も水源域の環境保護を目的として5%所有している．

　こうして自然環境の水質浄化能力を改善・維持する努力を続けた結果，この地域を水源とするニューヨーク市の水道水は，1986年に成立した安全飲料水法によって，地表水源水の濾過を必要としないという「濾過回避決定（FDA）」を受けることができた．この決定はキャッツキルおよびデラウェア流域という2つの水源に適用されるため，ニューヨーク市は水供給量の90%を占めるこれらの水源からの水について，大規模な浄水施設の建設を行う必

要がない.こうした水源域保護プログラムはニューヨークにとって最も費用対効果の高い選択肢と言えよう.

　TEEBは,自然の価値を可視化することが重要だとして,「経済に対する自然のサービスの多くが目に見えないことが,広い範囲にわたる自然資本の軽視を招き,生態系サービスや生物多様性を損なう意思決定につながる. 自然の破壊は,今や深刻な社会的経済的なコストが感じられるレベルにまで到達し,もし 我々が「このままの経済状態」を継続したとすれば,将来はさらに加速したペースで社会 的経済的なコストを感じることになるだろう」と警告を発している.

　では,自然環境の価値を日々の暮らしに利用することはできないだろうか.実際に池や湿地などの自然浄化能力を下水処理に利用しているヨーロッ

図 6.10　ハムマルビー・ショースタット地域（Stockholm）

図 6.11　エイケビー浄水湿地（Eskilstuna）

図 6.12　Understenshojden のビオトープ（Stockholm）

図 6.13　Braamwisch の浄水池（Hamburg）

パの例を，筆者の調査報告 (2015) から紹介したい．**図6.10**はストックホルム市の環境都市開発プロジェクトの一つ，ハムマルビー・ショースタット (Hammarby sjostad) 地域である．以前はT字型の湖を囲むさびれた工場地帯だったが，今では1990年比で50％以上の環境負荷削減を達成した持続可能な環境先進住宅地へと変貌を遂げ，世界中から見学者を集めている．水に関しては，節水水洗トイレとミキサータップのエアフィルタで，水の消費が半分に抑えられているほか，ある程度浄化された下水は街区の中央の広大な湖の周りの水辺環境でさらに浄化されて湖へそそぐという地区内の循環システムが機能している．

図6.11はストックホルム市から100キロほど離れたエスキルステューナ (Eskilstuna) 市のエイケビー (Ekeby) 浄水湿地である．ここは下水処理場に隣接した40ヘクタールの広大な湿地である．水鳥の飛来地でもあり，市民の憩いの場でもあるこの湿地は，処理水をゆっくりと浄化するとともに生物多様性を支え，治水機能も果たすという豊かな自然環境の恵みによって町の生活を支えている．

図6.12はストックホルム郊外の，首都に存在するエコビレッジとしては世界初のUnderstenshojden内に作られた池であるが，実は下水浄化のためのビオトープである．この地域は44戸の住宅が緑の中に点在し，センターハウスは自然素材で造られ，近隣から運ばれるチップでバイオマス熱供給をしている．

図6.13はドイツのハンブルク市内にあるエコビレッジBraamwisch内にある浄化池である．葦のような草が繁茂している場所が浄水池であり，この草も浄化の助けになっていると住民は胸を張る．ここで約40世帯の下水を浄化しているとのことであった．

このように，北欧やドイツでは自然の浄化能力を利用しながら自然を保護していく取り組みや暮らし方が，都市の一角でふつうにみられる．そこには「自然環境の価値を考慮しない経済社会は持続可能ではない」という共通の認識の存在が強く感じられる．

6.4 費用便益分析による環境政策の評価

近年，その影響が顕在化してきた地球規模の環境問題が地球温暖化である．温暖化を進める温室効果ガスのうち，化石燃料を燃やして排出される二酸化炭素の割合は，世界で65％，日本では93％にのぼる．その多くは電力や熱などのエネルギーを生み出したり自動車を動かすエネルギーを作ったりするために化石燃料を燃焼する際に排出される．そこで気候変動を安定化するような低炭素社会の構築をめざして，各国は様々な再生可能エネルギー普及策を取ってきた．

日本で太陽光パネル（以下，PV）が本格的に市場に投入されたのは1993年頃であったがまだまだ価格が高く，購入層は限られていた．そこでPVの普及策として，1994年からは国が，また1997年頃からは地方自治体が補助金政策を開始した．補助金の付与方法はいくつか考えられるが，PVに関しては大きく分けるとパネルの定格出力に対して付与される方法と，パネルの発電量に対して付与される方法の2つが考えられる．

さてあなたが自治体の担当者だとすると，まずPVへの補助金付加政策に二酸化炭素削減効果がどれだけあるのか知りたいと思うに違いない．そしてできれば効果の大きな方法で補助金を出したいと考えるだろう．PV普及の初期段階における地方自治体の補助金政策の効果を，二酸化炭素排出量削減の観点から費用便益分析を用いて評価した花田（2012）の研究によれば，地方自治体の補助金によってPVの普及量は約1.3％〜7.2％増加し，二酸化炭素の排出量は約4.7万〜25万トン削減された．その際に，二酸化炭素排出削減に必要とされた費用は削減1トンあたり約8,300円〜21,000円であった．これは政策コストとして高かったのか，安かったのか．Tol（2009）などの試算によると，通常の二酸化炭素排出による社会的損失の推計額は3ドル〜20ドル程度とされるので，それと比べると残念ながらやや割高であったことがわかる．ただし，地方自治体の補助金の価格弾力性（価格変化に対する消費量の変化の大きさ）は，通常の価格弾力性に比べてかなり高かったことから，特に財に対する知識などが広まっていない普及初期段階においては，住民に

より近い行政である地方自治体によって補助金政策を行うことに意味があったと考えられるのである．

次に，地方自治体の補助金の付与方法の違いによる政策コストを比較してみよう（花田，2011）．2つの異なる補助金付加方法を，以下の経済モデルを使った推計値で比較することができる．日本にはPVによる発電に向いている地域とそうでもない地域がある．1997年〜2005年の都道府県別年平均発電量を見ると，日本国内において最も少ない秋田県（約800kWh/kW/年）と最も多い高知県（約1100kWh/kW/年）ではパネル1kWあたりの発電量に年間約300kWhの差がある．パネルの定格出力に対して補助金が付与される場合，発電量に関係なく同額の補助金が与えられるため，PV導入に対するインセンティブには地域による差がない．しかし，同じ補助金額でも秋田県で設置されたPVに対する補助金は高知県において設置されたPVに対する補助金と比べて発電によってもたらされる便益が少ないため，効率が悪いと考えられる．一方，発電量に対して与えられる補助金であれば，秋田県で設置されたPVには800kWh分の，高知県で設置されたPVには1100kWh分の補助金が付与されるため，高知県における設置インセンティブがより高まることになる．つまり，発電量に対して与えられる余剰電力買取制度では発電量の多い地域でPVの普及が進むことになり，もたらされる社会便益が大きくなると考えられるのである．

さて，補助金を余剰電力買取制度で付与した場合をシミュレーションした結果，補助金額と同支出額になる買取価格は12.5円〜17.8円で，これにより定格出力で約14%〜46%，発電量は約18%〜45%増加することが推計された．実際の導入量（補助金）と，2つの需要関数推定法（プール/離散選択）を使ったシミュレーション結果を，各都道府県の平均発電量ごとに並べたものが**図6.14**である．

シミュレーションの結果は，発電量が1000kWh以下の都道府県から1001kWh以上の市町村へシフトしていることを示しており，余剰電力買取制度によって発電量の多い地域での普及が促進されることがわかる．つまりPV以外の再生可能エネルギーが導入可能な場合，発電量にインセンティブ

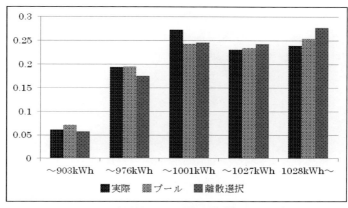

図6.14 発電量別のPV導入量(花田, 2011)

を与えることで，自発的に発電量の高いエネルギーが優先的に導入される可能性が示された．

　初期段階では投資減額効果が大きいため，余剰電力買取制度の効果は定格出力による補助金の効果に比べて，そのモデルによって大きい場合も小さい場合もあるが，自発的に発電量の高いエネルギーが優先的に導入される可能性を考えると，余剰電力買取制度の方が効率のよい政策といえよう．

6.5　企業の自然資本評価の取り組み

　開発行為や経済活動によって，自然環境の価値に悪い影響を与える張本人と考えられてきたのが企業(事業者)であるが，近年，自然資本の定量評価によって企業活動による環境負荷を減らそうとする様々な動きが出てきている．

　地球温暖化対策の場合は，CO_2排出量のように定量化しやすい指標があるが，生態系サービスやその基礎となる生物多様性については，その価値を一つの指標に定量化することが難しい．その自然資本の定量化が注目される契機となったのは，2012年の国連持続可能な開発会議(リオ＋20)であった．ここで世界銀行が，国家会計や企業会計に自然資本の項目を盛り込むことを

めざす「50：50プロジェクト」を発表し，UNEP金融イニシアティブは，自然資本を大切にする企業への投融資を優遇する「自然資本宣言」を発表した．こうした流れを受けて，企業の財務情報と非財務情報を統合した統合報告書の作成が世界的に進んでいる．商品や企業の温室効果ガス排出情報を求めるCDP（カーボン・ディスクロージャー・プロジェクト）も新たに水と森林に関する情報開示を企業に求めている．

　企業活動や商品の自然環境への負荷を測定する方法として，水使用量や森林面積，生物種数などの指標で測ることもあれば，商品のLCA（ライフサイクルアセスメント）の環境影響評価のうち，自然環境への影響の部分を切り出すこともある．自然を開発する際には**HEP（生態系ハビタット評価）**手法が用いられることもある．最近では，事業活動全体の負荷を評価するツールも開発されてきた．代表的なものには，イギリスの会計事務所PwCの「エッシャー（ESCHER：Efficient Supply Chain Emissions Reporting）」（サプライチェーン上流での水使用量，土地利用面積，温室効果ガス排出量から算定）や，やはりイギリスのコンサルティング会社Trucost社の「自然資本会計」（水使用量，土地利用面積，温室効果ガス排出量，廃棄物，大気汚染から算定して金額換算）などがある．なおTrucost社は，上場企業の公開データをもとに環境損益計算書を作成して**環境格付け**を行い，そのリストを機関投資家に販売している．つまり投資家は，すでに環境会計を判断材料の一つにしているのである．

　日本の金融機関で唯一「自然資本宣言」に署名している三井住友信託銀行は，企業の環境に対する取組を評価する環境格付けの評価プロセスに，自然資本に対する影響や，取組を評価する考え方を組み込んだ「自然資本評価型環境格付融資」を開始した．原材料のデータからサプライチェーンを遡って計算される自然資本の評価は，調達した自然資本への依存度，影響度を，調達品目ごと，地域ごとに算出するため，企業がどの地域のどの資源に依存しているかを把握することができ，これまで分からなかった経営上のリスク情報が得られることからリスクマネジメントにも役立てられる，という考えから，格付けにも反映されるようになったのである．

　いまや自然資本に悪影響を与えるような企業活動をしている企業は，地元

民やNGOからの告発によってブランド価値を損なうリスクを抱えるばかりでなく，投資家からの評価も低くなってしまうのである．

原材料として使用した自然資本をその企業が回復させる取り組みも進んでいる．日本コカコーラは，2020年までに，森林整備などを通じて工場で使った水と同量の水を水源地に戻す「ウォーター・ニュートラル」の達成を目指している．

一方，開発による生態系への影響をまず最小限にしたうえで，それでもなおマイナスの影響がある場合には，別の生態系を復元したり創造したりすることで，生態系への影響を代償オフセットする仕組みが「**生物多様性オフセット**」である．生態系へのマイナスの影響を，生物多様性オフセットによる他のサイトでのプラスの影響で相殺することにより，その事業の影響をプラスマイナスゼロにすることを「ノー・ネット・ロス」，マイナスの影響を上回る代償措置を行うことで全体の影響をプラスにすることを「ネット・ゲイン」「ネット・ポジティブ・インパクト」と呼ぶが，これらを合わせて「代償ミティゲーション」と呼ぶ場合もある（**図6.15**）．

一例として，ウォルマート社によるAcres for Americaという取り組みでは，2005年から10年間，3,500万ドルを投じて，同社の店舗設置のために開発された1エーカーごとに，少なくとも1エーカーの野生生物の生息域を半永久

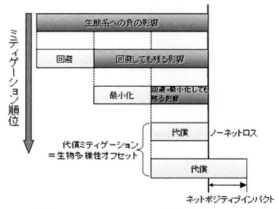

図6.15 代償ミティゲーションの手順（田中，2009より転載）

6．自然資本の経済学──価値の「見える化」で環境を守ろう

的に保全することによって，開発による自然破壊をオフセットしている．同社の場合，開発された土地と同じ生態系の土地を保全するのではなく，基本的にはあくまで同じ面積の土地を保全してオフセットするのは，開発された場所の生態系よりももっと豊かな生態系環境の同面積の土地を保全することにより，ニュートラルを超えたネット・ゲインをめざすためである．

このほか，企業が自然資本への負荷を削減する方策としては，サプライチェーン上流の自然資本への影響を配慮した原材料調達，製品製造などにおける資源利用効率の向上，使った自然資本の回復，などが挙げられる．今後は自然資本への影響の収支を考慮した自然資本会計の公表が企業に求められるようになるものと考えられている．

6.6　身近な地域の取り組みの経済評価

では，あなた自身は環境保全のために何ができるだろうか．例えばあなたが低炭素社会を実現するためにすぐに取り組めることは何だろうか．太陽光パネルの購入は無理でも，身近な省エネ行動ならばできるだろう．周りの人に省エネを勧めることもできるだろう．それがどれだけの効果があるのかわかれば，あなたはますますやる気になることだろう．そこで最後に，取り組みの効果をわかりやすく示す「見える化」の例をご紹介しよう．

省エネ行動の効果は「二酸化炭素換算で何 g」というように示されることが多いが，では「10g 減らした」ということがどれくらい温暖化防止に役立っているのか，今ひとつピンとこない人も多い．そこで筆者が会長を務めた奈良県のストップ温暖化県民会議では，省エネの効果を，県の特産品である吉野杉が 1 年間に吸収する二酸化炭素の量という独自の単位で表すことにした．その単位は「な〜ら」．具体的には，

$$1 な〜ら = 6.55 kg\text{-}CO_2$$

である．杉の木ならイメージしやすいと考案されたこの「な〜ら」という単

位，実はストップ温暖化県民会議家庭部会が省エネ活動の普及啓発のために募集したエコキャラクター（**図6.16**）の名前に由来し，命名者は当時部会長であった筆者である．

図6.16　奈良県のエコキャラクター「な～ら」

では，奈良県環境情報サイトで「エコな～らライフ宣言」のリストをもとに，あなたの省エネ行動の効果を確かめてみよう．リストでは，家庭で簡単に取り組める省エネ行動による節約金額の概算と温室効果ガス削減量が「な～ら」で示されており，その算出根拠は省エネ行動の各項目をクリックすれば詳しく確かめられるようになっている．例えば「2分間歯磨きをする間，水を止めてコップの水ですすぐ」ようにすると，半年間のCO_2削減量は約0.75な～らで，1,919円の節約となることがわかる．つまり吉野杉1本が約9か月間吸収する量の温室効果ガスの排出を削減することができるのだ．家族に呼びかけて取り組めばこの効果は家族の人数をかけた数字に拡大する．

こんな簡単なことで温暖化防止も家計の節約もできることを知ったあなたは，子供たちにも省エネの大切さを教えてあげたくなったとする．

実際に，大阪産業大学の学生たちが大阪府温暖化防止活動推進センターや大阪府と協働で省エネ授業案を作り，2014年度に近隣の小学校で授業を実施したケース（**図6.17**）では，受講した236名の小学生とその家族が受講後に新たに取り組んだ省エネ行動から推計される温室効果ガス削減量（4か月間）

は，二酸化炭素換算で22,493kg，なんと約3,440な〜らであった．このように，大学生が地域の低炭素化に貢献した小さな事例も，定量化することによって効果を「見える化」することができるのである．

図6.17 学生による小学校での授業実施風景

おわりに

　環境を守るためにはいろいろな方法が考えられる．汚染防止や効率向上などの環境技術の開発，環境基準の設定と規制，破壊された自然を原状回復する取り組みなど，様々な分野で研究や実践が進められてきた．この章では，従来の経済学が無視してきた自然環境という公共財の価値を貨幣表示して見える化し，汚染や喪失による環境負荷を損失として計算してコストに含めるようにすることで，豊かな環境を維持していく方策について説明した．

　私たちは，地球という有限の環境の中で生きていることや，人間の活動が常に環境に負荷を与えていることを意識しながら経済活動を行っていかなければならない．そのための方法の一つが，環境を貨幣価値で評価し，経済システムの中で「見える化」していくことである．あなたも身の回りにどのような「環境価値の見える化」の例があるか，日々の生活の中でぜひ探してみてほしい．

課　題

1. 2012年7月に我が国に導入された「固定価格買取制度（FIT）」について，買取価格の推移をエネルギー種別にまとめ，政府の再生可能エネルギー政策の方針を考えてみよう．
   （ヒント：買取価格が高く設定されたエネルギー源は，政府が重点的に普及させたい政策意図があると考えられる．）
2. 「エコな～らライフ宣言」のページで，自分がどれほど温暖化防止に寄与できるか，また毎月の生活費をどれほど節約できるか，調べてみよう．
   （参考 URL：http://www.eco.pref.nara.jp/sengen/ecocheck.html）
3. 企業のホームページで環境報告書を調べ，環境会計に関する記載を比較してみよう．

文献

Brown, L. R.・枝廣淳子（2016）世界と日本のエネルギー大転換．岩波ブックレット．
Chichilnisky, G. and G. Heal. (1998) Economic returns from the biosphere. Nature, 391, 629-630.
Economist 社（2012）The real wealth of nations.　The Economist（6月30日号）
花田眞理子（2015）スウェーデンの社会づくり～めざす未来の姿を描きながら～．M.O.H. 通信 47．循環型社会システム研究所，27-35.
花田眞理子（2015）地域の低炭素化に向けた小学校における授業の展開とその効果について．日本環境教育学会第26回大会研究発表要旨集，131．
花田眞理子（2016）大学生によるアクティブ・ラーニングをめざした省エネ授業案作成と授業実施の効果について．日本環境教育学会第26回大会研究発表要旨集．77.
花田真一（2011）住宅用太陽光発電に対する補助金制度の評価：仮想的な余剰電力買取制度と比較して．国際公共経済研究，23, 20-30.
花田真一（2012）再生可能エネルギー普及政策の経済評価．三菱経済研究所．
Hardin, G (1968) The tragedy of the commons. Science, 162, 1243-1248.
栗山浩一（1997）公共事業と環境の価値—CVM ガイドブック．築地書館．
栗山浩一（1998）環境の価値と評価手法．北海道大学図書刊行会．

日経BP社（2013）日経エコロジー（9月号）.
佐藤正弘（2012）幸福度指標と持続可能性指標．（内閣府幸福に関する研究会資料）
資源エネルギー庁（2016）．エネルギー白書2016．
田中章（2009）"生物多様性オフセット制度"の諸外国における現状と地球生態系銀行－"アースバンク"の提言．環境アセスメント学会誌，7(2), 1-7.
TEEB（2010）The economics of ecosystems and biodiversity: Mainstreaming the economics of nature: A synthesis of the approach, conclusions and recommendations of TEEB.
Tol, R. S. J.（2009）The Economic Effects of Climate Change. Journal of Economic Perspectives, 23(2), 29-51.
宇沢弘文（2003）経済解析：展開編．岩波書店．

参照URL

Catskill Mountainkeeper
http://d3n8a8pro7vhmx.cloudfront.net/catskillmountainkeeper/legacy_url/190/（2016年9月閲覧）

Catskill Park
http://catskillpark.com/catskills.html（2016年9月閲覧）

環境省（2008）スターン・レビュー概要
https://www.env.go.jp/earth/report/h19-01/08_ref06.pdf（2016年9月閲覧）

奈良県：環境情報サイト・エコな～らライフ宣言
http://www.eco.pref.nara.jp/sengen/ecocheck.html（2016年9月閲覧）

UNU-IHDP UNEP（2013）Press Kit: Inclusive Wealth Report 2012-Measuring progress toward sustainability
http://f.cl.ly/items/0R3V2t2O0h1S2M3D2L1m/Press%20Kit%20low-res.pdf（2016年9月閲覧）

第3部
水・土・緑のテクノロジー

7. 我が国の水環境問題の変遷
濱崎竜英

8. 地下水と土壌の汚染対策
　　―ブラウンフィールドにしないテクノロジー
高浪龍平

コラム　水の「ふしぎ？」と私たちの生活
津野　洋

9. ランドケープと環境緑化
岡田準人

コラム　桂離宮と銀閣寺は,「月」と「陰」をつかさどる
金澤成保

7 我が国の水環境問題の変遷

濱崎竜英

　我が国では，特に戦後の高度経済成長に伴い，工場等から大量の汚染物質が公共に排出され，それらが原因となって，人の健康や農業・漁業への被害が発生し，大きな社会問題となった．政府はこのような被害の対策を講ずるため，環境を保全するための法律（公害対策基本法，現在の**環境基本法**）や汚染発生者に対する規制に関する法律（**水質汚濁防止法**や大気汚染防止法など）を整備し，実施機関である環境庁（現在の環境省）を設置した．併せて企業や研究機関が適切な対策技術の開発や調査・研究を実施したことにより，人や環境への被害が大幅に軽減した．本章では，環境分野の中の水分野について，問題の起源や歴史的事件に触れ，現在，クローズアップされている水質汚濁物質とその研究事例を取り上げる．

7.1 水環境問題の起源と法整備

(a) 世界人口と環境問題

　人類が地球上に誕生し，道具や火を用いた生活を始めたのが10万年前とも100万年前とも言われているが，その当時の水環境を伺い知ることはできないものの，深刻な水環境問題が発生したとは考えられない．人類が利用してきた河川や湖沼の水質が汚濁する起点となったのは，5000年前から1万

年前に発達した農耕と考えられる．食糧を安定的かつ増産できる能力を人類が得たことで，人口が増加する要因となった．村ができ，町ができることで，水利用もまた生活排水も増大し，局所的に水質汚濁が集中したと考えられる．四大文明が生まれ，科学技術が進展したが，この段階においても深刻な水環境問題に陥った時代とは言い難い．18世紀から19世紀にかけて，英国で生まれた産業革命は，その後ヨーロッパに拡大し，やがて世界に広がっていった．産業革命では，化石燃料である石炭を用いたエネルギー利用が生まれ，工業が飛躍的に成長した．併せて，人口の増加の傾向が顕著になった．図7.1に1650年から2100年までの世界の人口の推移と予測を示している．1650年では約5億人であった人口が，産業革命のあった1800年には約8億人になり，1850年には約13億人にまで急増している．人口が増加による生活排水によって環境への負荷が増大しただけでなく，工業化による廃水の影響もこの頃から大きくなったと考えられる．

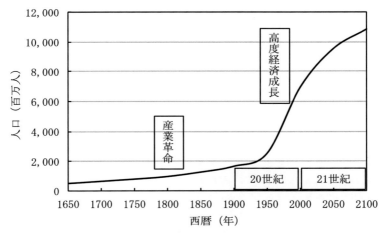

図7.1 1650年から2100年までの世界人口の推移（推計値）
（国立社会保障・人口問題研究所，2016のデータより作成）

しかし，深刻な水環境問題が顕著になったのは，この産業革命の時期というよりも20世紀に入り，石油という新たなエネルギー資源を手に入れ，自動

車,飛行機といった革新的な交通手段とともに大量生産・大量消費というこれまでになかった豊かで便利な生活スタイルを獲得したことが大きい.このような科学技術が急速に発展したことと,医療技術の発展により人口は劇的に増加し始めた.1950年の人口が約25億人だったにもかかわらず,50年が経った2000年には約69億人に達し,2015年には73億人を超えている.20世紀に起きた高度経済成長は,我が国の公害の歴史と照らし合わせても,この時期が水環境への多大な影響を与えた時期であることに違いない.

(b) **我が国の公害対策のための法整備**

表7.1に主な水環境問題の歴史と関連法整備等を示している.1867年の明治維新以後,明治政府の施策であった殖産興業の下,工業の発展に伴って石炭や金属獲得のための鉱業も発展していった.この時期以降に水環境問題と

表7.1 我が国の水環境問題の歴史と関連法整備等
(政野, 2013;小田, 2015;一般社団法人産業環境管理協会, 2015 より作成)

年	内容
1878-	足尾銅山の渡良瀬川下流域において鉱毒問題が発生する.
1912-	神通川流域において鉱毒問題が発生する.
1956-	化学工場から排水された水銀に起因する有機水銀で原因とする疾病(水俣病)が報告される.
1958	製紙工場から江戸川に排水されたことによる漁業被害が報告される.
1966-	神岡鉱山から排水されたカドミウムが原因とする疾病(イタイイタイ病)が報告される.
1967	公害対策基本法が制定される.
1970	農用地の土壌の汚染防止等に関する法律(農用土壌汚染防止法)が制定される.
1971	水質汚濁防止法が制定される.環境庁が設立される.
1973	化学物質の審査及び製造等の規制に関する法律が制定される.
1992	「環境と開発に関する国連会議(UNCED)」通称「地球サミット」がブラジルのリオ・デ・ジャネイロで開催される.
1993	環境基本法が制定される(公害対策基本法の廃止).
1997	環境影響評価法(アセスメント法)が制定される.
1999	特定化学物質の環境への排出量の把握等及び管理の改善の促進に関する法律(PRTR法)が制定される.
2001	環境庁に替わって環境省が設立される.
2002	土壌汚染対策法が制定される.

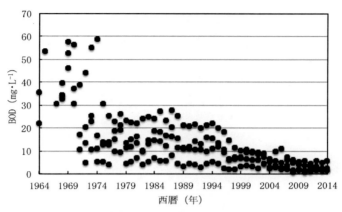

図7.2 寝屋川水系（4箇所）のBOD経年変化
（大阪府，2016より作成）

なったのが，**足尾鉱毒事件**と**イタイイタイ病**である．いずれも鉱山廃水が河川，そして農地を経由し，地域住民の生活や健康を脅かしたことになる．1945年の終戦後，資源に乏しい我が国は，科学技術を柱とする製造業に力を入れ，戦後復興に大きく貢献した．しかし，その時期の製造業からの廃水が水環境に影響を与えていった．健康被害を生じた**水俣病**が特に注目されるが，様々な製造業や家庭からの排水による影響も大きく，これらの排水により，溶存酸素の枯渇による魚のへい死や有機性汚濁物質による底泥の蓄積が生じ，また，湖沼ではアオコが発生し，閉鎖性海域では赤潮が発生して，漁業や水利用に多大な損害を与えた．**図7.2**は大阪府大東市周辺の寝屋川水域における**生物化学的酸素要求量（BOD）**の推移である．環境基準を含む公害対策基本法（1967年）や，水質汚濁防止法（1971年）が制定された1960年代後半から1970年代前半におけるBODの多くは，$30mg \cdot L^{-1}$を超える数値であったことから，高度経済成長期において水質汚濁が深刻に進行したことが伺える．

我が国では明治維新以降，とりわけ1900年代後半の高度経済成長期において，人口増加による都市化や工業化によって，急速に水質汚濁が進行し，その状況が1970年代後半まで継続し，その後，環境関連法の整備とそれに伴う施策や対策によって改善した．

7．我が国の水環境問題の変遷　　*175*

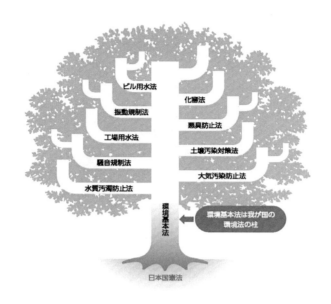

図 7.3 環境基本法と主な環境関連法のイメージ（SAT株式会社, 2016）

図 7.3 に環境基本法と主な環境関連法のイメージを示す．高度経済成長期における公害問題が起因となり，1967 年に環境基本法の前身である公害対策基本法が制定され，1993 年に環境基本法が制定された．これら基本法を柱とし，様々な環境関連法が制定され，1970 年には水環境保全に係わる水質汚濁防止法が制定されている（環境省，2016）．環境基本法には維持されることが望ましい基準である**環境基準**が示されており，水質分野では，水質汚濁に係る環境基準が定められている．その環境基準には，鉛やカドミウムなど 27 項目におよぶ項目について定めている「人の健康の保護に関する環境基準」と BOD や COD といった有機物指標等を定めている「生活の保全に関する環境基準」があり，「生活の保全に関する環境基準」では，河川，湖沼及び海域の公共用水域毎，類型毎にその基準が定められている．一方，水質汚濁防止法（環境省，2016）には，規制基準である**排水基準**が定められており，罰則も含まれている．水質汚濁防止法では，一律に規制される基準値（**一律基準**）が定

められているが，地域の状況によって，より厳しい基準（**上乗せ基準**）を定めることができることも水質汚濁防止法に定められている．また，このような基準値は濃度規制であるが，総量（濃度に排水量を乗じたもの）で規制した**総量規制**も含まれており，閉鎖性海域である東京湾，伊勢湾，瀬戸内海が対象となっている．

7.2　我が国の産業廃水による主要な水環境問題の歴史

(a)　足尾鉱毒事件

　足尾地域で銅の採掘が始まったのは，**表7.2**に示すとおり，江戸時代初期の1610年である（小田，2014）．足尾の備前楯山（**図7.4**参照）にて銅が発見され，江戸幕府直営の銅鉱山として栄えた．採掘された銅は日本国内にとどまらず，海外にも輸出されたということである．明治維新後の1877年に，明治政府から財閥であった古川家に払い下げられ，最新の採掘技術を導入するなどして，一時は我が国の銅生産の半分を占めるなどし，東洋一の銅鉱山となった．

　この急速な銅の採掘と精錬作業により，次第に周辺の大気や水質に影響を与え始めた．1878年には足尾銅山を流れる渡良瀬川の下流域において，鮎の大量死が発生するなどして，漁業被害が発生した．また，洪水が起きる度に

表7.2　足尾鉱毒事件の主な歴史
（足尾ガイド作成委員会，2006；館林教育委員会，2009より作成）

年	内容
1610	足尾にて銅採掘が始まる．
1877	足尾銅山が政府から古川家に払い下げられる（民営化）．銅採掘当初から，精錬で発生する亜硫酸ガスによる周辺木々が枯れて禿げ山となり，土砂流出が発生した．
1878-	足尾銅山を流れる渡良瀬川の下流域において，鮎の大量死など鉱毒問題が顕在化する．
1884	銅採掘日本一になる．
1890-	田中正造らが鉱毒反対運動を始める．
1902	調査委員会が設置され，翌1903年に報告．鉱毒は減少したとし，洪水対策として遊水池設置を答申する．
1927	渡瀬遊水池が栃木県，群馬県，茨城県，埼玉県の県境に完成した．
1973	足尾銅山が閉山する．

図7.4 現在の足尾銅山跡（備前楯山）と足尾の町並み

足尾銅山から流出した銅の影響により田畑の作物が枯死するなど異変が起きる事態となった．1890年に衆議院議員に当選した田中正造らが鉱毒運動を始め，1891年には帝国議会において，同問題の質問書を提出し，明治政府の責任を追及した．田中正造らは農民らとともに度重なる請願運動を行っても，明治政府に受け入れられることはなかった（池田，2011）．当時の政府と農民らとの関係や，経済発展偏重の状況を知ることができる．

1927年には，栃木県，群馬県，茨城県，埼玉県の4県の県境に渡瀬遊水池が完成した（**図7.5**参照）．これは，鉱毒が東京近郊に流出しないための緩衝

図7.5 渡良瀬遊水池

池としての役割があり,鉱毒被害を受けた地域の抜本的な解決にはつながらなかったが,1973年に閉山し,鉱毒被害が広がることはなかった.ただし,2013年時点であっても鉱山跡地からの湧水を足尾の渡良瀬川右岸で廃水処理し続けている.

(b) 水俣病・第二水俣病

表7.3に水俣病・第二水俣病(政野,2013; 小田,2014; 原田,2015; 土本,1976)の主な歴史を示す.戦前から高度経済成長期に至るまでの間,我が国では工業が進展し,これまでの軽工業だけでなく,重工業や化学工業による製品製造が急増していった.熊本県のチッソ株式会社や新潟県の昭和電工株式会社もそれらに数えられる化学工業であった.いずれの企業もアルデヒド製造工程において,アセチレンを原料に,水銀を触媒に用いて製造していた.その工程において,無機水銀が廃水中に含まれて工場系外に排出されていった.

水俣においては,工場排水口(**図7.6**参照)から水俣湾を経由して,八代海

表7.3 水俣病・第二水俣病の主な歴史(原田,2015より作成)

年	内容
1932	チッソ株式会社,アルデヒドの生産を始める.
1936	日本電気工業(後の昭和電工),アルデヒドの生産を始める.
1946	昭和電工の排水で,阿賀野川が赤濁する.
1952	水俣漁協が熊本県に調査を依頼,以降,ネコが多数死亡する.
1956	化学工場から排水された水銀由来の有機水銀を原因とする疾病(水俣病)が報告される.
1959	熊本大学医学部研究班が有機水銀説を発表する.
1965	第二水俣病(新潟水俣病)が公式に確認される.
1967	第二水俣病の訴訟が始まる.
1968	チッソ株式会社がアセトアルデヒドの製造を中止する.
1969	水俣病の訴訟が始まる.
1973	患者団体とチッソ株式会社との間で補償協定が成立する.
1974	熊本県が水俣湾に仕切り網を設置する.
1977	水俣湾の底泥を除去し,埋め立て工事を開始する.
1997	水俣湾の仕切り網を撤去する.
2004	関西水俣訴訟で最高裁が国と熊本県に責任を認定する.
2011	第二水俣病の全被害者,和解が成立する.
2013	水銀を使用した製品や輸出入を禁止する「水銀に関する水俣条約」が締結する.

図7.6 2004年当時の工場排水口付近

に流入した．水域に流出した無機水銀は底泥中のバクテリアによって一部が**有機水銀**になり，八代海に流入した有機水銀が食物連鎖の過程で**生物蓄積**し，やがて漁師らが漁獲した魚介類から漁師，漁師の家族に有機水銀が蓄積し，発病に至った．1956年には工場から排出した有機水銀が原因であることが報告され，1967年には新潟において訴訟が始まり，1969年には熊本においても訴訟が始まった．水俣病は生物蓄積の過程において，重い障害を残すだけでなく，死に至ることもあった．また，胎盤を経由して胎児にも罹患した．1974年に熊本県は，水俣湾の魚類の移動を制限するための仕切り網を設置するとともに，1977年には水俣湾内の底泥を回収し，埋立工事を開始した．1997年には仕切り網は撤去されたが，埋立工事された高濃度の有機水銀を含むヘドロは今も湾近傍の遮へいされた埋立地内にそのまま保管されている（**図7.7**参照）．その後我が国では，製造工程や製品での水銀の利用が停止されている．

　2013年，熊本県水俣市において，水銀に関する水俣条約の締結国会議が開催され，締結に至った．この国際条約は，水銀を使用した製品の製造禁止，水銀や水銀を使用した製品の輸出入を禁じている．

180

図 7.7 埋立地と水俣湾

(c) **江戸川事件**

　1958年3月，東京都に位置する本州製紙の江戸川工場が，新型のケミカルパルプ製造装置を増設したことにより，江戸川に黒濁した廃水を大量に流出させた（宇井，2006）．この廃水は高濃度の有機性廃水であり，木材に含まれるリグニンなどのCOD成分が大量に含まれていたことが想定される．この排水が原因で，農作物や漁業への被害を受けたため，周辺の農民や漁民が抗議を行った．しかしながら，工場側は対策を怠ったことで，1958年6月に漁民らが工場に乱入するという事件が発生し，多数の負傷者が発生した．この事件がきっかけとなり，水質汚濁に関する法律が整備された．公共用水域の水質の保全に関する法律と工場排水等の規制に関する法律の二法で，いずれも現在の水質汚濁防止法に引き継がれている．

(d) **イタイイタイ病**

　表7.4にイタイイタイ病（政野，2013; 小田，2014; 江川，2010）の主な歴史を示す．神岡鉱山の開山の歴史は古く，720年（奈良時代）まで遡る．それ以降1000年以上にわたり，鉛や亜鉛などが採掘されてきた．1874年，明治政府は財閥の一つである三井組に神岡鉱山の経営権を委譲した．これ以降，大規模な採掘が始まった．一方，神岡鉱山周辺を流れる高原川の下流にある神通

7．我が国の水環境問題の変遷

表7.4 イタイイタイ病の主な歴史(江川, 2010より作成)

年	内容
720	神岡鉱山の採掘が始まる.
1874	政府から三井組に経営権が委譲する.大規模採掘が始まる.鉛,亜鉛が主体.
1912-	神通川下流域で鉱毒問題が発生する.
1966-	神岡鉱山から排水されたカドミウムが原因とする疾病(イタイイタイ病)が報告される.
1968-	訴訟が始まる.
1971-	富山県が農地を調査し,神通川流域の一部をイタイイタイ病指定地域とした.土壌中におよそ 2 mg·L^{-1} の濃度を検出した地域もあった.
1979-	農地の土壌復元工事が始まる.2012年に終了.
2012	富山県立イタイイタイ病資料館が設立される.

川下流域で鉱毒問題が発生した.当時は,原因がわからず風土病とされた時期があった.1966年,神岡鉱山から排出されたカドミウムが原因であることが報告された.いわゆるイタイイタイ病である.飲料水や収穫された汚染米を経由して,人体に蓄積し,全身の各部に骨折が生じ,激痛を伴うことからこのような病名が付けられた.1968年には訴訟が始まっている.富山県が神通川流域の農地を調査し,カドミウム汚染があった農地については,土壌復元工事(汚染土壌の入れ替え)を実施し,2012年までに完了している(**図7.8**参照).農地の復元が終了するとともに和解も成立し,2012年にはイタイイタイ病資料館が設立されている.

図7.8 現在の富山市婦中町の農地

神岡鉱山は閉山し，精錬工場の跡地にはこれまで培った技術を応用し，リサイクル工場が建てられている（**図7.9**参照）．鉱山跡地は，地下に掘削された鉱道を利用した大型研究施設であるカミオカンデとなっている．

図7.9　神岡鉱山周辺の町並みと神通川上流の高原川

(e)　高度経済成長期の水質汚濁問題

　高度経済成長期には，生産性を重視したことにより，公共用水域への汚濁が進行した時期であった．水産庁の調査では，水質汚濁による漁業被害事例が1951年までが毎年約300件程度であったものが，1955年から1958年では毎年7〜800件まで急増したことから，当時，水質汚濁が進行していたことが推測される．このような汚濁物質を排水する工場としては，江戸川事件のような紙・パルプ工場だけでなく，食品工場や化学工場も含まれていた（小田，2016）．

　一方，同時期には下水道や浄化槽が未整備であった家庭からの生活排水やりんを含む化学洗剤の使用拡大による水質汚濁が進行し，工場排水と相まって，公共用水域での赤潮やアオコといった現象が発生し，農業や漁業だけでなく水道等用水にも影響し，さらに自然景観も損ねた時代であった．

　しかし，1967年に公害防止対策基本法（後の環境基本法）が制定され，1971年には水質汚濁防止法が制定され，国や地方公共団体による法規制や下水道

整備，企業や研究機関による技術開発により，1970年以降の水質汚濁は改善されていった．

7.3 水環境問題の現状と対策

(a) 有機物（BODとCOD）

図7.10に示されるように，近年，下水道の普及や工場廃水対策により，我が国の生活環境項目における環境基準達成率は向上し，特に河川においてはその成果は顕著である．一方，農地や道路などから発生する排水は面源負荷と呼ばれ，対策が行いにくい汚濁源である．このようなことも一因となり，環境基準達成率は頭打ちになり，特に閉鎖性水域として汚濁の影響を受けやすい湖沼では，CODの達成率にやや向上は見られるものの，50%程度で推移し続けており，40年前の40%程度と比較しても大幅な改善が見られないのが現状である（環境省，2014）．

このような有機物の除去は，一般に生物処理法が採用されている．その中でも活性汚泥法は，下水処理だけでなく，工場廃水の有機物処理として広く普及している．反応槽（曝気槽）と呼ばれる水槽中で数千$mg \cdot L^{-1}$程度の好気性微生物（活性汚泥）を用い，廃水中の溶解性有機物を取り込んで分解し，水中の有機物濃度を低減させる方法である．有機物を分解することにより増殖した好気性微生物量を余剰汚泥として排出している．また，嫌気処理法と呼ばれる酸素を必要としない嫌気性微生物を用いた処理も普及しており，特に高濃度の有機廃水などに適用されている．この方法では，処理の工程でメタンガスが発生することから，エネルギー回収技術として注目されている．この他にも生物膜法と呼ばれる方法も有機物廃水処理として用いられている．これらの廃水処理法は工場や家庭などの点源負荷の対策には有効であるが，道路や農地などの面源負荷では採用しにくい．また，生物処理法に偏ることにより，微生物で分解できない難生分解性有機物が処理水に残存することにより，公共用水域への蓄積や水利用での障害が発生することが懸念されている．

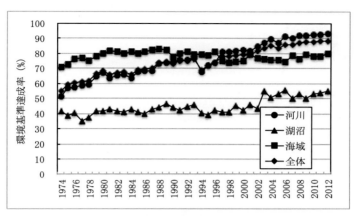

図7.10 公共用水域の環境基準達成率の推移（BOD及びCOD）
（環境省白書・循環型白書・生物多様性白書，2014より作成）

(b) 有機物除去の研究事例

　有機物除去の研究事例として，ベトナムにおけるミルク工場廃水の処理を取り上げる（Hamasaki, 2016）（濱崎，2016）．

　ベトナムは，稲作を中心とした農業，山間部で盛んな畜産業，沿海部を中心とした漁業といった第一次産業が主たる産業である．このようなことから農業，畜産業や漁業で生産される農作物，畜産物や水産物を加工する食品加工業の工場がベトナム国内に広く点在している．製造業や食品加工業の一部の大規模工場は工場団地に位置し，適切な廃水処理が行われているのかの如何に関わらず，工場団地内の集合廃水処理施設に接続しているが，大半の食品加工工場，特に中小規模の工場では未処理か十分な処理がなされないまま，系外に排出している．結果的には有機物や栄養塩類を多く含んだ廃水が公共用水域に排出され，水質汚濁を引き起こしている．

　このような背景から，ベトナムの食品加工工場に着目し，その適切な廃水処理について検討するため，実証実験を実施することにした．対象とした食品加工工場はハノイ市郊外にあるミルク工場とし，用いる廃水処理システムは，円板体が立体格子状になった回転円板法の実証実験用装置である．

7．我が国の水環境問題の変遷

同装置は，ポリプロピレン製の円板体の表面を立体的かつ格子状にして表面積を広く確保したもので，同表面に生物膜を形成させ，回転体を40%浸漬させて円板周速度20m・min^{-1}以下で回転させ，有機物分解を行わせるというものである．回転によって酸素供給を行うため，活性汚泥法のような曝気装置は必要としない．曝気装置にかかる電気代は処理システムの大きな比重を占めており，曝気装置がないため，エネルギー消費量の削減が期待されている処理法である．

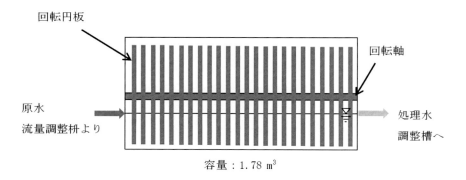

図7.11　実証実験装置の概略図

　実証実験で用いる回転円板の直径は1.2mで，回転軸に複数枚が取り付けられており，回転円板の表面積が420m²となる．装置の概略を**図7.11**に示す．実施場所でのミルク工場の実証実験装置を**図7.12**に，また生物膜が付着した回転円板を**図7.13**に示す．回転円板装置の原水は工場廃水の集水枡で採水し，処理後，同集水枡に返送している．

　実験結果を**図7.14**に示す．BOD容積負荷の平均は2.1kg・m^{-3}・day^{-1}で，BOD面積負荷の平均は0.009kg・m^{-2}・day^{-1}であった．

　設置直後のBOD除去率は低かったものの，その後，原水のBODが大きく変動しても処理水のBODは安定し，除去率が平均72%で50mg・L^{-1}以下程度となった．BOD面積負荷は0.001〜0.023kg・m^{-2}・day^{-1}の範囲であったが，BOD面積負荷は，おおよそ0.005〜0.015kg・m^{-2}・day^{-1}程度の範囲で推移した．

図 7.12　Hanoi Milk に設置した実証実験装置

図 7.13　生物膜が付着した回転円板体

一般に回転円板体の BOD 面積負荷は，$0.005 \sim 0.007 \mathrm{kg \cdot m^{-2} \cdot day^{-1}}$（小規模下水処理等）が採用されていることから（Macros, 2007），設置している回転円板装置の BOD 面積負荷は，一般的な数値と比較するとやや高めの設定となっている．それでも BOD 除去率が平均で 72% であり，かつベトナムの産業排水基準のカテゴリー B 基準である $50 \mathrm{mg \cdot L^{-1}}$ を大半の処理水が下回り，十分な有機物除去能であると判断できる．ただし，カテゴリー A 基準である $30 \mathrm{mg \cdot L^{-1}}$ を下回ったのは，30 回の測定の中で 18 回程度であった．

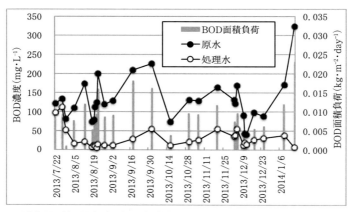

図7.14 原水及び処理水（回転円板体装置直後）のBOD及びBOD表面負荷の経日変化

(c) 栄養塩類（窒素とりん）

　湖沼や海域においては，**栄養塩類**の**窒素**及びりんについて環境基準が定められているが，**図7.15**に示される湖沼の環境基準達成率は，全窒素では10%程度，全りんでは50%程度の達成率であり，依然として厳しい状況にある（環

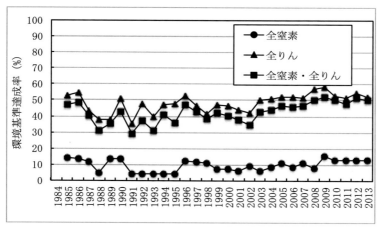

図7.15 湖沼における全窒素及び全燐の環境基準達成率の推移
　　　　（環境省平成25年度公共用水域水質測定結果より作成）

188

境省，2013）．

　窒素の除去では，下水処理場においては，活性汚泥法と組み合わせた生物学的脱窒素法が採用されていることが多い．これは，複数の反応槽で循環させることにより，廃水中のアンモニア態窒素などを好気的な条件下で亜硝酸態窒素，硝酸態窒素に硝化（酸化）させ，硝化した窒素を無酸素的な条件下に導入し，窒素ガスに還元する方法である．また，鉄鋼業などで発生する高濃度のアンモニアは，アルカリ性下で曝気して揮散させ，気化したアンモニアガスを処理するアンモニアストリッピング法や，次亜塩素酸ナトリウムなどを用いてアンモニアをクロロアミンに変化させ，窒素ガスに代えて除去する不連続点処理法などが採用されている（濱崎，2016）．

　一方，りんの除去は，無機系凝集剤を用いた除去やりんの回収を目的としたHAP法やMAP法と呼ばれる化学処理法が採用されている．下水処理では，嫌気的な条件下でりん蓄積菌にりんを放出させ，その後，好気的な条件下で水中のりんをりん蓄積菌に取り込ませる生物学的なりんの除去も採用さている．環境保全・修復という側面では，人の活動によって公共用水域内に排出されたりんは，適量を超えることで富栄養化となり，アオコや赤潮といったプランクトンの異常増殖により，用水や水産業に多大な被害を引き起こす原因物質の一つとして取り上げられ，りんの除去・低減が主題となる．一方，農業という側面で考えると，りんは窒素やカリウムとともに肥料を構成する重要な元素の一つである．しかしながら，日本国内の農業で用いるりんのほとんどが海外からの輸入に頼っており，さらにりん鉱石の採掘量は2040年で頭打ちになり，世界のりん鉱石耐用年数（埋蔵量／採掘量）は，約50〜100年程度とも言われ（大竹，2009）．また，りん鉱石の埋蔵量は140〜340億tonと推定され，このままでは約200年余りで枯渇するとも言われている（高橋，2010）．今後は，富栄養化対策のためのりんの除去だけでなく，りんを回収する技術が重要になると考えられる．

(d) りん除去の研究事例

りん除去の研究事例として，土壌浸透法用りん吸着材に適した九州地方の火山灰土の探索と評価について取り上げる（濱崎，2016）．

土壌浸透法は，土壌処理法，土壌浸透式廃水浄化法などと呼ばれている自然の浄化能力を利用した廃水処理技術の一つである．一般的な処理工程は，土壌表面に汚水を散布することによって汚水が土壌中に浸透し，浸透する過程で汚水中の汚濁物質が，土壌を構成する土粒子などの物理的なろ過，化学的な吸着及び生物化学的な分解という分離・分解機能によって除去されるというものである．浄化が可能な汚濁物質は，浮遊物質，有機物，りんなどが挙げられるが，無機性の浮遊物質は目詰まりの原因となり浄化対象となりにくい．土壌浸透法で処理対象としている汚水は様々であり，生活雑排水，し尿や畜産廃水の処理水，河川や湖沼の環境水，雨水などがあげられる．浮遊物質の除去も可能であるが，特に土壌浸透法に期待する効果はりんの除去であり，次いで溶解性有機物である．

土壌浸透法で浄化材として利用する材料は主として土壌である．土壌浸透法として一般的に日本で用いられる土壌は，マサ土，黒ボク土，赤玉土などで，これに活性炭，木炭や凝集剤を添加して有機物やりんの分離除去能を大きくする場合がある．**水量負荷（ろ過速度）**は，$1.0 \sim 2.0 \mathrm{m \cdot day^{-1}}$ 程度であり，砂ろ過法などの清澄ろ過法と比較すると緩速ろ過法程度に相当する．そのため，他の処理法と比較すると大きな敷地面積を必要とする．

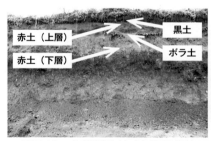

図 7.16　土壌採取地（宮崎県都城市高崎町）

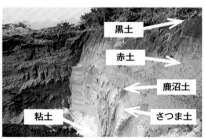

図 7.17　土壌採取地（鹿児島県鹿屋市）

土壌浸透法用の浄化材として用いるために，火山灰土のりんの吸着性に着目し，九州地方の火山灰土について，**図7.16**や**図7.17**に示す地点などにおいて，直接採取，または火山灰土採掘・製造販売をする企業からの提供を受け，それらの全りん吸着性能を確認するとともに，全りんの吸着性能がどのような成分に依存するのかを見極めるため，組成分析など物理的化学的分析を行い，種々の解析を行った．全りん吸着係数の結果を**図7.18**に示す．最も高い値だったのは，天草市の赤土で，次いで豊後大野市千歳町柴山黒土（表層）であった．**表7.5**に分析した火山灰土の物理化学的性状を示す．この性状と全りん吸着係数について種々の解析を行った．りんの吸着係数と相関係数が高かったのはAlであった．次に主成分分析を行った．第1主成分（F1）及び第2主成分（F2）の34土壌の得点を計算した結果を**図7.19**に示す．なお，F1の寄与率は50.31％であり，F2の寄与率は27.71％であった．図中にある番号は，土壌の番号で**表7.5**に示している．F1については，Fe，Ti及びMnに正の相関があり，Caに負の相関があった．F2については，Si及びAlに正の相関があった．入手した34種の土壌の因子得点を計算したところ，F1またはF2主成分に正の相関があった土壌は2グループに分けることができ，F1もF2も正側にある第1グループの吸着係数の平均は556mL・g^{-1}と高く，F1で正側，F2で負側にあった第2グループの吸着係数の平均も108mL・g^{-1}と第1グループに次いで高かった．

(e) 有害物質

水質汚濁に係る環境基準の「人の健康の保護に関する環境基準」では，2016年現在で28項目が指定されており，その達成率は99％程度と非常に高い（環境省，2016）．水俣病の原因物質である有機水銀は環境基準において「検出されないこと」となっているが，長年，これを超過した測定点はない．また，イタイイタイ病の原因物質であるカドミウムは環境基準において「0.003mg・L^{-1}以下」となっているが，2014年度で超過した測定点はない．なお，カドミウムの基準値は2011年に0.01mg・L^{-1}以下から0.003mg・L^{-1}以下へとより厳しく基準値が見直されている．

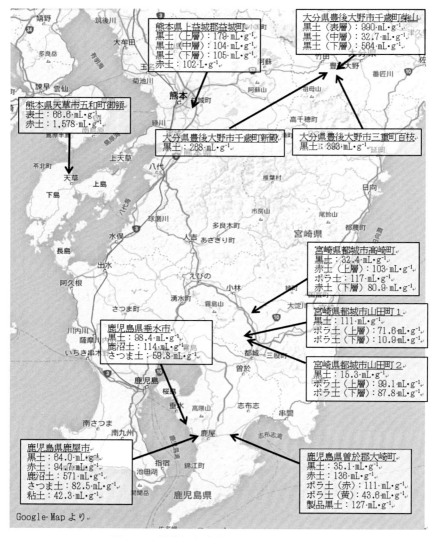

図7.18 探索した火山灰土のりん吸着係数

192

表7.5 火山灰土の物理化学的性状

採取場所	No.	土壌名	組成 (%)						比表面積 (m2・g-1)	pH	アルカリ度
			Si	Al	Fe	Ca	Ti	Mn			
熊本県益城町	1	黒土（上層）	8.46	4.84	7.87	1.67	0.84	0.25	90.5	5.21	
	2	黒土（中層）	8.47	4.29	7.71	0.72	0.84	0.17	48.0	5.05	0.30
	3	黒土（下層）	8.69	4.56	8.20	0.51	0.82	0.16	98.5	5.08	0.45
	4	赤土	7.76	4.44	7.44	0.24	0.79	0.17	120.2	5.52	0.25
宮崎県都城市高崎町	5	黒土	10.12	4.16	5.80	2.60	0.42	0.11	72.5	5.77	0.80
	6	赤土（上層）	10.79	5.54	5.36	1.34	0.58	0.12	114.0	6.26	0.70
	7	ボラ土	13.38	4.56	5.71	2.80	0.68	0.19	215.2	6.24	0.95
	8	赤土（下層）	14.28	4.93	2.21	1.49	0.21	0.06	20.5	6.20	0.70
宮崎県都城市山田町1	9	黒土	10.89	3.73	5.56	4.22	0.38	0.11	13.9	6.08	0.60
	10	ボラ土（上層）	10.66	4.07	5.15	2.77	0.42	0.13	13.4	5.97	0.55
	11	ボラ土（下層）	16.67	3.12	2.50	1.93	0.22	0.07	15.7	6.28	0.70
宮崎県都城市山田町2	12	黒土	10.67	5.11	5.71	1.49	0.48	0.15	6.5	6.24	0.60
	13	ボラ土（上層）	10.66	3.52	5.75	3.38	0.42	0.13	53.7	6.26	0.65
	14	ボラ土（下層）	12.62	4.78	4.85	2.28	0.46	0.18	58.5	6.00	0.70
鹿児島県大崎町	15	黒土	10.19	4.01	4.83	1.85	0.44	0.12	94.0		
	16	赤土	11.81	5.02	3.33	1.18	0.25	0.06	115.9		
	17	ボラ土（赤）	11.82	5.23	3.44	2.58	0.21	0.08	157.4	6.34	0.65
	18	ボラ土（黄）	13.18	5.69	2.52	0.88	0.17	0.05	148.8	6.22	0.85
	19	製品黒土	10.23	3.98	4.74	1.88	0.44	0.12	4.4		
鹿児島県垂水市	20	黒土	11.51	3.95	4.37	2.30	0.38	0.11	6.4	6.11	0.75
	21	鹿沼土	13.39	5.14	2.16	0.94	0.17	0.05	18.7		
	22	さつま土	14.38	4.90	1.96	1.36	0.17	0.04	71.0	5.30	0.50
鹿児島県鹿屋市	23	黒土	7.83	4.35	7.38	0.27	0.79	0.18	77.0	5.84	0.70
	24	赤土	7.98	6.00	7.53	0.45	0.66	0.14	186.5	5.89	0.60
	25	鹿沼土	11.86	6.09	2.78	2.06	0.22	0.07	197.2	6.03	0.25
	26	さつま土	16.19	4.10	2.06	2.93	0.17	0.07	80.3	6.21	0.50
	27	粘土	14.62	4.65	4.21	0.96	0.43	0.23	53.8	6.23	1.00
大分県豊後大野市千歳町新殿	28	黒土	15.77	9.67	5.79	1.50	0.67	0.17	17.5	5.28	0.63
大分県豊後大野市千歳町柴山	29	赤土（表層）	15.47	13.10	7.48	0.57	0.78	0.18	105.6	5.57	0.68
	30	赤土（中層）	15.47	11.79	7.64	0.62	0.76	0.18	108.8	5.64	0.75
	31	赤土（下層）	15.29	15.15	4.74	2.89	0.48	0.11	149.3	5.75	0.73
大分県豊後大野市三重町百枝	32	黒土	17.27	9.98	5.75	1.39	0.68	0.17	19.4	5.72	0.70
熊本県天草市五和町御領	33	表土	17.54	16.81	3.94	0.80	0.74	0.13	89.3	6.32	0.75
	34	赤土	14.37	12.09	6.17	0.51	0.73	0.10	40.3	6.20	0.85

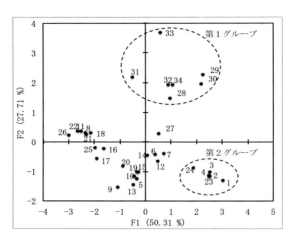

図7.19 34土壌の第1主成分（F1）及び第2主成分（F2）の因子得点

　このように人の健康の保護に関する環境基準は，法の整備と国や地方公共団体の施策，そして企業の法令遵守によって高い達成率を成し遂げている．ひ素，ふっ素，ほう素については一部達成していない測定点はあるが（環境省，2016），天然起源である可能性が高く，工場等からの排水が原因とは考えにくい．ただし，硝酸性窒素や亜硝酸性窒素について超過点が見られるのは，生活排水や施肥によるなど人の生活を起源とすることが十分に考えられるため，対策が急がれる．

課　題

次の水環境問題に係わる用語について解説せよ。

1．環境基本法　　　　　　2．環境基準
3．水質汚濁防止法　　　　4．排水基準
5．特定工場における公害防止組織の整備に関する法律
6．水俣病　　　　　　　　7．イタイイタイ病
8．生物蓄積　　　　　　　9．慢性中毒と急性中毒
10．富栄養化　　　　　　 11．閉鎖性水域
12．生物化学的酸素要求量（BOD）13．化学的酸素要求量（COD）

文献

足尾ガイド作成委員会（2006）足尾ガイド.
江川節雄（2010）昭和四大公害裁判・富山イタイイタイ病闘争小史. 本の泉社.
Hamasaki, T., Phan Do Hung and Tsuno H. (2016) Removal of Organic Matter in Wastewaters of a Milk Factory and a Hospital using a Cubic Lattice Based Rotating Biological Contactor in Vietnam. 6th International Conference on GEOMATE2016, 545-550.
濱崎竜英（2016）学位論文「分散型廃水処理のための有機性汚濁物とりんの除去－土壌浸透法と生物膜法の利用－」.
濱崎竜英（2016）ひとりで学べる公害防止管理者試験＜水質関係＞. ナツメ社.
原田正純（2015）水俣病. 岩波新書.
池田博穂（2011）赤貧洗うがごとき－田中正造と野に叫ぶ人々. 田中正造ドキュメンタリー映画.
一般社団法人産業環境管理協会（2015）新・公害防止の技術と法規＜水質編＞.
環境省（2013）平成25年度公共用水域水質測定結果.
環境省（2014）平成26年度環境白書・循環型社会白書・生物多様性白書.
Macros von Sperling (2007) Activated Sludge and Aerobic Biofilm Reactors. Biological Wastewater Treatment Series, 5, IWA.
政野淳子（2013）四大公害病. 中公新書.
小田康徳（2014）公害・環境問題史を学ぶ人のために. 世界思想社.
大竹久夫（2009）リン資源の回収と有効利用. サイエンス＆テクノロジー.
SAT株式会社（2016）公害防止管理者試験＜水質＞. 公害総論テキスト.
高橋栄一（2010）文化土壌学からみたリン. 日本土壌肥料学会編.
館林市教育委員会（2009）たてばやしと鉱毒事件.
土本典昭（1976）水俣病－その20年－. ドキュメンタリー映画.
宇井純（2006）新装版 合本・公害原論. 亜紀書房.

参照URL

大阪府（2016）公共用水域の水質等調査結果
　http://www.pref.osaka.lg.jp/kankyohozen/osaka-wan/kokyo-status.html（2016年10月閲覧）
環境省（2016）水質汚濁に係る環境基準
　http://www.env.go.jp/kijun/mizu.html（2016年10月閲覧）
環境省（2016）水質汚濁防止法
　http://law.e-gov.go.jp/htmldata/S45/S45HO138.html（2016年10月閲覧）
国立社会保障・人口問題研究所（2016）人口統計資料集
　http://www.ipss.go.jp/syoushika/tohkei/Popular/Popular2015.asp?chap=1（2016年10月閲覧）

8 地下水と土壌の汚染対策
― ブラウンフィールドにしないテクノロジー

高浪龍平

駅に近く利便性にも優れていそうな土地で何年も空き地になっているところを目にしたことがあるだろうか？ それらのなかで地下水や土壌の汚染が原因で放置されているものを**ブラウンフィールド (Brownfield)** と呼ぶ．近年，アメリカでこの問題が明らかとなり，日本でも同様の問題が指摘されている．

本章では地下水・土壌汚染のメカニズムを理解し，その対策について知識を深めるとともに，対策に用いられるテクノロジーに加え，「安心安全」のためのリスクコミュニケーションについて述べる．地下水・土壌汚染について正しく理解することにより，事業者や行政の立場だけでなく，住民の立場からでもブラウンフィールド化を防ぐことができることを知ってほしい．

8.1 地下水・土壌汚染とブラウンフィールド

アメリカでは有害廃棄物による大規模な地下水・土壌汚染を受けて1980年にスーパーファンド法が定められ，過去を含めた汚染に関わる関係者（PRP：潜在的責任当事者）に，対策コストの負担を求めた．すると土地の関係者が汚染対策費用を負担できず，売買せずに放置するケースが増加した．このようなブラウンフィールドがアメリカには45万か所以上あるといわれ

(EPA, 2016),優遇措置などの対策も始まっている.

我が国においても公害発生における対策費用は,**汚染者負担の原則 (PPP)**（環境省,2016a）により土地の所有者や汚染を引き起こした事業者が負担しなければならない.環境省の報告（環境省,2007）では,我が国でブラウンフィールド化する土地の面積は約2.8万ha,資産規模で約10.8兆円と推定されている.また,潜在的なブラウンフィールドに要する対策費用は約4.2兆円と試算され,今後取り組むべき重要課題であることが指摘されている.しかしながら我が国における地下水・土壌汚染対策は,2002年に土壌汚染対策法が定められたばかりでアメリカに比べ20年近く遅れている.土壌汚染は典型7公害のひとつであるが,他の公害に比べ顕著な健康被害が発生しにくいこと,土地には所有権があるため,私有地における汚染行為は外部に影響をもたらさない限り取り締まることができないといった特殊な性質により対策が遅れた.**図8.1**に示す環境省の調査結果（環境省,2016b）によると,土壌汚染対策法が定められた2002年以降,基準不適合事例が増加し続けている.またこれらの事例は東京と大阪で顕著にみられ,都市の再開発に伴う土地の

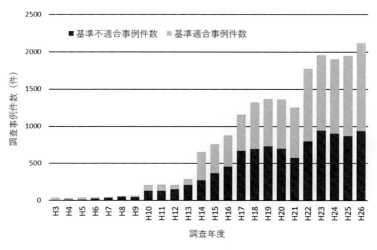

図8.1 年度別の土壌汚染判明事例件数（環境省,2016b）

利活用を行う際に汚染が発覚していることから，今後は地方へ波及することが懸念される．直近の事例としては東京都豊洲市場の不適切な汚染対策問題が挙げられ，汚染対策の難しさや社会への影響の大きさを知ることができる．このように地下水・土壌汚染とその対策は，今後の我が国において重要な課題である．

8.2 地下水・土壌汚染のメカニズム

地球の水循環について周辺の環境とともに示したものが図8.2である．環境中に存在する水は，太陽の熱による蒸発や植物による蒸散によって水蒸気として大気中へ移動した後，降雨によって，地表に達する．この際に大気中の物質を吸収して地表を汚染する場合があり，酸性雨はその代表的な現象である．地表に達した水は，森林の涵養や地表からの浸透により，地下水となるものと表流水として川になるものに大別されるがこの際，地表の物質を吸収し，地下水や河川へその物質を移動させる．さらに土壌に浸透している際に土壌中の物質を吸収し，地下水の流れとともに移動する．地下水の流れは，通常において湧水や井戸による揚水，災害時において土石流や液状化によっ

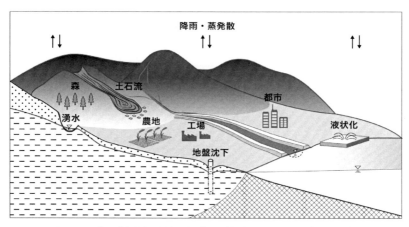

図8.2 水の循環と環境の概念図（東京地下水研究会，2003）

て地表に出る場合を除いては河川や海に流出する．また都市部においては舗装や建築物のため，地下への浸透が起こりにくく，表流水は主に下水を通じて河川へ放流される．このように地下水・土壌汚染は，水循環の過程で水が汚染物質とともに移動することにより発生する場合が多い．また水に溶けず吸収されない物質についても，その物質の比重が水よりも重い場合は，地下に浸透し，地下水の流れの影響を受け移動する．

　地下水・土壌汚染の拡散について示したものが**図8.3**である．この図において点であらわされている地下部分が地下水面よりも上部にある不飽和帯，棒線であらわされている地下部分が地下水面よりも下部にある飽和帯である．土壌汚染対策法における**第1種特定有害物質**である揮発性有機化合物（図における●）は，ベンゼンやトリクロロエチレンに代表され，揮発性が高く，粘性が低くかつ浸透性が高いことに加え，水よりも比重が高いことが特徴で，飽和帯まで深く浸透し，地下水の流れによって広く拡散する恐れがある物質である．**第2種特定有害物質**である重金属等（図における▲）は，土壌に吸着しやすく浸透性が低い特徴から，比較的地表近くで高濃度に蓄積される特徴がある．その中で6価クロムやふっ素は水に溶けやすく，地下水汚染を引き起こす物質である．**第3種特定有害物質**の農薬やPCB等（図における■）は，重金属等と同様に土壌に吸着しやすく浸透性が低いため，地表近く

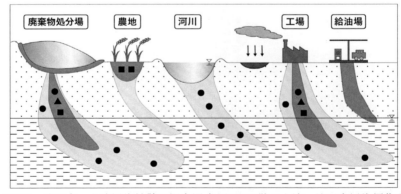

図8.3　地下水・土壌汚染拡散の概念図（はじめて学ぶ土壌・地下水汚染編集委員会，2010）

を汚染する物質である．また，これらの特定有害物質以外による汚染として，油による汚染は，ガソリンや軽油などの比重の低いものについては地表面付近で，重油などの比重の大きいものについては地下水面付近まで汚染する特徴があり，ダイオキシン類による汚染は，焼却灰が地表に沈着することにより局所的に高濃度で汚染する特徴がある．

土壌汚染対策法で指定されている揮発性有機化合物（第1種），重金属等（第2種），農薬やPCB等（第3種）による土壌汚染は，**図8.4**に示されるように重金属等による汚染が最も多くなっている（土壌汚染対策法で定められている基準については章末の**表8.8**を参照）．また，土壌汚染対策法は2012年に改正され，土壌汚染の把握に努めること，汚染土壌の「除去」から「管理」への方針変換，搬出土壌の適正処理のための規制強化が加えられた．汚染土壌の管理への方針変換は，現地での適切な処理の推進だけでなく，コストを加味した効果的な処理法の選択によりブラウンフィールド化を減らす試みでもある．しかしながら実際の汚染対策については，**表8.1**に示すように依然として除去による汚染土壌対策が主流であり，これについては後述する**リスクコミュニケーション**が未発達であることが要因と考えられる．

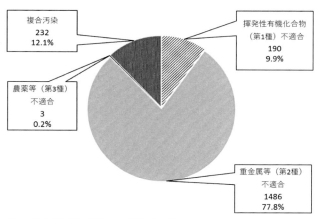

図8.4 特定有害物質の種類別対策実施件数および割合（環境省，2016b）（平成22年からの累計）

表8.1 特定有害物質の対策別実施件数（環境省，2016b）（平成22年からの累計）

	実施対策	VOC	重金属等	農薬等	複合汚染	対策実施件数	割合(%)
直接摂取によるリスク	舗装	1	71	0	14	86	3.7
	立入禁止	2	51	0	10	63	2.7
	土壌入換え（区域外）	0	26	0	5	31	1.3
	土壌入換え（区域内）	0	12	0	1	13	0.6
	盛土	0	34	0	10	44	1.9
地下水の摂取等によるリスク	地下水の水質の測定	32	221	0	42	295	12.7
	原位置封じ込め	1	2	0	6	9	0.4
	遮水工封じ込め	2	1	0	3	6	0.3
	地下水汚染の拡大の防止	15	2	0	11	28	1.2
	遮断工封じ込め	0	0	0	1	1	0.0
	不溶化（原位置）	0	3	0	4	7	0.3
	不溶化（埋め戻し）	0	10	0	8	18	0.8
土壌汚染の除去	掘削除去	99	1216	1	182	1498	64.5
	原位置浄化	78	14	1	55	148	6.4
	その他	5	61	0	8	74	3.2

8.3 土壌汚染対策法における対策

　土壌汚染対策法では汚染の適切な管理を目指していることから，対策により特定有害物質を含む地下水や土壌の摂取経路を遮断すること等により健康被害が生じる恐れをなくすことを目的としており，大きく**直接摂取によるリスク**と**地下水の摂取等によるリスク**に分けそれぞれの対策方法を指示している．摂取経路についてまとめたものを**図8.5**に示す．

　直接摂取によるリスクとは，特定有害物質を含む土壌を口から摂食したり肌などから吸収するリスクを指し，汚染対策として①舗装，②立入禁止，③土壌入換え，④盛土，⑤汚染土壌の除去を行う（環境省，2011）．これらの対策の詳細を**表8.2**にまとめる．また，地下水の摂取等によるリスクでは，特定有害物質が地下水に溶け出し，その地下水を飲用すること，地表面から揮発

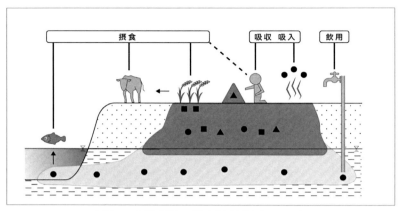

図 8.5 摂取経路の概念図(環境省, 2004)

表 8.2 直接摂取のリスクに係る区域内措置の概要(環境省, 2011)

種類		対象物質			工法の概要
		VOC	重金属等	農薬等	
土壌汚染の管理	舗装	—	○	—	土壌の表面を舗装材で被覆する
	立入禁止	—	○	—	土壌のある範囲の周囲に立入を防止する囲いを設ける
	土壌入換え(区域外)	—	○	—	基準に適合した土壌で被覆する
	土壌入換え(区域内)	—	○	—	深部の基準に適合した土壌と入れ替える
	盛土	—	○	—	土壌の表面を土壌で被覆する
土壌汚染の除去	熱処理	—	△	—	掘削した土壌を加熱し特定有害物質を抽出または分解後に埋め戻す
	洗浄処理	—	○	—	掘削した土壌を機械的に洗浄し,特定有害物質を除去後に埋め戻す
	化学処理	—	△ シアン化合物	—	掘削した土壌に薬剤を添加し,化学的に特定有害物質を分解後に埋め戻す
	生物処理	—	△ シアン化合物	—	微生物により掘削した土壌を分解,無害化後に埋め戻す
	土壌洗浄法(原位置)	—	○	—	水や薬剤等を注入し,特定有害物質を溶出後,揚水等により回収する
	分解法(原位置)	—	△ シアン化合物	—	薬剤を添加し,化学的に特定有害物質を分解する
	ファイトレメディエーション(原位置)	—	△	—	植物により特定有害物質を吸収し浄化する

表 8.3 地下水摂取等のリスクに係る区域内措置の概要（環境省, 2011）

種類		対象物質			工法の概要
		VOC	重金属等	農薬等	
土壌汚染の管理	地下水の水質測定	○	○ 溶出量のみ	○	地下水汚染が発生していない時に適応可．特定有害物質が周辺に拡散していない状態を確認する
	遮水工封じ込め	○	○	○	掘削した土壌を封じ込め，地下水の浸出による拡散を防止する
	遮断工封じ込め	×	○	○	掘削した土壌を水密性の鉄筋コンクリートに封じ込め，特定有害物質の拡散を防止する
	不溶化 （埋め戻し）	×	○ 溶出量のみ	×	掘削した土壌に薬剤を添加し，特定有害物質が溶出しないようにした後に埋め戻す
	封じ込め （原位置）	○	○	○	土壌をそのままの状態で封じ込め，特定有害物質の拡散を防止する
	地下水汚染の拡大の防止（原位置）	○	○ 溶出量のみ	○	地下水を揚水したり，浄化壁を通過させることで汚染地下水の拡大を防止する
	不溶化 （原位置）	×	○ 溶出量のみ	×	薬剤を注入または注入・撹拌し添加し，特定有害物質が溶出しないようにする
土壌汚染の除去	熱処理	○	△	○	掘削した土壌を加熱し，特定有害物質を抽出または分解後に埋め戻す
	洗浄処理	×	○	○	掘削した土壌を機械的に洗浄し，特定有害物質を除去後に埋め戻す
	化学処理	○	△ シアン化合物	○	掘削した土壌に薬剤を添加し，化学的に特定有害物質を分解後に埋め戻す
	生物処理	○	△ シアン化合物	○	微生物により掘削した土壌を分解，無害化後に埋め戻す
	抽出処理	○	×	×	掘削した土壌を真空抽出や土壌温度を上昇させることにより特定有害物質を抽出し，捕集後に埋め戻す
	土壌ガス吸引 （原位置抽出）	○	×	×	吸引により土壌中より特定有害物質を含んだガスを回収する
	地下水揚水 （原位置抽出）	○	○ 溶出量のみ	○	揚水により地下水中の特定有害物質を含んだ水を回収する
	エアースパージング （原位置抽出）	○	×	×	地下水に空気を送り込み揮発を促進し，特定有害物質を含んだガスを回収する
	化学処理 （原位置分解）	○	△ シアン化合物	△	薬剤を添加し，化学的に特定有害物質を分解する
	生物処理 （原位置分解）	○	△ シアン化合物	△	微生物により特定有害物質を分解，無害化する
	ファイトレメディエーション（原位置）	△	△	△	植物により特定有害物質を吸収し，浄化する
	土壌洗浄 （原位置）	○	○	○	水や薬剤等を注入し，特定有害物質を溶出後，揚水等により回収する

8. 地下水と土壌の汚染対策―ブラウンフィールドにしないテクノロジー

した有害物質を吸入すること，農作物やそれを飼料にした家畜および汚染された水の周辺に棲む魚介類を摂食することによるリスクを指し，汚染対策として①地下水の水質の測定，②封じ込め（原位置，遮水工，不溶化），③地下水汚染の拡大防止措置，④汚染土壌の除去を行う（環境省，2011）．これらの対策の詳細を**表8.3**にまとめる．

これまでに述べた対策については，土壌汚染の除去が最も費用がかかり，費用を抑えるためには原位置で対策を行うこととなる．ただし原位置での対策には工期が長期化する恐れがあるため，総合的な判断により対策方法が決定される．

8.4 汚染土壌の浄化

先に述べた汚染対策のうち，浄化を行う対策について，それらの浄化メカニズムの模式図を**図8.6**に示し，詳細について以下に述べる．

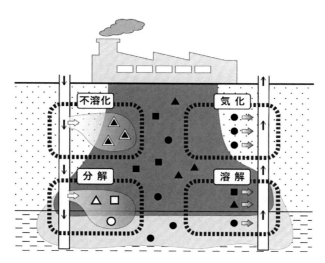

図8.6 汚染土壌浄化の概念図（環境省，2011）

(a) 気化

　「気化」は，揮発性のある特定有害物質を気化させ抽出や回収により浄化を行う方法である．土壌ガス吸引法は代表的な原位置浄化法であり，ガス吸引井を設置し真空ポンプで吸引すると，圧力の変化によって液相および気相の平衡が変わり，土壌に吸着した物質や地下水に溶解している物質が気相に移行し回収される．回収された特定有害物質を含むガスは，活性炭への吸着や触媒により分解処理され無害化される．この方法は圧力変化によるガスへの抽出が可能な揮発性有機化合物（第1種）を対象とする場合に用いられ，揮発性有機化合物の**気体への溶解度（ヘンリー定数）**を把握することが重要である．

(b) 溶解

　「溶解」は，地下水に溶解（ないしは微細な状態で地下水に移流）した特定有害物質を地下水の汲み上げにより取り除く浄化方法であり，地下水揚水法が代表的である．地下水に溶解することを条件にすべての特定有害物質が処理可能であり，回収した揮発性有機化合物（第1種）および農薬等（第3種）は主に吸着，接触酸化，光分解等により処理され，重金属等（第2種）は主に吸着，中和沈殿法等により処理される．

(c) 不溶化

　「不溶化」は，特定有害物質が水に溶けない状態に安定化させる方法であり，主に重金属等（第2種）に用いられる．対象となる重金属の種類によって異なるが，主にマグネシウム系，セメント系，難溶性塩成剤，キレート剤が用いられる．固化による安定化も不溶化に含まれ，水硬性セメント等で封じ込める．

　一例として難溶性塩成剤を用いた鉛化合物と6価クロム化合物の不溶化の化学反応式を以下に示す．

$$Pb^{2+} + Na_2S \rightarrow PbS \downarrow + 2Na \quad \cdots\cdots (1)$$

$$Cr_2O_7^{2-} + 6Fe^{2+} + 14H^+ \rightarrow 2Cr^{3+} + 6Fe^{3+} + 7H_2O \quad \cdots\cdots (2)$$

$$Cr^{3+} + 3OH^- \rightarrow Cr(OH)_3 \downarrow \quad \cdots\cdots (2)'$$

不溶化は酸化還元反応によって行われるが，土壌に含まれる対象物質以外の物質との反応も考慮し，事前の確認試験を実施し適切に行われるよう十分に検討しなければならない．

(d) **分解**

「分解」は，化学物質や微生物等を用いて特定有害物質を分解し，浄化する方法である．化学処理では酸化・還元分解，生物処理では微生物による分解が代表的で，オンサイトや原位置による浄化が可能である．オンサイトで行われる生物処理としてはバイオレメディエーションと呼ばれる生物による分解および蓄積による浄化が行われ，処理土壌中の生物を活性化させて処理をするバイオスティミュレーションと，浄化に適した微生物を外部から導入して処理するバイオオーグメンテーションがある．また，微生物による処理メカニズムとしては，代謝，好気呼吸，嫌気呼吸，発酵が挙げられる．また，原位置で行われる生物処理としてはファイトレメディエーションと呼ばれる植物よる浄化があり，**表8.4**に示される様々な植物の活動を浄化に利用している．これらの生物処理は生物の活動によるため，処理に時間を要するものの，すべての特定有害物質に対応できる長所を有している．

表8.4 ファイトレメディエーションによる浄化機構（Glass DJ, 1999）

浄化機構	機能	対象物質
ファイトエキストラクション	土壌中の汚染物質を吸収，植物体に蓄積	重金属，無機塩類，有機化合物
ファイトスタビリゼーション	土壌中の汚染物質を根表面に蓄積，酸化・還元による無害化，不溶化	重金属
ファイトデグラデーション	植物による汚染物質の吸収・分解	有機化合物
ファイトスティミュレーション	根圏微生物を賦活化することにより汚染物質を分解	PCP, PAHs, TNT
ファイトフィルトレーション	地下水中の汚染物質を根表面に吸着することにより除去	重金属，放射性元素
ファイトボラティリゼーション	土壌中の汚染物質を吸収，地上部に移行，大気中に拡散	水銀，セレン，VOC
ハイドローリックバリア	植物の揚水機能により汚染地下水の拡散を制御	重金属，無機塩類，有機化合物
ベジテイティブキャップ	雨水の浸透を制御することにより汚染物質の移行を制御	重金属，無機塩類，有機化合物

これまでに述べたようにそれぞれの汚染対象物質について様々な処理方法が存在する．しかしながらこれらよりも処理費用が大きくなる土壌汚染の除去による処理が大半を占める背景には，比較的短期で処理できることに加えて確実に汚染を除去できる利点だけでなく，周辺住民の理解を得やすいことが最も大きい要因である．一方で除去された汚染土壌の不適切な処理による汚染の拡大という問題も懸念されるため，土壌汚染対策法においても処理区域内での浄化を推奨している．土壌汚染の除去以外の処理を進めるにはリスクコミュニケーションの取り組みにより汚染者，処理業者，周辺住民が相互に理解を深めることが重要であり，これがブラウンフィールドにしないカギとなる．

8.5 土壌汚染対策法に定められていない有害物質による汚染とその対策

(a) ダイオキシン類による汚染と対策

ダイオキシン類による汚染は1999年にダイオキシン類対策特別措置法が定められ，土壌汚染対策法とは別に厳しい対策を講じることを求めている．ダイオキシン類はダイオキシン類対策特別措置法において，ポリ塩化ジベンゾフラン（PCDF），ポリ塩化ジベンゾパラジオキシン（PCDD）およびコプラナーポリ塩化ビフェニル（コプラナーPCB）を指し，ポリ塩化ジベンゾパラジオキシンの一つである**2,3,7,8-テトラクロロジベンゾパラダイオキシン(2,3,7,8-TCDD)**は最も毒性が高いダイオキシンである（水環境保全技術と装置辞典編集委員会，2003）．これらダイオキシン類は，ごみ焼却等の燃焼や製鋼用電気炉等を発生源として環境中に拡散して大気を汚染し，降雨によって土壌，地下水および河川，海水とそれらの底質を汚染する．

ダイオキシン類は**表8.5**に示す大気，水質，底質および土壌のそれぞれに環境基準が定められており，ダイオキシン類汚染土壌についても必要な規制や対策が規定されている．またPCBは，土壌汚染対策法において第3種特定有害物質としても基準（章末の**表8.8**参照）が定められていることを留意しな

表8.5 ダイオキシン類に関する基準（APEC-VC, 2016）

項目		基準	備考
耐容一日摂取量 [TDI]		4pg-TEQ/体重kg/日	
環境基準	大気	0.6pg-TEQ/m^3 以下	年平均値
	水質	1pg-TEQ/L 以下	年平均値
	底質	150pg-TEQ/g 以下	
	土壌	1,000pg-TEQ/g 以下（調査指標250pg-TEQ/g）	土壌にあっては，調査指標以上の場合には必要な調査を実施すること

ければならない（APEC-VC, 2016）．

　ダイオキシン類の処理方法として熱分解法，溶融固化法（ジオメルト法），熱脱着法，溶媒抽出法，生物分解法などがこれまでに適用されている．1999年にダイオキシン類汚染土壌浄化技術の実証調査（環境庁，1999）が行われ，溶融固化や化学分解法など6技術が選定された．2003年からは，ダイオキシン類やPCBを浄化対象とした技術の確立調査が実施された．この技術確立調査で取り上げられているジオメルト工法および間接熱脱着工法について以下に紹介する．

　ジオメルト工法は，特殊な炉に充填した汚染土壌中に電極棒を挿入し，電気を通すことにより熱を発生させ，1,600〜2,000℃で土壌を溶融することでダイオキシン類およびPCB等の有害物質を熱分解し，無害化する工法であ

図8.7　ジオメルト処理装置の外観

る．ジオメルト工法の処理装置の外観を図8.7に示す．

図8.8はジオメルト工法の処理装置の概要を示している．汚染土壌は3層の断熱層の内側に投入され，電極間の通電によるジュール熱で溶融され，無害化されたガラス固化体となる．その際に発生するガスはガス処理装置で有害物質を除去した後に大気へ排出される．

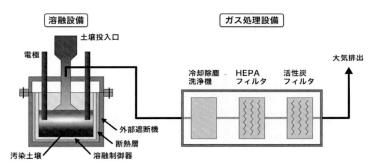

図8.8 ジオメルト処理装置の概要

この工法のメリットとしては，不揮発性の重金属類もガラス固化体内に閉じ込められ溶出しなくなり処理できることから，有機および無機の汚染物質が混在する複合汚染にも対応可能なこと，処理後に発生するガラス固化体は，無害かつ安定しており，溶融スラグとして再利用が可能なこと，装置が小型かつ移動式のため，現地で無害化処理が可能なことが挙げられる．しかしながら，対象となる汚染物質を土壌とともにすべて熱処理により溶融させるため，莫大な電力を必要とすることがデメリットである．

間接熱脱着工法は，ダイオキシン類およびPCB等の有害物質を含む土壌を間接加熱炉内で加熱し，土壌中の有害物質を気化させ分離した後，そのガスから有害物質を分離・回収する工法である．間接熱脱着工法の処理装置の外観を図8.9に示す．

図8.10は間接熱脱着工法の処理装置の概要を示している．汚染土壌はロータリーキルンに投入されると，回転により撹拌されながら外側からバーナー

図8.9　間接熱脱着処理装置の外観

で加熱される．有害物質は間接的に加熱されることにより土壌より脱離し気化する．一定時間の加熱により土壌中のすべての有害物質が脱離し，無害化された土壌が処理装置外に排出される．ガス化した有害物質は冷却水により冷却され水に吸着し，ガスと分離後に別途無害化処理が行われる．ガスについてもフィルターにより有害物質を分離後，大気に排出される．

　この工法のメリットとしては，加熱により脱離する有害物質であればその種類および濃度や土壌の性状に関わらず処理が可能であること，有害物質は脱水ケーキとして濃縮・回収されるが，発生する脱水ケーキ量が投入土量の

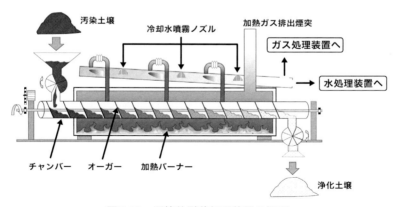

図8.10　間接熱脱着処理装置の概要

数％に減量されること，土壌の大部分は，浄化土として再利用できることが挙げられる．しかしながら，この工法では熱により脱離・吸着を行うのみで，ダイオキシン類およびPCB等の有害物質を直接処理できず，濃縮後に改めて無害化処理を行う必要があることがデメリットである．

(b) 放射性物質による汚染と対策

3.11と呼ばれる2011年の東日本大震災後に発生した福島第一原子力発電所事故に伴う放射性物質の汚染は，チェルノブイリ原発事故に次いで発生した大規模な放射性物質汚染であり，その対策は今も試行錯誤が続いている．放射性物質は事故時に大気へ放出され拡散したが，降雨によりその多くが地表に沈着してしまったことがこれらによる環境汚染の原因である．国はこの汚染による健康や生活環境に及ぼす影響を速やかに低減することを目的に，2011年8月30日に「平成二十三年三月十一日に発生した東北地方太平洋沖地震に伴う原子力発電所の事故により放出された放射性物質による環境の汚染への対処に関する特別措置法」，通称「放射性物質汚染対処特措法」を公布している．

放射性物質が放射能を失い安定同位体になるまでの時間を示す指標に半減期があるが，福島第一原子力発電所事故により放出された放射性物質のうち半減期が約30年と長く，今後の環境汚染の対象となるのが**セシウム137**である．セシウムはアルカリ金属でありリチウム，ナトリウム，カリウム等と同じ性質を持ち土壌，特に粘土へ強固に結びつく．このため，農地に沈着した放射性セシウムの除去が早期より問題視されており，除去技術の検討が行われている．その一例を**表8.6**に示す．また，一部の地域では下水汚泥やゴミ焼却灰に事故由来の放射性セシウムが濃縮された結果，放射性セシウム濃度が8,000Bq/kgを超える放射性物質汚染対処特措法の「指定廃棄物」に区分される事態がしばしばみうけられるようになった．これらを含む「指定廃棄物」は2016年9月30日時点で12都県で179,177tが保管されている（環境省，2016c）．このような状況下で，放射性セシウムを含む廃棄物の減容は最重要課題である．我が国では従来から廃棄物の安定化と減容については，熱処理（特に焼却）を行うことが第一の戦略であったこと（環境省，2012），可

表8.6 農地土壌のセシウム除去技術（農林水産省，2011）

手法	除去率（%）	排土量（t/10a）	研究機関
芝・牧草剥ぎ取り （3cm剥ぎ取り）	97	41.6	福島県畜産研究所
表土固化後削り取り （MgO固化剤+3cm剥ぎ取り）	82	30	農村工学研究所原子力機構
表土削り取り （4cm剥ぎ取り）	75	40	中央農業総合研究センター
反転耕 （プラウ耕で30cm以上反転）	55	0	中央農業総合研究センター
表土水攪拌除去 （沈砂・固液分離）	36	1.2-1.5	農村工学研究所 農業環境技術研究所
ひまわり植栽	0.70	0	東北農業研究センター福島県 農業総合センター原子力機構

　燃性の放射性廃棄物については熱処理による減容がIAEAなどからも勧告されてきたこと(IAEA, 2013)から，放射性セシウム汚染のある稲わらや植栽，下水汚泥等の焼却が行われつつある．その結果として，放射性セシウムおよびその他の有害物質について多様な溶出特性を有する主灰や飛灰が発生している．

　著者らを含む複数の研究者が，焼却（もしくは溶融）で発生した灰の中のセシウムの特性について研究を行ってきた(Fujikawa et al, 2014)．下水汚泥やごみの焼却で発生する飛灰などの指定廃棄物の発生現場において現地試験を実施し，飛灰試料から放射性セシウムを抽出し，フェロシアン化物共沈法（Barton GB et al, 1958）を適用して微量の沈殿として濃縮する技術について検討してきた．これまでの研究でpH，フェロシアン化物濃度，添加する金属塩の種類を最適化することで，**表8.7**に示すように，廃棄物抽出液中の放射性セシウムを95%以上除去できることを明らかにした．さらに，廃棄物抽出液中の放射性セシウムの特性（イオン状・コロイド状）や廃棄物からの亜鉛の溶出等がフェロシアン化物共沈の有効性を左右することも見出してきた．直近の研究成果として，一部の抽出液中の放射性セシウムにおいて極端に除去率の低いものがあり，その要因として放射性セシウムがコロイド状で存在しているためであることが明らかとなった（藤川ら，2016）．これまでは抽出液中の多くの放射性セシウムがイオン状であると考えられていたため，新たな知見を踏まえた除去方法の開発を進めている．

表 8.7 廃棄物抽出液中の放射性セシウム除去率（藤川ら, 2016）

試料 抽出方法	共沈時のpH	フェロシアン化物添加濃度 添加物の条件	除去率 %
溶融飛灰 0.3M シュウ酸抽出	2	0.6mM フェロシアン化鉄(III)	93.8%
溶融灰 純水抽出	3-4	0.1mM フェロシアン化カリウム + 0.4mM Fe(III)	80.9%
溶融灰 純水抽出	7	0.1mM フェロシアン化ニッケル	92.5%
焼却飛灰 0.5M シュウ酸抽出	2-3	0.1mM フェロシアン化鉄(III)	100%
焼却飛灰 0.5M シュウ酸抽出	7	0.1mM フェロシアン化ニッケル	58.8%
焼却飛灰 純水抽出	4	0.1mM フェロシアン化鉄(III)	100%

8.6 地下水・土壌汚染におけるリスクコミュニケーション

地下水・土壌汚染の対策が遅れた理由に顕著な健康被害が発生しにくいことを冒頭で述べた．これは汚染の範囲が局所的で，大気や河川・海洋における汚染のように短期間で拡散しない特徴と長期間の蓄積による汚染が主であることが要因である．**図8.5**で示したように，農作物やそれを飼料とした家畜，魚介類による摂食および地下水の飲用が人への経路であり，土壌表面から呼吸や皮膚に触れる等で体内に取り込まれる恐れがほとんど考えられないことから顕著な健康被害が発生しにくい．

地下水・土壌汚染による健康へのリスクを考えると以下の式のようにあらわすことができる．また，農作物や家畜（への蓄積）については，人の健康とともに食糧を生産する機能を保全する観点から，これらとは別に農用地の土壌汚染防止に関する基準値が定められている．

土壌の直接摂取によるリスク = 汚染物質の有害性 × 汚染物質の土壌中濃度 × 土壌の摂食量 ……(3)
地下水飲用によるリスク = 汚染物質の有害性 × 汚染物質の地下水中濃度 × 地下水の飲用量 ……(4)

これらの式より健康へのリスクは，土壌の摂取量や地下水の飲用量を減らすこ

とによって低減することができる．このため，健康へのリスクのみを考えるのであれば**表8.2**に示した舗装や盛土などにより摂取経路を遮断すればよいことになる．しかしながら生態系や生活環境への影響やリスクは存在するため汚染の除去に努めなければならない．また，地下水土壌汚染の特徴として，大気や河川・海洋と異なり見た目で判断することが難しく汚染や浄化処理の状況がわかりにくいため，正確な情報が公開されなければ住民に不安が生じやすい特徴がある．さらに土地の価値を守るために土地の所有者が汚染の情報公開に積極的でなければ不安は増すことになる．このような事態を避け，適切な処理方法を選択しブラウンフィールド化させないためには，事業者と住民が土壌汚染やそれによる健康リスク，対策の必要性などについて情報を共有し，共通の理解を深めるために双方向のコミュニケーション，すなわちリスクコミュニケーションを行い，土壌汚染対策を円滑に進めるための信頼関係を構築することが重要となる．

　土壌汚染対策を円滑に進めるためには，適切なタイミングでリスクコミュニケーションを行うことが不可欠となる．リスクコミュニケーションを行う主なタイミングとして，①土壌汚染調査により土壌汚染が判明した段階（状況・対応方法説明・公表），②追加調査や土壌汚染対策が進捗した段階（経過報告），③計画した土壌汚染対策が完了した段階（完了報告）の三つが挙げられる．汚染が発覚すると事業者は自治体に報告し，自治体は対応や市民への公表を行うことになる．このため，リスクコミュニケーションには自治体も重要な役割を果たすこととなる．特に住民への説明では当事者の事業者による説明だけでは理解を得るのは困難であり，自治体や専門家が中立的な立場で参加することが一般的であり，最近ではより住民にわかりやすく伝えるために**ファシリテーター**を介した説明も行われるようになっている．

　リスクコミュニケーションを実施する際に土壌汚染対策法に基づく各主体の対応およびリスクコミュニケーションの伝えるべき内容を**図8.11**にまとめる．住民の不安が増大しないように早期に公表することが重要であるとともに日常的に両者の交流を図ることで良好な関係を構築し，信頼関係の維持に努めることも重要である．

　東京都豊洲市場における土壌汚染の問題は，東京ガスの石炭によるガス精製工場跡地で検出された非常に高濃度のベンゼン（第1種特定有害物質）および

シアン化合物（第2種特定有害物質）で汚染された土壌を処理した後に市場を設置する際に発覚した不適切処理によるものである．処理としては遮水壁を設け，周囲への拡散を防止し，高濃度の部分を掘削して洗浄処理，熱処理による抽出および生物による分解処理を行い，地下水は揚水して吸着等により無害化

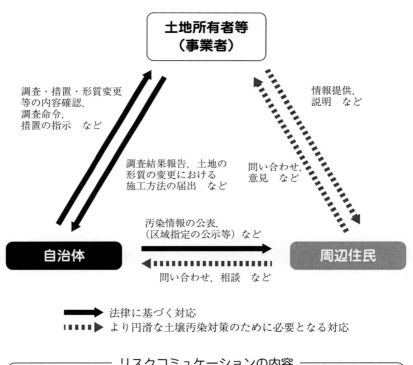

図8.11 土壌汚染対策法に基づく各主体の対応およびリスクコミュニケーションの内容（公益財団法人日本環境協会，2015；保坂ら，2013）

を行った（東京都中央卸売市場，2016）．さらに揮発による健康リスクを回避するために盛土を行うこととなっていた．しかし，盛土が適切に行われなかったためベンゼンの揮発が懸念され，これらが市場で取り扱われる食品に影響するのではという不安を引き起こした．技術的に無害化され，安全が保障できたとしても，消費者を含めた関係者が安心できなければ食品を取り扱う市場として機能することは難しい．これは東日本大震災後における放射性セシウム汚染による農作物等の風評被害が続いていることからも明らかであり，豊洲市場の問題は，正確な汚染状況と処理後の状況が確認できていないことに加え，問題発覚後のリスクコミュニケーションにおいて関係者と綿密な情報伝達や事前協議を行政が行わず，一方的に問題を公表したことが要因である．

おわりに

これまでに述べたように地下水・土壌汚染によるブラウンフィールド問題を拡大させないためには，汚染対策過程における「安心安全」がいかにして保たれるかが重要であり，技術的に安全であっても住民の理解が得られず安心を提供できなければブラウンフィールドになるのを避けられない．ブラウンフィールドにしないテクノロジーとは，すなわち汚染物質を浄化するテクノロジーがより効果的かつ容易にできる技術に発展し，汚染水や土壌が安全に保たれることに加え，リスクコミュニケーションという安心のテクノロジーについて理解し，適切かつ十分にこれを実施することにより，汚染者と住民の間で地下水・土壌汚染に関する相互理解を深めることである．

本章で用いられている用語については，「図解　土壌・地下水汚染用語辞典」（平田ら，2009）等の図書を参考にされたい．

表8.8 土壌汚染対策法で定められている基準（公益財団法人日本環境協会, 2015）

特定有害物質の種類		〈地下水の摂取などによるリスク〉土壌溶出量基準	〈直接摂取によるリスク〉土壌含有量基準
第一種特定有害物質（揮発性有機化合物）	四塩化炭素	検液1Lにつき0.002mg以下であること	
	1,2-ジクロロエタン	検液1Lにつき0.004mg以下であること	
	1,1-ジクロロエチレン	検液1Lにつき0.1mg以下であること	
	シス-1,2-ジクロロエチレン	検液1Lにつき0.04mg以下であること	
	1,3-ジクロロプロペン	検液1Lにつき0.002mg以下であること	
	ジクロロメタン	検液1Lにつき0.02mg以下であること	
	テトラクロロエチレン	検液1Lにつき0.01mg以下であること	
	1,1,1-トリクロロエタン	検液1Lにつき1mg以下であること	
	1,1,2-トリクロロエタン	検液1Lにつき0.006mg以下であること	
	トリクロロエチレン	検液1Lにつき0.03mg以下であること	
	クロロエチレン	検液1Lにつき0.002mg以下であること	
	ベンゼン	検液1Lにつき0.01mg以下であること	
第二種特定有害物質（重金属等）	カドミウム及びその化合物	検液1Lにつきカドミウム0.01mg以下であること	土壌1kgにつきカドミウム150mg以下であること
	六価クロム化合物	検液1Lにつき六価クロム0.05mg以下であること	土壌1kgにつき六価クロム250mg以下であること
	シアン化合物	検液中にシアンが検出されないこと	土壌1kgにつき遊離シアン50mg以下であること
	水銀及びその化合物	検液1Lにつき水銀0.0005mg以下であり，検液中にアルキル水銀が検出されないこと	土壌1kgにつき水銀15mg以下であること
	セレン及びその化合物	検液1Lにつきセレン0.01mg以下であること	土壌1kgにつきセレン150mg以下であること
	鉛及びその化合物	検液1Lにつき鉛0.01mg以下であること	土壌1kgにつき鉛150mg以下であること
	砒素及びその化合物	検液1Lにつき砒素0.01mg以下であること	土壌1kgにつき砒素150mg以下であること
	ふっ素及びその化合物	検液1Lにつきふっ素0.8mg以下であること	土壌1kgにつきふっ素4,000mg以下であること
	ほう素及びその化合物	検液1Lにつきほう素1mg以下であること	土壌1kgにつきほう素4,000mg以下であること
第三種特定有害物質（農薬等／農薬＋PCB）	シマジン	検液1Lにつき0.003mg以下であること	
	チオベンカルブ	検液1Lにつき0.02mg以下であること	
	チウラム	検液1Lにつき0.006mg以下であること	
	ポリ塩化ビフェニル（PCB）	検液中に検出されないこと	
	有機りん化合物	検液中に検出されないこと	

課　題

1. スーパーファンド法について概要を述べよ．
2. PPPについて概要を述べよ．
3. 直近に発生した地下水土壌汚染について（豊洲市場など），汚染物質および原因についてまとめ，土壌汚染対策法における分類および可能な対策方法について説明せよ．
4. ヘンリー定数と気体の状態方程式を用いて，ヘンリー定数が大きい物質ほど気体への分配が大きいことを示せ．
5. 地下水土壌汚染の処理において「安心安全」とはなにかを述べよ．
6. 汚染された土地をブラウンフィールド化しないために重要なことはなにか述べよ．市民としてできることに着目するとよい．

文献

Barton GB., et al., (1958) Chemical processing wastes: recovering fission products. Ind Eng Chem, 50(2), 212-216.

Fujikawa Y., et al., (2014) Nuclear backend and transmutation technology for waste disposal, beyond the Fukushima accident. Springer Open, 329-341.

藤川陽子ほか（2016）指定廃棄物から抽出される非イオン性の放射性セシウムに関する考察．保健物理学会．

Glass DJ. (1999) U.S. and International markets for phyto-remediation, 1999-2000. D. Glass Associates, Inc.

はじめて学ぶ土壌・地下水汚染編集委員会編（2010）はじめて学ぶ土壌・地下水汚染．社団法人地盤工学会，1-13．

平田健正・今村聡（2009）図解 土壌・地下水汚染用語辞典．オーム社．

保坂義男ほか（2013）トコトンやさしい土壌汚染の本．日刊工業新聞社，106-120．

IAEA（International Atomic Energy Agency）（2003），Application of thermal technologies for processing radioactive waste. IAEA Tecdoc 1527.

環境庁（1999）ダイオキシン類汚染土壌浄化技術の選定結果について．

環境省（2004）自治体職員のための土壌汚染に関するリスクコミュニケーションガイドライン（案）．

環境省（2007）土壌汚染をめぐるブラウンフィールド対策手法検討調査検討会中間と

りまとめ「土壌汚染をめぐるブラウンフィールド問題の実態等について」.
環境省（2011）区域内措置優良化ガイドブック－オンサイト措置及び原位置措置を適切に実施するために－．
環境省（2016a）平成28年度環境白書・循環型社会白書・生物多様性白書．
環境省（2016b）平成26年度土壌汚染対策法の施行状況及び土壌汚染調査・対策事例等に関する調査結果．
環境省・（公財）日本環境協会（2016）土壌汚染対策法のしくみ．
公益財団法人日本環境協会（2015）事業者が行う土壌汚染リスクコミュニケーションのためのガイドライン．
農林水産省（2011）農地土壌の放射性物質除去技術（除染技術）について．
水環境保全技術と装置辞典編集委員会編（2003）環境汚染防止のための水環境保全・技術と装置辞典．産業調査会 辞典出版センター，192-193．
東京地下水研究会編（2003）水循環における地下水・湧水の保全．㈱信山社サイテック，1-18．
八巻淳・森島義博（2013）改正土壌汚染対策法 土壌汚染地の保有と対策．東洋経済新報社，113-177．

参照URL

APEC-VC（環境技術交流バーチャルセンター）＞土壌汚染の現状と土壌汚染対策法－土壌汚染修復取組み（3）PCB及びダイオキシン類
http://www.apec-vc.or.jp/j/modules/tinyd00/index.php?id=32&kh_open_cid_00=38（2016年12月閲覧）

EPA (US Environmental Protection Agency) ＞ Brownfields
https://www.epa.gov/brownfields（2016年12月閲覧）

環境省（2016c）放射線物質汚染廃棄物処理情報サイト－指定廃棄物について
http://shiteihaiki.env.go.jp/radiological_contaminated_waste/designated_waste/（2016年12月閲覧）

環境省（2012）我が国循環産業の国際展開
http://www.env.go.jp/recycle/circul/venous_industry/（2016年12月閲覧）

東京都中央卸売市場（2016）移転に関する調査及び工事の実施状況
http://www.shijou.metro.tokyo.jp/toyosu/dojou/（2016年12月閲覧）

水の「ふしぎ？」と私たちの生活

津野　洋

　わたくしたちの生存や生活にとって水はなくてはならないものです．生存のために第一に必要なものは水です．また生活においても飲料水のほかに，炊事，洗濯，入浴，洗面，掃除などで飲料水としての2リットルを含めて，一人一日あたり約250リットル（1立方メートルの4分の1）の水を使います（水道協会，1990）．そのほか，水は，私たちの周りの環境の調節や審美的な側面を含めて重要な環境の要素です．人間だけでなくすべての動物・植物をはじめとして微生物にいたるまで，その生存や環境において水は不可欠です．このことは，水の「ふしぎ」な性格と関係しています．

　皆さんは，水といえば液体の「みず」を先ず思い浮かべると思います．そしてみずは私たちの周りに最も多くある液体ですので，液体の代表と思われると思いますが，水は他の液体や物質とくらべて特異な不思議な性質を持っています．以下に，わたくしたちの生活や環境との関係で水の不思議な性質について考えてみましょう．

Q1　皆さんの日常の生活において，固体，液体そして気体の状態を見ることができる物質は水の他に知っていますか？

　わたくしは，水の他には知りません．水は氷（固体），みず（液体）そして蒸気として見ることができます．それは，水の**融点**（氷からみずになる温度）は0℃で**沸点**（みずが全部水蒸気になる温度）は100℃であり（岩波書店，1971），その差は他の物質に比べてきわめて小さく，かつ地球上で日常的に遭遇する温度の範囲にあるためです．

Q2 山に降った雨が，川や地下水を経由して海に流れると，再び山にもどることができるでしょうか．わたくしたちが飲める水は枯渇しないのでしょうか．

水の沸点は100℃ですが，液体のみずは，それよりも低い温度でも各温度での**蒸気圧**によって**蒸発**します．冬に川面から湯気のようなものが立っているのを見た人は多くいるでしょう．こうして蒸発した水は空に上り，冷やされて**凝結**し雲となり，風に流されて山地に移動し再び山にきれいな水（雨や雪）となって降るのです．植物の葉などから**蒸散**される水蒸気も同じような経路をたどります．ただ，大気が汚されていると降る雨なども汚染されます（たとえば酸性雨がそうです）．このように水は地球規模で地上と空との間で循環しているのです．この様子を**図1**に示します．

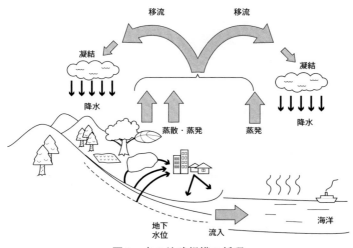

図1 水の地球規模の循環

Q3 ジュースを飲むときになぜ氷を入れるのでしょうか.またアイスボックスに氷を入れて冷やすのはなぜでしょうか.そして湯たんぽで暖を取れるのはなぜでしょうか.

1gの氷が0℃のみずになるときには79.4カロリーの熱（**融解熱**）を奪います.また，1gのみずの温度を1℃あげるのに1.0カロリーの熱（**比熱**）が必要です.そして，1gのみずが25℃で蒸発するのに約580カロリー（**蒸発熱**）が必要です（岩波書店,1971）.これらの関係を**図2**に示します.これらは，他の物質に比べて非常に大きい値です.このため，氷をジュースに入れると氷が解けるときに多くの熱を奪いますので0℃のみずで冷やすより約80倍の効果があるのです.アイスボックスも氷の解けるときにアイスボックスの中の空気等の熱を奪い冷たく保っているのです.みずの比熱が大気に比べて大きいので湯たんぽで暖を取ることもできるのです.また，わたくしたちは暑いときには汗をかいてその蒸発により体温を保っています.地球上の温度をマイルドに保っているのも水のこれらの大きい熱容量のおかげです.また，この熱容量により冷たい水で喉の渇きを癒し，熱い日本茶やコーヒーをおいしく楽しめるのです.

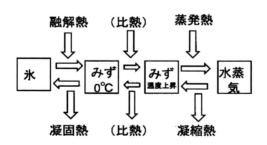

図2　融解熱と蒸発熱

Q4　固体である氷が液体であるみずに浮くのはなぜでしょうか．

　一般の物質では，**比重**（単位体積あたりの重量）は気体，液体そして固体の順に大きくなり，また温度が低くなるほど大きくなります．このため同じ物質の固体は液体の底に沈みます．しかし，水はその分子の水素・酸素結合の立体構造が特殊で，液体のみずの比重は4℃までは普通の物体と同じように温度とともに増加しますが，4℃で最大（1.000）となり（岩波書店，1971），それ以下の温度では逆に小さくなり，氷になるとより小さくなります．このため，氷はみずに浮くことになります．冬に池の水が凍っても氷は表面に浮き，池の底まで凍ることは妨げられます（氷が重く沈むと池全体が容易に氷となり，鯉は氷の中に閉じ込められることになります）．北極は浮いた氷で成り立っています（南極は大陸があります）．北極熊は氷の上で狩りをし，アザラシは氷の下に逃げることができます．

Q5　日照りが続いても土の上に生えている木はなぜ枯れないのでしょうか．鉢植えの木はすぐに枯れるのになぜでしょうか．

　水の**表面張力**（同じ体積で表面積が最も小さくなるように働く力）は72.75 dyne・cmと大きい（岩波書店，1971）．このため雨粒は球型に近くなるし，葉の上の水滴は球になります．また，水の中に直径の小さなガラス管を差し込むとガラス管内の水面が高くなります（これは**毛（細）管現象**と呼ばれています）．土の中には多くの大小の空隙があります．土の上に降った雨は大きな空隙の間を伝って地下深く浸透し地下水を形成します（これは**重力水**と呼ばれています）．しかし，一部の水は土壌中の小さな空隙の中に保持されます（これは**毛管水**と呼ばれています）．重力水である地下水は人間が汲み上げて使っていますが，毛管水は木などの植物によって吸引圧で吸引されて使われています．この毛管水は枯渇すると地下水から毛（細）管現象等によって上方に供給されて枯渇しにくい状況となっています．これらの表面張力による現象を**図3**に示します．

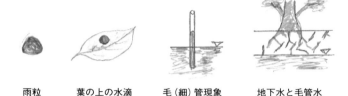

雨粒　　　葉の上の水滴　　　毛（細）管現象　　　地下水と毛管水

図3 水の表面張力による現象

Q6　混じりけのない超純水はおいしいのでしょうか.

　超純水は不純物がなく健康によいと考えるかもしれませんが，味もなく，おいしくありませんし，必要なミネラルも摂取できません．また日常の飲用に用いると，胃の細胞が膨張し荒れてきます．**おいしいみず**は，色や濁りがなく，またにおいもなく，異常な味がせずに，しかしカルシウムやマグネシウムなどのミネラルを1リットルあたり10〜100mg含み蒸発残留物といわれる不純物を1リットルあたり30〜200mg含む冷たい水とされています．湧き水を汲みにいくのもこれに合致するみずを得るためです．水道水もこれに合致します．みずは物質を**溶解する能力**が強く，動植物の生存に必要なミネラルや養分などを溶解し，みずの摂取とともに供給されます．また食べ物やジュースなどの味をつけおいしくできるのもこの特性によるものです．一方，みずに有害物が溶解したり，過剰に物質が溶解してみずの利用に悪影響が生じるようになると**水質汚濁**となります．ちなみに，超純水を作るのはかなり難しく，蒸留・イオン交換・逆浸透膜ろ過など高度の技術と多くのエネルギーを使って作り出しています．

　以上，水の特性と私たちの生活や環境との関連について簡単に考察してきましたが，水の恩恵を得るためには，**豊富な水**，**良質な水**，**利用する場にある**

水が重要となります．このため，私たちは街で快適に生活するために，ダムをつくり（水量の確保），水道を引き（水の質を良好にし，必要な場所に供給し），下水道を造って（排水と水質保全）きました．また私たちに重要な**淡水資源**は地球上の水のほんの2.5％であり，さらに河川，湖沼，地下水など使いやすい水は0.8％しかありません（国土交通省，2013）．私たちの生活のみならず，すべての動植物や周りの環境の保全にあたっては，水の特性を知り，大事に扱うことが如何に重要かがわかるでしょう．

文献
岩波書店（1971）岩波理科学事典　第3版．
国土交通省（2013）平成23年度　日本の水資源．
水道協会（1990）水道統計．

9 ランドスケープと環境緑化

岡田準人

本章では,ランドスケープと環境緑化について,造園学と園芸学の視点から述べる.具体的には,身近な生活環境における環境緑化事例を取り上げ,9.1 都市における環境緑化,9.2 都市緑化技術,9.3 環境と園芸という3つのテーマについて解説する.9.1 都市における環境緑化では,地球温暖化などの地球環境問題から都市のヒートアイランド現象などの都市環境問題に至るまでを概観し,我が国の緑の現状を紹介しつつ環境緑化の意義とその役割について述べる.9.2 都市緑化技術では,ランドスケープの定義について述べるとともに,公園や街路樹,屋上緑化や壁面緑化などの様々な環境緑化の手法を紹介し,それらの緑化技術について述べる.9.3 環境と園芸では,園芸の分野について概観し,園芸植物を理解する上で大切な植物名の解説と,園芸療法や園芸福祉などの人と植物の関わりを通した園芸植物の多面的機能について述べる.

9.1 都市における環境緑化

(a) 地球環境問題と都市環境問題

我々人類は,**地球環境**(global environment)において,社会を形成しながら住宅やビルなどの**人工環境**(artificial environment)の中で生活し,**自然環境**

(natural environment) を構成している光, 水, 土, 生物 (動物・植物) と共存しながら, それらと微妙なバランスをとっている. しかし, 近年は人間活動の拡大に伴い, 地球温暖化などに代表される様々な地球環境問題に起因し, それらのバランスが乱れることによって様々な環境リスクが発生している. 具体的な環境リスクとしては, 自動車の排気ガスや工場の排煙などによる大気汚染に起因した酸性雨やオゾン層破壊など, 生活排水や工場排水に起因した河川や海の水質汚濁, 原子力発電所の事故に起因した土壌などの放射能汚染, 地球環境問題全般に起因した生態系の破壊や生物多様性の衰退などが挙げられる.

以上のことから, 我々人類は, 日常生活を営むだけでも環境に対して様々な影響力を持っていることが, 現在の様々な地球環境問題および環境リスクからも理解することができる. したがって, 人と自然が共生した**持続可能** (sustainability) な社会を維持していくために, 自然環境保全に取り組むことが求められている.

我が国における自然環境保全の取り組みは様々あるが, 代表的な制度としては, 日本全土の自然環境の実態を把握する基本的方針を示した**自然環境保全法** (自然環境基礎調査, 別名：緑の国勢調査) や, 環境保全に関する施策を示している**環境基本計画**, 大規模な土地の開発によりその土地の自然環境にどの程度影響が出るかを事前に予測・評価する**環境影響評価法** (環境アセスメント) などがある. また, 国際的な制度としては, 絶滅の恐れのある野生動物の国際取引を規定したワシントン条約や, 水鳥の生息地である湿地を保護するラムサール条約, 生物の多様性を保全し, それらの持続可能な利用を示した生物多様性条約などがある.

地球環境問題は, 我々の身近な生活環境である都市部においても同様であり, 都市の拡大による緑地の喪失や, ヒートアイランド現象による真夏日の増加や熱中症の発生, 集中豪雨の増加など, 様々な都市環境問題が発生している.

このような都市環境問題を解決する1つの手法として, 人と自然が共生するための環境を創造する**緑化** (revegetation) がある. 緑化は, greening や tree planting と呼ばれることもあり，また，afforestation などの植林という意味も含まれるが，ここでは植生回復の意味も含めた revegetation と定義する．特に，自然環境が減少している都市部においては，都市に緑を持ち込む**都市緑化**（urban revegetation）が，消失する緑を保全する**緑地保全**（green conservation）と併せて重要な手段となる．

(b) 我が国の緑の現状

日本の国土は大部分が緑に覆われており，日本の森林率（日本の土地面積に占める森林面積の割合）は，2012年3月31日現在で67％である（林野庁，2012）．緑の中には自然林や二次林，人工林などの様々な種類の森林が含まれ，その他，自然草原や二次草原，農耕地なども存在する．これらの緑は，日本の国土を保全し，様々な自然環境や風致・景観などを保全する機能を有しており，日本の自然環境保全において重要な役割を担っている．

このように，日本は全国的に緑が豊かな土地ではあるが，人口の大部分が集中する都市部においては，急速な**都市化**（urbanization）に伴い緑が減少している．また，都市周辺部の農村緑地においては，里地里山や棚田などの豊かな自然環境が存在するが，近年は過疎化や人口減少により維持するのが難しくなっており，人工林や農耕地などの自然環境を保全する機能の維持が困難になっている現状がある．これらの緑は，都市化に伴い減少した都市部の緑を支える都市周辺部の自然として大変重要であり，また，生物資源の保全や絶滅危惧種を減らすために環境条件の変化を読み取る環境の生物指標としても重要な役割を担う．

都市部における**緑地**（green space）の現状を把握する指標として，緑地面積がある．首都圏（埼玉県，千葉県，東京都，神奈川県）の緑地面積の推移を見てみると，1965年は約93.1万haであったのが，2003年には約72.7万haとなり，38年間の間に約20.4 haの緑地が喪失したことがわかる（国土交通省ホームページ参照）．また，緑地の内訳を見ると，**都市公園**（urban park）の面積は約0.2万ha（1965年）から約1.8ha（2003年）となり，約1.6万ha増加している一方，農地面積は約41.9万ha（1965年）から約25.1万ha（2003年）と約16.8

万 ha 減少し，林地は約 50.9 万 ha（1965 年）から約 45.8 万 ha（2003 年）と約 5.1 万 ha 減少していることがわかる（国土交通省ホームページ参照）．このことは，全国の緑被率（農地，樹林地，草地，園地等の緑で覆われる土地の面積割合（％））の調査結果からも明らかであり，昭和 57 年の 83.9％から平成 12 年の 81.6％へと減少している（国土交通省ホームページ参照）．これらのことから，都市の中に緑を創出する都市緑化と併せて，都市における緑の喪失を防ぐ緑地保全に取り組む必要があることがわかる．

今度は，都市部における緑の現状について，都市公園面積を人口で除した一人当たりの公園面積から見てみると，東京特別区（3.0㎡）や大阪市（3.5㎡）などの都市部の政令指定都市が極端に少ないことがわかる（国土交通省，2015）．一方で，神戸市（17.2㎡）のように一人当たりの公園面積が多い地域もあり，公園面積には自治体ごとの事情があることもわかる．さらに，世界に目を向けてみると，一人当たりの公園面積は，東京都（4.5㎡／人）が，ニューヨーク（18.6㎡／人）やパリ（11.6㎡／人），ロンドン（26.9㎡／人）などと比べても非常に低いことがわかり，都市公園という視点でも我が国の都市部には緑が少なく，都市緑化や緑地保全を通じて緑を豊かにしていく必要があると考えられる（国土交通省，2016）．

(c) **緑地保全と都市緑化**

前述したとおり，都市部においては都市化に伴い緑地が減少しており，現存する緑地の保全と都市緑化の推進が必要とされている．

我が国における緑の施策として，国の施策である緑の政策大綱と地方公共団体の施策である緑の基本計画がある（国土交通省・景観課ホームページ参照）．地方公共団体は，緑の基本計画をもとに，**都市緑地法**にもとづいて緑の保全と緑化の創出（緑化の推進）に取り組んでいる．また，公園緑地の整備にも取り組み，これは**都市公園法**にもとづいて都市公園の整備が進められている．

緑地とは，一般的には草木が茂っている土地という意味で用いられているが，都市緑地法では，「この法律において「緑地」とは，樹林地，草地，水辺地，岩石地若しくはその状況がこれらに類する土地が，単独で若しくは一体と

なって，又はこれらと隣接している土地が，これらと一体となって，良好な自然環境を形成しているものをいう．」（都市緑地法第3条1項）と記載されている．草地や樹林地だけではなく，水辺地や岩石地なども含み，かつ良好な自然環境を形成しているものを緑地として定義されている（**図9.1**）．

また，緑地は**オープンスペース**（open space）とも呼ばれる．オープンスペースとは，一般的には空き地という意味だが，緑化の分野では永続的に維持された空地という意味で，緑地と同様の意味で用いられている．

図9.1 鴨川の河川緑地（2013年撮影）

都市における緑地を**都市緑地**と呼び，住宅やビルなどの建蔽地における緑地と，街路や公園などの非建蔽地における緑地に大別できる．我々の身近な生活環境にある都市緑地としては，住宅の庭や公園などがある．緑地は広義の意味では，公園などの公共緑地，生産緑地（畑など）田畑などの生産緑地，都市林などの自然緑地，社寺林などの特定緑地がある．

都市における公園を都市公園と呼び，**表9.1**に示すとおり様々な種類がある．我々が街中でよく見かける身近な公園として街区公園があるが，この街区公園は，都市公園法により，主として街区内に居住する者の利用に供することを目的とする公園で，誘致距離250mの範囲内で1カ所当たり面積0.25haを標準として配置するように定められている．兵庫県神戸市にある東遊園地

は都市公園法では基幹公園として定義されているが，それ以外にも震災復興のモニュメントが設置され，追悼行事が実施される場でもあり，また，防災公園としての機能など，市民にとって様々な役割を担っている（**図9.2**）．

表9.1 都市公園の種類

種別	種類
住区基幹公園	街区公園
	近隣公園
	地区公園
都市基幹公園	総合公園
	運動公園
大規模公園	広域公園
	レクリエーション公園
国営公園	
緩衝緑地等	特殊公園
	緩衝緑地
	都市緑地
	緑道

図9.2 東遊園地（2015年撮影）

9．ランドスケープと環境緑化

(d) **緑の機能と役割**

都市における緑には，人工的なビルなどの建築物が存在する都市の**景観**（landscape）の修景効果や落葉植物の紅葉や落葉などの季節感の創出，運動や散歩などで人々の健康を促進し，レクリエーションを提供する役割，大気浄化や微気象の調整などの都市環境を改善する役割，避難場所の提供や延焼の防止などの防災に関する役割などがある．街路樹を例にすると，夏場の強い日差しを遮る緑陰効果による微気象の調整や，落葉樹では秋の紅葉と冬の落葉による季節感の創出，また，花を咲かす樹木では人々への審美的・心理的な効果，街路樹に生息する野鳥や昆虫などの様々な生物の生態系など，様々な緑の機能と役割を見いだすことができる．

特に，無機的な空間が多い都市空間においては，緑のある有機的な多様な空間が存在することで，都市の**生態系**（ecology）を作り出し，**生物多様性**（biodiversity）を生み出している．都市に公園や街路樹等の緑地が線状および点状に存在することで緑のネットワークが作り出され，様々な生物が生息するための場所である**ビオトープ**（biotope）が形成されている．都市緑地の生態系を扱う分野として，緑地生態学や緑地環境学などがある．また，森林などの自然景観から，都市や農村の景観を対象とした景観の生態系を取り扱う**景観生態学**（landscape ecology）という分野もある．

9.2 都市緑化技術

(a) **造園（ランドスケープ，landscape）について**

環境緑化は**造園学**（landscape architecture）の一分野である．造園は，一般的には庭園や公園などをつくることあるいはつくるものと定義されている．造園を詳細に解釈すると，「造園は，人工と自然の調和共存を図りながら，人間の多様な要求と満足を満たすために，主に緑を活用して，土地・自然・風景，すなわち都市地域から田園地域，自然地域にわたる各種環境空間すなわち造園空間を保全し，創造し，秩序づける計画実現のための総合的技術体系である．」（東京農業大学編，1985）と定義されている．造園は，造園空間の創出だ

けではなく，保全も行うこととされている．なお，造園学を概観できる文献は多数あるが，主なものとして，『造園学汎論』（上原，1924），『造園学概論』（田村，1925），『造園学』（高橋ら，1986），『ランドスケープ体系第1巻〜第5巻』（日本造園学会編，1996，1998a，1998b，1998c，1999）などがある．さらに，造園学や緑化工学の用語を調べるための辞典として，『造園用語辞典第3版』（東京農業大学造園学科編，2011）や『緑化技術用語辞典』（日本緑化工学会編，1990）などがある．

　ランドスケープは，一般的には景色や風景，景観や風景画と言う意味で用いられているが，造園の分野では人工環境と自然環境が調和した空間の総合的な景観としても定義されている．

　造園は，そもそもは囲われた空間で植物を栽培するガーデニングが起源と言われており，作庭や造庭，庭造りなどの形で行われてきた（東京農業大学編，1985）．その後，造園空間の周辺環境との関係性を考慮した風致庭園などが誕生し，ランドスケープガーデニングとして取り組まれるようになってきた（東京農業大学編，1985）．近代になってからは，様々な造園様式が生まれ，近代造園（ランドスケープアーキテクチャー）として現在に至っている（東京農業大学編，1985）．

　造園空間の代表的なものに**庭園**（garden）がある．庭園は，人間の生活空間である庭と植物を栽培する為に囲われた場所である園を組み合わせた用語である．造園の分野では，「人の私的生活の上に使用，享楽の為め，種々の程度に於いて，美観と同時に実用の目的を達するように設計された土地をいう．」（上原，1924）と定義されている．

　庭園は，歴史的に様々な様式が誕生した．庭園の様式には，自然の風景を縮小して庭園に取り入れた寝殿造り庭園（平安時代），石組みや池などで自然景観を表現し，禅の世界を再現した枯山水庭園（鎌倉時代から桃山時代），造園技術の主流であった寝殿造り庭園の技術や思想を発展させた書院造り庭園（室町時代から江戸時代）や浄土庭園（室町時代から江戸時代），千利休や古田織部，小堀遠州などの茶人が庭園デザイナーとして活躍した頃に誕生した露地（茶庭）（江戸時代から明治時代），庭を回遊できるように作庭された大

名庭園と呼ばれる地泉回遊式庭園(江戸時代),西洋の庭園様式も取り込みながら和洋折衷のデザインがされた近代日本庭園(明治時代以降)や近代公園(明治時代以降)などがある.

地泉回遊式庭園(大名庭園)の中でも,日本三名園と呼ばれるものとして,兼六園(石川県),偕楽園(茨城県),後楽園(岡山県)がある.そして,近代日本庭園の先駆けの一つとして,無鄰庵(京都府)がある(**図9.3**).また,我が国初の近代西洋公園が日比谷公園(東京都)である.

西洋の代表的な庭園様式としては,山などの傾斜地を利用した幾何学的デザインの立体的な造園様式であるテラス式庭園(イタリア),直線や幾何学曲線を利用して平面や立体を構成する造園様式である平面幾何学式庭園(フランス),自然の風景を取り込んだ造園様式である風景式庭園(イギリス)がある.

図9.3 無鄰庵(2016年撮影)

我が国では近代以降に**公園**(park)が誕生した.公園とは,一般的には市街地などにある公共的な庭園や遊園地であると定義されている.造園分野においては,公園とは,「戸外において住民の休養,保健,慰楽,運動,休息,遊戯,鑑賞,教育などのレクリエーションの用に供するとともに,公災害の防止,大気浄化,震火災の際の避難のために,官公庁が設置し,管理運営する施設.」

であると定義されている（上原，1924）．

　造園計画（landscape design）とは，ランドスケープをデザインする行為のことである．詳しくは，造園計画とは，計画，設計，施工，管理の手順がある．計画は，ゾーニング図などを作成し，造園空間を概念的に検討する段階である．設計は，計画で検討した造園空間を図面にする段階である．施工は，設計の段階で作成した図面をもとに，造園空間を具体的に作り上げる段階である．管理は，施工状態を維持するだけではなく，植栽した植物の育成・維持・再生管理も含まれている．

　造園計画においては，土地条件の読み取りが非常に重要である．地形や土壌，その地域の現存する植生などの自然条件，その地域の人口やその構成などの社会条件，周辺環境との関係性などを読み取ることが求められる．

　また，造園計画では植物という生き物を取り扱うことから，植栽が大切となる．植栽とは，造園の目的に合うように樹木（高木・中木・低木）や様々な植物を選択し，デザインしながら植えることである．植物は，造園空間が完成した後も生育するため，将来的な生育量を見据えながらのデザインおよび維持管理が大切である．

(b) 環境緑化の手法

　環境緑化の手法の一つに都市緑化がある．都市緑化とは，緑の少ない限られた都市空間の中に緑を持ち込む手法である．代表的な都市緑化手法としては，街路樹や花壇による緑化の他，建築物を緑化する**屋上緑化**や**壁面緑化**などがある（**図9.4**，**図9.5**）．屋上緑化とは，道路や建築物などが存在し空間的なゆとりが少ない都市空間において，屋上に軽量の土壌を持ち込み，植物を植栽する技術であり，壁面緑化とは，同様の理由で建築物の壁面につる植物を這わせたり，立体的な花壇を設置して壁面を緑化する手法である．近年では都市部を中心に取り組まれている代表的な都市緑化手法である（**図9.6**）．壁面緑化では，最近では様々な植物を複合して立体的に緑化する複合植栽型の壁面緑化の施工事例が都市部を中心に増加している（**図9.5**）．

図9.4 駅ビルの屋上緑化（2015年撮影）

図9.5 商業施設における壁面緑化（2015年撮影）

(c) **街路樹による環境緑化**

　我々の身近にある都市緑化手法の一つに**街路樹**（street tree）がある（**図9.7**）．街路樹に利用される樹木は，一年中緑の葉が生い茂った**常緑樹**（evergreen tree）と，一年を通じて落葉をする**落葉樹**（deciduous tree）がある．大阪府を例にすると，街路樹として高木が約5万4千本，中木が約3万2千本，低木が約32ha使用されており，主な樹種として，イチョウ（約9万6千本），ケヤキ（約7万7千本），トウカエデ（約6万3千本），クスノキ（約5万5千本），カイヅカイブキ（約3万7千本）などが挙げられる（大阪府，2016）．

　都市部における街路樹は，街路を利用する人々に対して四季を通じて様々

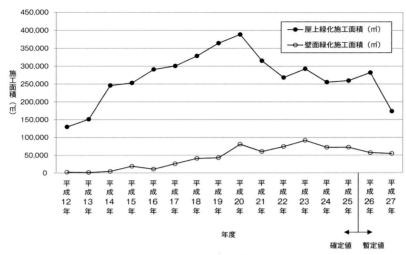

図 9.6 屋上緑化および壁面緑化施工面積の推移（国土交通省，2016 より作成）

な役割を担っている．落葉樹においては，春には新緑が茂ることで春の訪れを知らせ，夏には強い日差しを遮るための緑陰を形成し，植物の蒸散作用と相まってヒートアイランド現象で暑くなった街路空間の微気象を調整し，秋には紅葉して秋の訪れを感じさせ，冬には落葉して太陽の光を浴びることができ，暖かな空間を作り出してくれる．また，街路樹の種類にかかわらず，無機的な都市空間に樹木が街路に存在することで，都市空間を秩序立て，車道

図 9.7 御堂筋のイチョウの街路樹（2014 年撮影）

9．ランドスケープと環境緑化　*237*

と歩道を遮ることで騒音や大気汚染物質の飛散の軽減や吸着，野鳥や昆虫などの様々な生物の生息場所としてなど，様々な役割を担っている．

　都市部における街路樹の植栽環境は，森林などの環境とは大きく異なり，地上部においては電柱やビルの看板，アスファルト舗装など，地下部においては配管や地下空間など，物理的な環境としての様々な制約が存在している．そのため，街路樹は常に様々なストレスにさらされている．街路樹の植栽環境において大切な部分の一つに植樹枡がある（**図9.8**）．現在，様々な都市において，限られた土壌環境が要因となり，街路樹の根が地上部に上がり，植樹枡や歩道舗装を破壊する根上がりという現象が発生し問題となっている（**図9.9**）．根上がりが発生することで，歩道設備が損傷するだけではなく，歩道を利用する際に段差があることで，安全面での課題が発生している．根上がりを防ぐ造園施工技術も開発されているが，現在発生している根上がりを防ぐための対策や街路樹の更新には，街路工事も伴うため，コストの面でもなかなか対策が進んでいないのが現実である．また，植樹枡およびその周辺は公共空間であるが，近隣の住居の方々を中心に，半公共空間として勝手花壇として利用するなど，様々な事例が存在している（**図9.10**）．

　街路樹の根上がりに関する研究として，瀬古ら（2015）が行った京都市における街路樹の根上がりと植樹桝，舗装，日照条件との関係についての研究では，イチョウやトウカエデでは樹木の幹の周囲長が大きくなるほど根上がりが生じる割合が高くなる（イチョウは幹の周囲長90cmまで）ことが明らかとなっており，樹木の樹種（高木・中高木・低木）や根圏部の生育特性によっても異なると考えられるが，樹齢が古く幹の周囲長が大きくなった樹木ほど，根上がりが発生する可能性が高くなることが明らかになった．また，瀬古ら（2015）が行った京都市都市部における街路樹の根上がりに対する市民と造園事業者の課題認識についての研究では，根上がりが発生した街路について，市民および造園業者は，歩道環境の安全面での改善が必要であるという点で共通認識があり，市民は人の利用空間を前提として安全面に関する課題を認識し，造園業者は樹木の維持管理を前提として，歩行者への配慮や狭小な植栽空間に関する課題を認識していることを明らかにしている．

図 9.8　街路樹の植樹枡（2016 年撮影）

図 9.9　クスノキの根上がり（2016 年撮影）

図 9.10　植樹枡における勝手花壇（2016 年撮影）

9．ランドスケープと環境緑化

以上のことから，街路樹の根上がりの問題は，街路樹の生育環境の問題だけでは無く，街路空間を利用する市民の課題としても認識する必要がある．街路樹の維持管理においては，病害虫の駆除や枝葉の剪定管理などに加えて，根上がりに対する対策も求められると考えられる．

(d) **立面緑化による都市緑化**

都市緑化手法の一つに**壁面緑化**がある．壁面緑化は主としてビルなどの建物の壁面につる植物を這わせる手法が多くとられている（**図9.11**）．一方で，我々の身近な生活環境においては，戸建て住宅において，コンクリートブロック塀をヘデラやキヅタなどのつる植物で被覆している事例を多数見かけることができる．

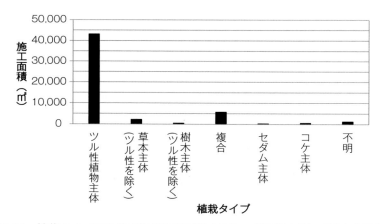

図9.11 植栽タイプ別の壁面緑化施工面積（平成27年度暫定値），（国土交通省，2016より作成）

このような緑化を立面緑化と定義し，岡田ら（2006）は，京都市内の戸建て住宅で実施されている立面緑化の実態を調査した．調査の結果，立面緑化の利用場面では街路沿い，アプローチ，駐車場，川沿いの4タイプを見いだし，利用形態は外構およびファサードの2種類であり，詳細に分類した結果，222

事例から塀やフェンス，住宅の壁面などを活用した様々なタイプの計33種類の利用形態を見いだした（岡田ら，2006）．また，立面緑化の利用植物，利用形態および利用場面の組み合わせを分析した結果，植物の登攀形態を生かした登攀および下垂といった緑化形態を採用し，立面資材の素材や形状などの特性を考慮して立面緑化が実施されていることが明らかになった（岡田ら，2006）．また，岡田ら（2005）は京都市内の戸建て住宅で実施されている立面緑化の管理実態と住民の意識に関する調査を行い，住民の多くが立面緑化に積極的に取り組んでおり，植物の知識や立面緑化の問題点を理解し，維持管理作業を通じてそれらを克服していることを明らかにした．また，植物の好みや癒やし効果への期待だけでなく，住まいのイメージアップや壁面や塀，フェンスを装飾することを主な目的の一つとして立面緑化を行っていると推察された（岡田ら，2005）．さらに，街の景観との調和を考慮している住民は多くなかったが，自宅の立面緑化が近隣住民や通行人から評価されており，街の景観の向上に寄与していると判断していることを明らかにした（岡田ら，2005）．

　以上のことから，身近な生活環境である戸建て住宅における立面緑化を例にとっても，都市部の住宅街における都市緑化として重要な役割を担っており，これらの緑化を通じて，住民の緑化に対する意識を高めるとともに，街並み景観の向上や近隣住民とのコミュニケーションの場となるなど，様々な相乗効果があることがわかる．

9.3　環境緑化と園芸

(a)　園芸とは

　戸建て住宅の庭における園芸や集合住宅のベランダにおけるベランダ園芸など，我々の身近な生活環境において，人と植物が関わりを持つ行為として園芸がある．これらの園芸は，家庭園芸や趣味園芸の一部とされ，一般的には**ガーデニング**（gardening）などと呼ばれることもある．**園芸**（horticulture）の語源は，ラテン語のhortus（囲い）とcultura（栽培管理）から来ていると言

われている．**農業**（agriculture）とほぼ同じ意味として，生産園芸という概念もある．園芸とは，一般的には野菜や果物などの植物の栽培を意味する生産園芸と，観賞用植物などの栽培や庭づくりを意味する鑑賞園芸として定義されている．すなわち，**園芸学**（horticulture）の分野では，園芸は生産園芸（果樹園芸，蔬菜園芸，花卉園芸など），鑑賞園芸（盆栽，生け花，フラワーアレンジメントなど），家庭園芸や趣味園芸などのガーデニング，庭いじりなどの造園に分類されている．

環境緑化と園芸の関わりとしては，公園の花壇や街路における植木鉢やプランターなどのコンテナを利用した園芸活動を通じて，植物を育てる喜びを感じるだけではなく，市民の方々が直接都市緑化に関わることができ，さらに園芸活動を通じて地域のコミュニティーを生み出している．（**図9.12**，**図9.13**）．また，近年では室内植物が注目され，苔玉や多肉植物などの観葉植物や，テラリウムなどのインテリア雑貨が室内緑化として人気となっている．

市民の方々が環境緑化に取り組む最も身近なものとして，公園における花壇の維持管理作業や街路や家庭におけるガーデニングなどの園芸活動の普及が大切であると言える．

(b) **園芸植物の名称**

園芸学や造園学の分野で利用される植物は多種多様であり，さらに様々な園芸品種が存在することから，正確な植物名を理解することがとても大切となる．日本で一般的に園芸店や花屋，ホームセンターなどで流通している植物の名称には和名が用いられているが，生産業者によって様々な別名が記載されていることも多く，様々な名称が流通名として混在しているのが現状である．したがって，実際の名称とは異なる名称で植物が販売・使用されている事例が散見される．そのため，植物の名称を正確に把握するためには，和名だけではなく**学名**（scientific name）を理解する必要がある．植物の苗や種子が流通する際には，一般的には和名に加えて，科名や属名が掲載されることがある．これらに加えて，学名が掲載されることで，植物名を正確に把握することができる．また，学名は世界共通の名称であることから，学名を理

図9.12 コンテナ園芸（2015年撮影）

図9.13 コンテナ園芸による環境緑化（2016年撮影）

解することで世界中の植物名を理解することができる．

　学名とは，国際植物命名規約に基づいて植物に命名される世界共通の名前で，スウェーデンの植物学者であるカール・フォン・リンネが1735年に著書『自然の体系』で提唱した**二名法**（binomial name）と呼ばれる方式で表記される．二名法とは，ラテン語のイタリック体（斜体）で表記され，「属名」+「種小名」で表記される．「種小名」の後には「命名者名」を記載することになっているが，省略されることが多い（**表9.2**）．

　学名のルールについて，ヒマワリを例に取ると，ヒマワリの属名 *Helianthus* の頭文字を大文字にしてラテン語（イタリック体）で記載し，続けて種小名 *annuus* をイタリック体で記載し，最後に命名者L.を記載する．なお，命名者

のL.はカール・フォン・リンネ（Carl von Linne）の省略形であり，省略形の命名者には最後に必ずピリオドをつける．以上のことが学名のルールの基本となるが，実際にはより詳細なルールがある．

また，学名は分類学をもとにできており，日本の植物分類学では，これまで新エングラーの分類体系やクロンキストの分類体系が使われてきたが，近年はAPG（angiosperm phyrogeny group）分類体系が主流となっており，APG Ⅰ（1998），APG Ⅱ（2003），およびAPG Ⅲ（2009）がある．

なお，植物の正確な名称を調べるには，植物図鑑などの信頼できる図鑑から調べることが望ましい（スタンダード版AGP牧野植物図鑑Ⅰ〔ソテツ科～オトギリソウ科〕（邑田，2014）およびスタンダード版AGP牧野植物図鑑Ⅱ〔フウロソウ科～セリ科〕（邑田，2015）等がある）．ただし，近年は，Ylist（米倉ら，2003）などのインターネットのサイトでも植物の正確な名称を検索することができる．

表9.2 植物の学名の一例

和名	別名	科名	属名	学名
ヒマワリ	ヒグルマ，テンガイバナ，ニチリンソウ	キク科	ヒマワリ属	*Helianthus annuus* L.
アサガオ	コアサガオ	ヒルガオ科	サツマイモ属	*Ipomoea nil* (L.) Roth
イチョウ	銀杏	イチョウ科	イチョウ属	*Ginkgo biloba* L.
ケヤキ	ツキ，タイワンゲヤキ	ニレ科	ケヤキ属	*Zelkova serrata* (Thunb.) Makino

(c) **園芸植物の多面的機能について**

園芸には果樹園芸や蔬菜園芸，花卉園芸などの生産園芸としての大規模な農業と同類のものから，ガーデニングや家庭園芸などの趣味園芸レベルのものまで様々なものがある．その中でも特に，ガーデニングなどの家庭園芸では，植物を栽培するだけではなく，観葉植物などの観賞植物としての利用を目的とするものが多く，これは，園芸が持つ多面的な機能に由来していると考えられる．

野菜や果物などの植物を栽培し収穫物を食べるという一連の園芸活動だけ

ではなく，植物を育てる喜びや，植物を維持管理する難しさなど，植物を育てるという行為そのものが，植物を介して人々の生活に様々な影響を与えている．

また，植物の姿形や色とりどりの花，様々な香りなど，五感を刺激する草花が花壇に植えられることによって，花壇を鑑賞する人々に視覚的な美観や心理的な安らぎなど，様々な身体的・心理的効果をもたらすと言われている．以上のような，園芸活動の多面的な機能の活用する分野として，**園芸療法**（horticultural therapy）や**園芸福祉**（horticultural well-being）がある．

園芸療法とは，植物介在療法と呼ばれ，病院や福祉施設などにおいて，利用者の心身のリハビリテーションや心の癒やしを目的に，作業療法のプログラムの一つとして，植物を栽培したり観賞したりする園芸活動を園芸療法士や医療・福祉関係者が利用者とともに実践している．また，園芸福祉とは，植物を介して人と人がコミュニケーションを促進したり，園芸作業という共同作業を通して社会参加を促進する活動で，福祉施設や地域活動として，野菜を栽培したり，収穫物を利用して収穫祭を開催するなど，園芸福祉士や地域の園芸ボランティアが中心となって園芸活動に取り組んでいる．これらの分野は，**社会園芸学**（social horticulture）とも呼ばれ，現在では園芸学の分野の中でも重要な一分野となっている．

園芸と環境緑化の関わりがある場所としては，戸建て住宅における庭や軒先園芸，集合住宅におけるベランダ園芸，街路樹植樹枡における勝手花壇，市民花壇，市民農園，オープンガーデンなど様々なものがある．

以上のように，環境緑化を理解するためには，造園学だけではなく，園芸学に関する知識も深め，身近な生活環境における人と植物の関わりについて理解した上で，造園学の専門分野である計画・設計力（デザイン力），施工技術，管理技術（植物栽培など）についての知識と技術を身につけることが重要である．

課　題

1. 都市環境問題を3つ取り上げ，地球環境に及ぼす影響について述べなさい．
2. 都市環境問題を3つ取り上げ，それらの問題を緩和する環境緑化について述べなさい．
3. 身近にある都市公園を5つ取り上げ，公園の名称や住所，種類や面積などの情報を収集し，一覧表を作成しなさい．
4. 街路樹の街路における微気象調整機能について説明しなさい．
5. 身近な生活環境における園芸活動を3つ取り上げ，それぞれについて説明しなさい．

文献

邑田仁監修（2014）スタンダード版AGP牧野植物図鑑Ⅰ〔ソテツ科～オトギリソウ科〕．北隆社．

邑田仁監修（2015）スタンダード版AGP牧野植物図鑑Ⅱ〔フウロソウ科～セリ科〕．北隆社．

日本造園学会編（1996）ランドスケープの展開（ランドスケープ大系第1巻）．技報堂出版．

日本造園学会編（1998a）ランドスケープの計画（ランドスケープ大系第2巻）．技報堂出版．

日本造園学会編（1998b）ランドスケープデザイン（ランドスケープ大系第3巻）．技報堂出版．

日本造園学会編（1998c）ランドスケープと緑化（ランドスケープ大系第4巻）．技報堂出版．

日本造園学会編（1999）ランドスケープエコロジー（ランドスケープ大系第5巻）．技報堂出版．

日本緑化工学会編（1990）緑化技術用語辞典．山海堂．

岡田準人・山﨑美幸・下村孝・深町加津枝（2006）京都市内の戸建て住宅で実施されている立面緑化の実態．ランドスケープ研究，69(5), 795-798．

岡田準人・山﨑美幸・下村孝（2005）京都市内の戸建て住宅で実施されている立面緑化の管理実態と住民の意識．ランドスケープ研究，68(5), 883-888．

瀬古祥子・福井亘・水島真（2015）京都市における街路樹の根上がりと植樹桝，舗装，日照条件との関係について．ランドスケープ研究，78(5), 501-504.

瀬古祥子・福井亘・濱田佳奈（2015）京都市都市部における街路樹の根上がりに対する市民と造園事業者の課題認識について．ランドスケープ研究（オンライン論文集），9(0), 7-10.

高橋理喜男・渡辺達三・勝野武彦・井手久登・亀山章・輿水肇（1986）造園学．朝倉書店．

田村剛（1925）造園学概論．成美堂書店．

東京農業大学造園学科編（2011）造園用語辞典第3版．彰国社．

上原敬二（1924）造園学汎論．林泉社．

参照URL

国土交通省（2016）平成26年度末都市公園等整備及び緑地保全・緑化の取組の現況（速報値）について

http://www.mlit.go.jp/report/press/toshi10_hh_000211.html（2016年10月閲覧）

国土交通省：国土交通省都市局公園緑地・景観課

http://www.mlit.go.jp/crd/park/shisaku/ryokuchi/gaiyou/index.html（2016年10月閲覧）

国土交通省：みどりの政策の現状と課題

http://www.mlit.go.jp/singikai/infra/city.../city.../shiryou06.pdf（2016年10月閲覧）

国土交通省（2015）都道府県別一人当たり都市公園等整備現況

http://www.mlit.go.jp/crd/park/joho/database/t_kouen/pdf/04_h26.xls（2016年10月閲覧）

国土交通省（2016）平成27年全国屋上・壁面緑化施工実績等調査結果

http://www.mlit.go.jp/report/press/toshi10_hh_000230.html（2016年12月閲覧）

大阪府（2016）大阪府の街路樹について

http://www.pref.osaka.lg.jp/koen/jigyou/roadsidetree.html（2016年12月閲覧）

林野庁（2012）都道府県別森林率・人工林率（2012年3月31日現在）

http://www.rinya.maff.go.jp/j/keikaku/genkyou/h24/1.html（2016年12月閲覧）

米倉浩司・梶田忠（2003）BG Plants 和名－学名インデックス（YList）

http://ylist.info（2016年12月閲覧）

桂離宮と銀閣寺は,「月」と「陰」をつかさどる

金澤成保

　朝廷,天皇が政治をつかさどる処.古代中国では,天子が生活し政治を行うところを「朝」といい,国都を造営する時は,中央に王宮を置き,南に「朝」,北に市を設けた.同族の王室を「王朝」と「朝」をつけて表すのもここに由来する.すなわち,太陽の日差しが盛んになる方位と時間をつかさどるのが天子・天皇であった.これは「天子南面」の方位の概念にも符合する.朝廷では実際,朝に執務が行われていた.10世紀半ばの公家の日記によれば,午前3時に大内裏・内裏の門鼓が打たれ小門が開門,6時半に大門が開かれこの時間に主な公家が出勤した.勤務は午前中のみで,10時ごろ帰宅して昼食を取ったといわれる.

図1　桂離宮（古書院と中書院）（https://kotobank.jp/word/桂離宮-45424）

天皇が朝・昼の「陽」をつかさどるとしたら，隠居・隠棲する者は，夕・夜の「陰」をつかさどることになる．桂離宮は，もともと"観月"の名所として貴族の別荘地にもなった桂川西岸にあり，政治的な実権をもたない親王・皇族が夕・夜の「陰」をつかさどり「観月」をするための装置としての役割もあったと考えられる．

　そのことを表すのが，回遊式庭園と池を前に，古書院の広縁から張り出した竹縁「月見台」で，桂離宮の優れた景観を愛でる最高の場である．ドイツの建築家ブルーノ・タウトは桂離宮の簡素な美を絶賛し，その知名度を国際的に高めたことで知られる．「月見台」から庭園を鑑賞したタウトは，その時の感興を「ここに繰りひろげられている美は理解を絶する美，すなわち偉大な芸術のもつ美である．すぐれた芸術品に接するとき，涙はおのずから眼に溢れる」と表現している．月見は，本来，水面に移った月を愛でるもので，平安貴族らは月を直接見ることをせず，杯や池にそれを映して楽しんだという．したがって，前面の池は，舟遊びや庭園の造形のためだけではなく，月を映す装置としても必要不可欠であった．桂離宮の茶室である「月波楼」の名前は，そのことを表していると思われ，白居易の『西湖詩』の「月点波心一顆珠」（月は波心に点じ一顆（ひとつぶ）の珠）という句に由来する．

図2　桂離宮（月見台）(http://www.kikuyou.or.jp/gosyo_rikyu/katsura-rikyu.html)

図3　銀閣寺（観音殿）（http://kyoto.gp1st.com/350/ent158.html）

　将軍職を譲り隠棲した足利義政が造営した銀閣寺もやはり「観月」の館であったことが明らかにされた（NHKのテレビ番組，ワンダー×ワンダー）．「金」が「陽」である太陽を表すのに対し，「銀」は「陰」である月を表す．銀閣寺は，祖父義満が建てた金閣寺と「対」をなす訳である．銀閣寺はまさに「月待山」から月が昇るのを見る位置にあり，観音殿が面する「錦鏡池」には月型の石があるが，銀閣寺建立の仲秋の名月には，月の光がこの石と重なるそうだ．白壁に混ぜられたミョウバンが，月の光に反射してキラキラ光ったことであろう．

第4部

持続可能なまちづくり

10. 都市計画とGIS　　　　　　　　吉川耕司

コラム　人々の意識が及ぼす環境問題の解決
　　　　方策への影響
　　　　― 都市交通問題を例に　　　塚本直幸

11. 緑のまちづくり　　　　　　　田中みさ子

12. ごみと資源の新しいルール
　　　　　　　　　　　　　　　　　花嶋温子

13. 環境の認識と評価をふまえた対策
　　のあり方　　　　　　　　　　石原　肇

10 都市計画とGIS

吉川耕司

　環境サイエンスを学ぶにあたっては，まず身の回りの環境がどのような発想と方法でつくられてきたかを基礎知識として持っておく必要がある．また，環境に関わる技術や取り組みの「場」は都市・地域であり，多くは「計画行為」をもって実現に向かうことから都市計画はこの分野にとって重要な要素となる．

　さて，都市計画はいわば「何をどこに配置するか」を決めるものであり，必然的に空間を扱う．そこで，情報を空間的に集約し，空間的な分析を行うことができるGISは，計画の合理化，最適化のための有力なツールとなる．

　このように両者は深い関連を持つことから，同じ章でまとめて扱うこととした．

　以下では，10.1において，「都市計画」と「GIS」が学問領域の性格として学際的なものであること，さらに，環境分野の学びにおける重要性を述べる．次に，10.2〜10.5においては「都市計画」の領域を中心に，環境と都市のかかわり，都市計画の制度，環境まちづくりの諸相，都市分析手法といった都市計画関連の知識および手法を解説する．そして，10.6および10.7では「GIS」の領域を中心に，初学者に必要な基礎知識と，実際の分析事例を紹介する．最後の10.8はまとめの節である．

10.1　都市計画・GISと環境サイエンス

　従来,都市計画は工学部の土木系や建築系の学科で扱われてきたが,都市を対象とするゆえ,自然科学やテクノロジーに関わる多くの分野とは研究アプローチが少し異なり,またいわゆるフィジカルプラン(物的計画)だけでなく,その前提として人の意識や行動,法制度や財源,費用便益および経済価値,意思決定と評価の手法,さらには景観に代表される感性の領域までも範疇とすることから,むしろ社会工学的な色彩が強い.

　一方,GISは「地理情報システム」と訳されるとおり,狭義にはソフトウェア工学,すなわち情報技術に関わる分野となるが,主に地図データを扱うことから地理学分野の主導により発展し,これに測量分野や計測機器分野を巻き込んで,今ではかなりの程度,学際的な学問領域となっている.

　もとより,環境サイエンスは学際的な性格を持つが,この両者は「事象を科学的・分析的に取り扱う」といった側面からは間違いなく「科学(=サイエンス)」であるものの,上記のようにそれ自体がまた学際的であり,いわゆる「ソフト理系」的な性格付けとなろう.

　そして,環境を扱う際の都市計画やGIS分野の重要性は極めて大きい.

　まず都市計画については,一つめの理由はその対象である.環境問題の多くは都市化が主要因であり,また,都市が環境負荷の主な発生源である.人類社会が持続可能であるためには環境に配慮したまちづくりを絶え間なく行っていく必要があり,この「まち(=都市)」を扱うからである.二つめには,自然科学の研究者が環境課題やそのメカニズムを調査・分析により定量し,技術者が環境負荷の小さな機器や処理方式を開発したとして,それを実際の社会(都市)に適用する枢要な役割を担うのが都市計画の仕事だからである.

　次に,GISについては,環境に関わる事象のほとんどが空間的に分布し,また空間的な相互作用を持つことを考えてみれば,GIS(およびその関連技術である空間分析手法)は,環境情報の取得,蓄積,分析,評価,提示といったあらゆるフェイズにおいて,欠かすことのできない重要なツールであることが理解できよう.さらに,CG技術等も合わせて合意形成のためにも用いる

ことができ，まさに環境創造戦略ツールであるということもできる（吉川，1992b）．

10.2 「環境」と都市のかかわり

「地球環境」，「自然環境」といった（狭義の）環境概念に限定したとしても，本章で扱う都市計画の対象である「都市」との関わりは大きい．都市は自然環境を改変してつくられ発展してきた経緯を持つ．そして，産業革命を経て，世界の人口が急速に増加し，エネルギー多消費型の産業構造や生活様式により，地球温暖化やオゾン層破壊といった地球環境問題の顕在化に至ったが，その環境負荷量は，人口や産業活動が集中している都市において必然的に大きくなる．

わが国の歴史を振り返ってみても，都市への人口集中に伴って環境問題が発生してきたことがわかる．1960年代の高度成長期において重化学工業が大きく発展した結果，エネルギー消費量と汚染物質の排出量が飛躍的に増加した．経済の急速な発展が環境の急速な悪化をもたらしたわけである．四大公害病をはじめ，全国各地の公害は大きな社会問題となった．1970年代の石油危機を契機に産業部門の省エネルギー化は進んだが，今度は，都市への人口集中に伴う環境問題が顕在化した．大気汚染，水質汚染，騒音，振動，地盤沈下，廃棄物，日照不足，水不足，緑や水面の減少などである．また，都市周辺部での無秩序な宅地開発（**スプロール**）が進行し，身近な自然が失われたのも1980年代にかけてである．1990年に入り，廃棄物のリサイクルが注目されるとともに，地球環境問題が叫ばれるようになり，1997年の地球温暖化防止京都会議（COP3）では，先進国の二酸化炭素排出量の削減目標を定めた京都議定書が採択された（都市環境学教材編集委員会（2016）など）．これは，2015年末の気候変動枠組条約第21回締約国会議（COP21）によるパリ協定の採択につながっている．ここで，先進国には総量ベースの削減目標の設定が求められている．わが国における二酸化炭素排出量の総量のうち，都市における社会経済活動に起因すると考えられる3部門（家庭部門，オフィスや商業等の業務部門及び自動車・鉄道等の運輸部門）における排出量が全体の約

5割を占め，また4割程度が市街化区域等から排出されている（国土交通省，2016）ことを考えれば，都市における重点的な対策が急務であるといえる．

ところで，「都市環境」という言葉がある．これこそ，環境と都市のかかわりを表すものだろう．「主体を取り巻くものすべて」といった本来の環境の定義に戻って考えると，節の冒頭で述べた狭義の環境概念から広がり，「利便性，快適性等の住みやすさを作り上げていく創出的環境及び大気，水，緑等といった自然的環境という2つの環境の概念からなる」（建設省，1994）ものが都市環境であると言える．これは，建設省（現・国土交通省）による市町村の都市環境計画の策定を促す通達の文言であるが，計画の理念には，環境負荷の軽減にとどまらず，自然との共生，さらにはアメニティの創出までもが含まれており，これらは，都市計画全体の理念や目的とほとんど相違がないことに気づかされる．個々の計画においてその配慮に濃淡はあろうものの，現在における都市計画の目的は，「環境共生型であり，かつ質の高い都市の実現を図る」ことであり，都市計画と都市環境計画は表裏一体であると言っても過言ではない．その意味で，次節以降の都市計画に関わる記述において，特段に「環境」との語句を添えないが，環境に関わる計画のしくみが説明されていると読み取って頂きたい．

なお，「都市」と「環境」のかかわりをベースとして書かれた教科書・参考書として，先述の都市環境学教材編集委員会（2016），大貝・青木ほか（2013），さらには筆者も著者のひとりである仲上・中川（1994）を紹介しておく．

10.3　わが国における都市計画のしくみ

古くは四大河川文明の時代から，道路や水道・下水道といった公共施設が計画され整備されてきた．都市の構築において計画がなされることは必然であると言ってよい．日本でも，平安京においては幅85mの朱雀大路が南北を貫き，その東西に碁盤目状に整然と街区割りがなされたことはご存じの通りである．こうした都市計画の歴史は日端（2008）に詳しい．

では，現在の日本においては，都市の計画は誰がどのように行っているの

だろうか.

基本的には国が国土計画や地域計画といった,いわゆる「上位計画」を定め,関連する法制度を必要に応じて整備したうえで,地方自治体が,まちづくりの方針や条例を定めて具体的な「計画行為」を行っている.以下,その仕組みを見ていこう.具体的な状況の図示には,筆者の大学の位置する大阪府,あるいは大東市の例を用いることにする.

(a) **都市計画区域とマスタープラン**

都市計画の全体方針を定めるマスタープランには,都道府県がつくる「整備,開発及び保全の方針」と,市町村ごとに作成する「市町村の都市計画に関する基本的な方針」(市町村マスタープラン)がある.このうち前者は,**都市計画区域**ごとに作成される.都市計画区域は,「一体の都市として総合的に整備し,開発し,及び保全する必要がある区域」に指定され,たとえば大阪府では全域が,**図10.1**のように4区域指定されている.日本全国では平成26年時点において,区域の指定面積は国土の27.0%であるが,人口割合では93.5%となる(国土交通省,2014をもとに算定).都市計画関連の主要な法律である**都市計画法**は,この都市計画区域内でのみ適用されることに注意が必要である.なお,市町村マスタープランについては,多くの場合,その概要版が役所窓口で配布されており,入手されることをお勧めする.

(b) **都市計画の構成**

マスタープランを受けた具体的な計画は,**図10.2**に示した通り,土地利用,都市施設,市街地開発事業に関わるものに分類できる.

図10.1 大阪府の都市計画区域 (大阪府,2010)

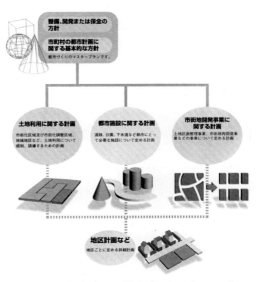

図10.2 都市計画の構成（中津川市, 1996）

1つめの「土地利用」に関しては，まずスプロール防止をねらいとして，都市計画区域が**市街化区域**（すでに市街地を形成している区域および10年以内に優先的かつ計画的に市街化を図るべき区域）と**市街化調整区域**（乱開発を防止して市街化を抑制すべき区域）に区分される（「線引き」という）．次に，土地利用の用途を適切なものとする仕組みとして地域地区制がある．ゾーニングによる「規制・誘導」の方法である．**表10.1**に示すような地域地区が必要に応じて指定されるが，市街化区域においては，このうち少なくとも**用途地域**が定められ，それぞれの地域に建築物の用途制限が**表10.2**のようにかかる．一方，防災上や環境上の理由から建物が過度に密集することを避けるため，建築物には**建ぺい率**（敷地面積に対する建築面積の割合），**容積率**（敷地面積に対する延床面積の割合），**斜線制限**（道路斜線や北側斜線など）といった形態制限も用途地域の種類に応じて定められている．

2つめの「都市施設」とは，道路，公園や下水道といった都市基盤（**インフ**

表10.1　地域地区の種類（都市計画法第七条より抜粋）

用途地域	臨港地区
特別用途地区	歴史的風土特別保存地区
高度地区・高度利用地区	第一種・第二種歴史的風土保存地区
特定街区	緑地保全地域・特別緑地保全地区・緑化地域
防火地域・準防火地域	流通業務地区
景観地区	生産緑地地区
風致地区	伝統的建造物群保存地区
駐車場整備地区	航空機騒音障害防止（特別）地区

表10.2　用途地域内の建築物の用途制限（国土交通省，2009）

例　示	第一種低層住居専用地域	第二種低層住居専用地域	第一種中高層住居専用地域	第二種中高層住居専用地域	第一種住居地域	第二種住居地域	準住居地域	近隣商業地域	商業地域	準工業地域	工業地域	工業専用地域	用途地域の指定のない地域（市街化調整区域を除く）
住宅，小規模の兼用住宅												■	
幼稚園，小・中・高等学校											■	■	
神社，寺院，教会，診療所													
病院，大学	■	■									■	■	
2階以下かつ床面積150㎡以内の店舗，飲食店（※を除く）	■											●	●
2階以下かつ床面積500㎡以内の店舗，飲食店（※を除く）	■	■										●	●
上記以外の物販販売業を営む店舗，飲食店（※を除く）	■	■	■	☆	★								
上記以外の事務所	■	■	■	☆	★								
ホテル，旅館	■	■	■	■	★							■	
カラオケボックス（※を除く）	■	■	■	■	■								
劇場，映画館（※を除く）	■	■	■	■	■	■		◇			■	■	
※劇場，映画館，店舗，飲食店，遊技場等で，その用途に供する部分の床面積の合計が10,000㎡を超えるもの	■	■	■	■	■	■	■				■	■	■
キャバレー・ナイトクラブ等	■	■	■	■	■	■	■	■				■	
2階以下かつ床面積300㎡以下の独立車庫	■	■	■	■									
倉庫業の倉庫，上記以外の独立車庫	■	■	■	■	■								
自動車修理工場	■	■	■	■	○	○	△	▲	▲				
危険性・環境悪化のおそれがやや多い工場	■	■	■	■	■	■	■	■	■				
危険性・環境悪化が大きい工場	■	■	■	■	■	■	■	■	■	■			

☆印については，3階以上又は1,500㎡を超えるものは建てられない．
★印については，3,000㎡を超えるものは建てられない．
◇印については，客席部分が200㎡以上のものは建てられない．
●印については，物販販売店舗，飲食店が建てられない．
○印については，作業場の面積が50㎡を超えるものは建てられない．
△印については，作業場の面積が150㎡を超えるものは建てられない．
▲印については，作業場の面積が300㎡を超えるものは建てられない．

ラストラクチャー)の整備を指す．公共側が受け持つこれらの施設について，どこにどれだけを配置するかが，その必要性や適切性を評価しながら計画される．特に都市内の道路は，新設するにせよ拡幅するにせよ，多くの場合，民間の土地を公の理由で買収することになるので，**都市計画道路**として都市計画決定がなされたうえで整備が実施される．また，予定地内では「堅固な建物」は原則として建築できない(建築確認が下りない)．

3つめの「市街地開発事業」の代表的なものは，**土地区画整理事業**と**市街地再開発事業**である．土地区画整理事業は「都市計画の母」ともよばれ，それぞれの土地を交換分合することで整形化し，公共施設の整備や事業費をまかなうために，地権者が一定割合で土地を拠出しあう(減歩)面的な事業である．それぞれの土地は狭くなるが，道路や公園などの都市基盤が整うことで，土地の資産価値が上がるとの考えのもと施行される．また，市街地再開発事業には第一種(権利変換方式)と第二種(用地買収方式)がある．このうち前者は，従前の土地の所有者，借地借家人それぞれの権利の大きさに応じて，再開発ビルの区分所有権(権利床)に変換する方法をとる．土地の高度利用を行って床面積を増加させ，これによって道路やオープンスペースを生み出し，増加した部分(保留床)を分譲することで事業費や補償金の多くをまかなう手法である．大阪駅前ビルはこの手法の前身である市街地改造事業により整備された．ちなみにこの近隣の梅田北貨物ヤード跡地では，近年制定された都市再生特別措置法により，グランフロント大阪として都市の再構築がなされている．

さて，**図10.2**の下部にある**地区計画**は，これまで見てきたような全国一律の制度によるものでなく，それぞれの地域特性や住民の意見をふまえたうえでまちづくりの方針をたて，細街路や公園の配置，建物の用途やデザイン等，きめ細かな制限内容を定める制度である．

なお，こうした都市計画制度は日本都市計画学会(2003)や加藤・竹内(2006)がよく参照されるが，制度の改正に注意する必要がある．また，多くある都市計画の教科書の中で谷口(2014)は，社会が変わっていく中でどう都市計画に対する考え方を変えていく必要があるか，そのヒントの提示に重点が置かれ

ているので，基礎的知識として制度を学んだ後には，ぜひ一読されたい．

(c) **都市計画図は情報の宝庫**

　こうした都市計画のしくみは，自らが住むまちの状況を知ることによって，より理解が進む．各々の自治体は**図10.3**に示すような都市計画図（用途地域図）を作成しているので入手するとよい．今ではWeb上に画像ファイル等で提供している自治体も多い．この図を見ると，「わがまち」では都市計画制度がどのように適用されているかがわかる．

　全体図によると，大東市では西側が市街化区域，東側の生駒山麓にあたる地域は市街化調整区域に線引きがなされていること，鉄道駅周辺は面的に，幹線道路の沿道は線的に商業系の用途地域（赤色系）となっていること，駅周辺と山麓部分は住居系（緑色系）であり，市域の西側と幹線道路周辺は工業系（青色系）であること等が読み取れる．

　鉄道駅周辺を拡大してみると，それぞれの地区において，円内に数字を示す形で建ぺい率（下部）と容積率（上部）が指定され，商業系地区の容積率が高くなっている．都市施設についても，太線で示される都市計画道路や，図中心部の都市計画公園に，番号と名称が記されている．斜線は準防火地域を表し，このように地域地区が重層的に指定される実態も理解できる．また，北側の駅前広場では市街地再開発事業が施行中であること，さらに，駅の南側の街区が北側に比べ整形になっていることから何らかの面的整備がなされた（実際には「住宅市街地総合整備事業」）経緯が読み取れる．

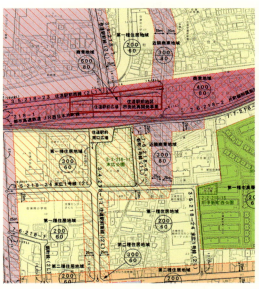

図10.3 都市計画図の例(大東市) (上)全体 (下)一部拡大 (大東市, 2016b)

10. 都市計画とGIS

(d) 都市計画のしくみを知ることの意味

　本節でここまで書かれていることは，あくまで制度の説明であるが，まちの環境について考える際には，どのような制度によって実際にまちがつくられているかを知識として持ち，対象とする地域において具体的にどのような制度が適用されているかを把握することが重要である．近年では，公務員やプランナーならずとも，まちの環境づくりに住民として主体的に関わる機会が多くなってきた．市町村マスタープランや地区計画の策定時に，住民と協働し合意形成を図りながら計画を検討する，いわゆる **PI（パブリックインボルブメント）** の一環として「まちづくりワークショップ」が開催されるケースや，住民が地域調査を行って交通バリアフリー関連の問題点をとりまとめるケース，さらには，地域の美化（アドプト・プログラムなど）や活性化のための取り組みを住民主体で行うことも多くなっており（**図10.4**），都市計画への市民参加の局面で，あるいは都市計画の知識をいかした地域のまちづくり活動への貢献を学生諸君には期待したい．ただし，こうした機会の有無にかかわらず，どのようにまちづくりがなされているかを知ることで，まちの「見方が変わる」あるいは「視点を持つ」ことになり，これまで毎日見てきたまちの風景が変わることが実感できるだろうし，新たな発見もあろう．

　さらに言えば，都市計画のしくみは，中学・高校で「公民」や「政治・経済」として学習した内容と同じく，社会人として知っておくべき，あるいは人生の重要な局面で役に立つ「世の中のしくみ」に関わる知識の一つである．我々は所得金額の10％を住民税として自治体に支払っており，その使われ方を知っておく必要があろう．**図10.5**は大東市の歳出内訳であり，このうち，まちづくりのための社会インフラの整備に使われる土木費は10.6％を占め，民生費・教育費についで多い．今後，土地を買って家を建てる際に，その場所の建ぺい率・容積率や用途制限を知らないと，「これだけの部屋数が欲しい」，「自宅の一角でお店を」とのもくろみが外れてしまう．斜線制限や公開空地といった制度も，床面積をできるだけ多くとりたいとのデベロッパー的な発想への対応である．こうしたことも，企業の行動原理を理解するきっかけになろう．

まちづくりワークショップ　交通バリアフリー調査　住民主体のまちづくりと学生の参加

図10.4　まちづくりへの住民参加の例

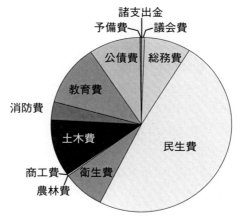

図10.5　大東市の歳出内訳　（大東市, 2016aをもとに作成）

10.4 「環境まちづくり」の諸相

　10.2においては，今では都市計画は「環境まちづくり」そのものであるとしたが，当然ながら個別の環境要素が考慮すべき項目として認識される．そして，重要なものは各々の施策・対策として独立し，政策の方向性も環境要素によって分類できる．

(a) **環境保全対策**

地域の環境を保全することが最も基本的な施策となる．これは，都市での活動や生活に伴い発生する，大気汚染，水質汚濁，土壌の汚染，騒音，振動，地盤沈下，悪臭（これらを**典型7公害**とよぶ）等の公害を防止するためのもので，①大気環境の保全，②水環境の保全，③自然環境の保全，④地盤環境の保全，⑤音環境の保全，⑥有害化学物質による環境汚染の防止，の6つに分類できる（加藤・竹内, 2006）．なお，アメリカにおいては，**ミチゲーション**の考え方を導入して，環境影響の回避・低減を優先し，どうしても影響が残る場合にのみ代償措置の検討を行うものとしている（国家環境政策法：NEPA）．

(b) **環境負荷の少ない都市環境政策**

都市からの環境負荷をできるだけ少なくするために，都市活動のあらゆる分野において資源やエネルギーの消費を少なくし，循環・効率化を図っていくことが必要となる．このための政策は，①エネルギー消費の削減策（環境負荷の少ないエネルギーの活用や省エネルギー活動の普及），②環境に配慮した交通政策（後述），③廃棄物対策（一般ゴミ減量化とリサイクルの推進や，ゼロ・エミッションの促進といった産業廃棄物対策），④健全な水の循環システム（水資源地域の環境保全，保水機能の向上，水資源の有効利用）に分類できる（加藤・竹内, 2006）．

これら具体的な項目を見れば，本書の他の章との密接な関連に気づく．土木・建設技術はもとより，水処理や廃棄物対策などの環境技術の進展を受けて，それを実際に社会に適用するための政策形成がなされ，都市計画に織り込まれることで具体的な都市のすがたとなっていく．また，環境問題の解決には環境汚染を未然に防止することが重要であり，**環境アセスメント**はこの方法として極めて有力な手段となる．さらに，**環境経済評価**は，環境の費用対効果の算定にとどまらず，環境保全を社会経済活動に内部化する方策を具現化するためにも欠かせない手法である．これらもそれぞれ，第13章，第6章に詳しい．環境サイエンスにおけるこうした分野間の連関のダイナミズムを読者諸兄が感じとってくれることを期待している．

(c) 環境に配慮した交通政策

前項の②にあたる交通政策は，都市計画の重要な一部をなす交通計画に関わるものであるため，ここでとりあげる．**図10.6**は輸送手段別のCO_2排出原単位の比較である．自動車は鉄道の十数倍にのぼることから，公共交通機関の体系的整備を図り，自動車交通からの転換を図っていくことが最も重要な施策の方向性となる．

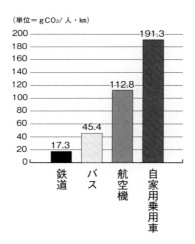

図10.6 輸送手段別CO_2排出原単位
(㈶日本環境協会, 2003をもとに作成)

近年では，**交通需要マネジメント（TDM）**の考え方が一般的となってきた．これは，モータリゼーションの時代に交通容量超過の対応策としての道路整備が「いたちごっご」となった反省から，交通需要を適切に誘導管理する方法として生まれたものであり，①自動車相乗りや共同集配，②**モーダルシフト**（パーク・アンド・ライド等も含む），③渋滞緩和のための交通情報の提供やリバーシブルレーンの設置，④フレックスタイム制などを誘導することによるピークカット，等の施策が組み合わされる．

そして当然ながら，モーダルシフトの受け皿としての公共交通機関の整備

も同時に必要となる．これまで，輸送密度の空白を埋めるための中量輸送機関としての**新交通システム**（AGTやモノレール）の導入や，バス交通の改善（ガイドウェイバスやゾーンバスシステム）が進められてきた．また，1960〜70年代には道路混雑の激化や経営悪化を主な要因として多くの路面電車が廃止されたが，近年，環境にやさしいまちづくりの装置としての役割が見直され，欧米の各都市で**LRT**（新しい路面電車システム）の再整備が進んでいる．なお，公共交通機関について考えるとき，いわゆる**交通弱者（トランスポーテーション・プア）**の存在と，誰でも自由に移動できる（フランスでは「**交通権**」と位置づけられている）ことも交通「環境」の増進と見なせること，の両者を忘れてはならない．道路を含めての**交通バリアフリー**施策も同様の発想である．

一方，自動車交通については，都心への自動車乗り入れを減らす試みが行われている．ロンドン等の**ロードプライシング**（課金制度）や北京の自動車ナンバー別走行規制は大都市特有のものであるが，**ゾーンシステム**は欧州の多くの都市で導入され，日本でもいくつかの都市で検討がなされている．これは，中心市街地をいくつかのゾーンに分け，これらの境界での車の横断を規制して一般車両の通り抜けを禁じ，各ゾーンには外周道路のみからアクセスさせる方法である．中心市街地の自動車交通量を減らすことで，**トランジットモール**等の歩行者空間の整備も可能となる（吉川ほか，1992）．

これらの交通施策は，直接的な効果としては交通混雑，交通事故，大気汚染の緩和をねらいとするものの，都心活性化と軌を一にして質の高い都市環境の創出を目指していることがわかる．このための公共交通の充実が交通計画における一大テーマとなっている（吉川，1992a；吉川ほか，1992）．また，自動車交通について考えるときのポイントは，「人とクルマの共存」，そして「おりあいの道づくり」と言えるだろう（住区内街路研究会，1989）．日本では住宅地において，こうした通過交通抑制と**コミュニティ道路（歩車共存道路）**の整備がこの目的のもとに行われてきている．

なお，交通に関して知識を深めるには，塚口ほか（2016），山中ほか（2010），天野・中川（1992）などを参考にされたい．

(d) **魅力的な都市のデザイン**

　前項の交通政策の後半あたりから，暮らしやすさ，豊かさ，さらには楽しさといった観点から，都市環境あるいは生活環境をとらえる内容にシフトさせてきた．昨今のまちづくりはまさに，ハコモノを作る発想から，都市の空間を魅力あるものにデザインしようとすることにシフトしつつある．

　交通に関して補足しても，パリ市が運営する「ヴェリブ」と名付けられたレンタサイクルにはじまる公共貸出自転車の普及と自転車利用促進のまちづくり，歩行者空間の拡充等の施策が進められている．これらは低炭素社会の実現が動機の根底にあるものの，目指すは人間的な環境の回復である．市民が集う場があり，それがまちの安心安全につながる．さらにオープンカフェや風情豊かな路地についても，日本では法制度の壁に社会実験（新たな制度・施策を導入する際に，場所と期間を限定して試行を行うこと）の実施や特例の適用で風穴を開ける形で，これらの存在を認め，活かしていこうとする機運が生じている．

　都市デザインの対象は大小さまざまである．一定の広がりを持つ地区レベルでは，水辺（**ウォーターフロント**）の再生が，時にはレンガ倉庫などのレトロな建物のリノベーションやコンバージョンを伴う形で行われ，**歴史的な街並みの保存**や，公園・緑地だけでなくオープンスペースとして全体をとらえた**ランドスケープデザイン**が進められ，街並みの景観の重要性が認識されてきた．一方，個々の施設のレベルでは，ストリートファニチャーが都市の環境装置ととらえられるようになってきた．歩道上には信号機，街路灯，それに標識，バス停にはサインやシェルター，公園にはベンチやパーゴラといったように，都市の屋外空間には多様な施設が多く存在し，それぞれの役割を果たすとともにまちの風景の一部となっている．さらには敷石・レンガ等のペイブメント舗装や，照明・ライトアップに至るまで，これらを一定のポリシーのもとにデザインをコントロールしていく取り組みが期待される．

　なお，こうした分野については中野（2012）が詳しく，ここでも参考にした．

10.5 よりよいまちをつくるための分析と評価の手法

都市計画に限らず物事を計画する際には次のようなプロセスをふむ．まず，調査・分析により課題を明確にし，これを解決するために目的と手段を明確にしたうえで，複数の代替案を作成して各々の効果を予測し評価を行って，最適なものを計画案と定め，実行することになる．ところが都市は，様々な活動主体が様々な都市活動を通じて互いに相互作用を及ぼし合う巨大で複雑，かつダイナミックなシステムであるゆえ，このプロセスは簡単ではない．そこで，複雑で込み入った現象をシステムとして扱って分析等を行う**システムズ・アナリシス（システム分析）** と呼ばれる方法が，対象の把握や分析・予測と計画案の評価等に用いられる．ここでは，筆者も著者のひとりである「図説 都市地域計画 第2版」（青山，2001）で解説されているモデル・手法の中から主要なものを抽出して整理する．

(a) 都市地域モデル

都市や地域における複雑な活動の中から，普遍的あるいは一般的な要素を抽出してモデルを構築し，これを用いて分析（や予測，評価）が行われてきた．初期においては，同心円型モデル，扇形モデル，多心型モデルといった，都市の成長または土地利用パターンを図式的に表現するモデルが提案されたが，現在では，要素間の関係を定式化して計量的に扱う数学モデルが主流となっている．以下が基礎的かつ主要なものである．

① **重力モデル**：万有引力の法則に倣って相互作用の大きさを記述するもので，例えば都市間の交通量を，二都市の人口（や他の都市規模を表す量）の積に比例し，都市間の距離の n 乗に反比例するものとして扱う．

② **人口予測モデル**：**トレンドモデル**と**コーホートモデル**がある．前者は対象都市の人口の時系列的傾向を示す直線や曲線を推定して用いるもので，仮定する関数形によって，線形，指数，ロジスティックの各成長モデルに分類できる．後者は，性別と年齢階層別に区分した人口集団（コーホート）ごとに，期首の人口に期間中の自然変動と社会変動の率を乗じて期末の人口

を推計することを繰り返すものである．

③ **交通需要予測モデル**：集計モデルとしては**四段階推計法**が代表的なものである．これは，将来の都市活動と交通網を前提条件として，発生・集中，分布，交通手段選択（分担）の順に将来OD表を予測し，最後に経路配分を行う手法である．一方，個人（世帯）の交通行動をロジットモデル等を用いて確率論的に予測し，それをOD・交通手段・経路等で集計して交通需要を推計する**非集計モデル**も考案されている（吉川，2001a）．

④ **費用便益分析**：公共プロジェクトの経済的効率性を評価するために，プロジェクトの実施に要する費用（Cost）と，発生する便益（Benefit）を，社会的割引率を用いて現在の貨幣価値に換算し，その差（B-C：純現在価値）や比（B/C：費用便益比），または内部収益率により評価を行うものである．当然ながら，プロジェクトを実施した場合（with）としない場合（without）の差異により判断される．

⑤ **便益計測のための手法**：一般に便益は計測や貨幣価値への換算に工夫が必要となる．そこで，便益は最終的には地価に帰着するとの仮説に基づいて，各地点の地価と整備水準の関係を調べ，プロジェクトによる整備水準の変化をもとに便益計測を行う**ヘドニック・アプローチ**や，評価対象の施設について，その訪問に要する費用と時間を費やしてまでも利用する価値があるか否かとの観点から評価するトラベルコスト法，プロジェクトによる環境の質の向上に対する支払意思額等をアンケート調査して分析する**CVM（仮想評価法）**といった手法が用いられている．

⑥ **シミュレーションモデル**：交通の分析には，上記のように数学モデルを解析的に解く方法は，その大規模性，複雑性からしばしば困難を伴う．そこで，モデルによって現実の事象を表現したうえで，シミュレーションを行った結果を評価して解を求める手法もとられる．これには道路ネットワークシミュレーションや，交通流のミクロシミュレーション等がある．一方，景観分野では，三次元CGを用いた景観シミュレーションが，設計や合意形成の支援に加え，景観評価や計画調整の手法としても用いられている（榊原・土橋ほか，1997；吉川，2001a；吉川，2001b）．

(b) **評価と意思決定のための手法**

　まちづくりのための課題解決や目標の達成に対しては，客観的な判断のもとで，最適な計画を定めていかなければならない．計画に限らず意思決定問題を科学的に行うために，**オペレーションズ・リサーチ (OR)** 手法が開発され発展してきており，計画分野でも活用されている．具体的な定式化手法や解法は青山 (2001) に譲り，ここでは各手法の概要のみを記す．

① **待ち行列理論**：人や物の移動の過程では，待ち行列が存在することが多い．行列的な現象に，客の到着やサービス時間の確率分布を定め，平均待ち行列長や平均待ち時間，待たずに済む確率などを算定して，施設やサービスの最適な水準を求める．

② **数理計画法**：与えられた制約条件のもとで，目的とする関数を最大化または最小化する方法 (最適化手法) であり，目的関数が線形 (一次式) であり，制約関数も線形不等式で表すことができる場合には，図式解法や代数的解法が可能な**線形計画法**が用いられる．実際の応用には，総輸送費を最小化する輸送方法を求める輸送問題や，複数のタスクを複数の担当者に割り当てるときに最適な割り当て方を求める割当問題がある．

③ **ゲーム理論**：複数の主体が競合的関係にあり，それぞれが最大の利得を追求する場合の行動を戦略ゲームととらえる．基本となるゼロサム2人ゲームにおいても，「お互いが協力する方がよりよい結果になることが分かっていても，協力しない者が利益を得る状況では互いに協力しなくなる」(**囚人のジレンマ**) といった興味深い現象が見いだせる．

④ **ネットワーク分析**：グラフ理論をもとに，交通ネットワーク等を対象に**最短経路問題**等を扱うための手法．最短経路問題の解法として**ダイクストラ法**がよく用いられる．

⑤ **PERT**：工程管理に用いられる手法であり，必要な作業間の前後関係をネットワーク的に表現したダイヤグラムを用いることで，従来のバーチャートやガントチャートでは算定できなかった，各工程の最早・最遅開始時刻や余裕時間，さらには時間的余裕のない作業や工程 (クリティカル・パス) を把握することができる．

さらに，まちを実際に計画する際には（あるいは学術上の分析のためにも），住民の意識を知るためのアンケート調査や，住民の主体的な提案を促したり合意形成を図るためのワークショップが行われる場合がある．これらに関わる手法にも以下のものがある．

⑥計量心理学的手法：人の主観や意識を定量的に把握するために，アンケート調査を行う際には，**評定尺度法**，**一対比較法**，**SD法**といった手法を想定して回答方式が設計される．なお，調査結果の分析には，統計的手法の中でも，**多変量解析手法**（判別分析，主成分分析，因子分析など）や**数量化理論**が用いられることが多い．

⑦ワークショップで用いられる手法：**ブレーンストーミング**や，まちづくりデザインゲーム，**KJ法**といった，運営やアイデア出しの方法もまちづくり手法の一つであると言える．

以上のうち特に数理的手法を理解するためには，その前提として，記述統計量，確率分布，回帰・相関分析といった統計学の基礎知識の習得が必須となる．またデータを扱う際には，その種類（質的・量的，離散・連続）と**尺度**（名義・順序・感覚・比率）の理解も必要となってくる．ただし，こうした手法を利用することで知りたい情報が得られ，そのために必要となれば，統計の学習にも目的意識が芽生え，動機付けも高まるのではないか．木下（1998）や吉川（1998a）なども参考にしながら習得を進めて欲しい．

さて，本節で示したモデルや手法は，それ自身は客観性・一般性を重視した無味乾燥なものである．環境サイエンスを学ぶ者として，要素間の関係を定式化する等の手段を用いて事象を分析的に把握しようとする，科学的で，ある意味，冷徹な「目」を養うべきことは，都市計画分野に限らず共通に求められる．しかし，得られた結果を解釈し，最適解を求めてこれを実現するための案をつくって実行するのは人間である．最終的に求められるのは血の通った制度設計や計画であることを忘れてはならない．

10.6 地理空間情報と地理情報システム

環境に関わる状況把握や分析，さらには計画づくりを行うには，空間的に分布する情報を扱うための適切な処理技法の修得が必要となる．例えば，**図10.7**の4つの事例を見てみよう．左から順に地球全体，国，都市，地域を扱っているが，どのスケールで環境を考える際にも，「地図的」な表現が不可欠であることがわかる．

地球温暖化の状況　　　日本の植生分布　　　大阪市の　　　　大東市東南部地域
（NASA GISS, 2016 を　（農林水産省, 2009）　常住人口密度　　　の整備方針図
用いて作成）　　　　　　　　　　　　　　　（大阪市, 2015）　（大東市, 2012）

図10.7　環境情報に関する主題図の例

(a) 地理空間情報とは

地図に表すことができる地物，すなわち地表面にあるありとあらゆるものは全て「位置」を有しており，位置に関する情報を持つものを地理空間情報と呼ぶ．すなわち，地理空間情報とは，空間上の特定の地点または区域の位置を示す情報（**位置情報**）とそれに関連付けられた事象に関する情報（**属性情報**），もしくは位置情報のみからなる情報をいう（吉川, 2001b）．地理空間情報には，地域における自然，災害，社会経済活動など特定のテーマについての状況を表現する土地利用図，地質図，ハザードマップ等の主題図を基本とし，都市計画図，地形図，地名情報，台帳情報，統計情報，空中写真，衛星画像等の多様な表現形式がある．なお，地図や地物に限らず，平面図上に家具の配置が書かれていたら，これも地理空間情報として扱えることになる．

⒝ **地理情報システム (GIS)**

さて，**地理情報システム** (GIS：Geographic Information System) は，地理的位置を手がかりに，位置に関する情報を持ったデータ (空間データ) を総合的に管理・加工し，視覚的に表示し，高度な分析や迅速な判断を可能にする技術である (吉川, 2001b). ただし狭義には，こうした機能を持つソフトウェアを指し，GIS を取り巻く分野の総体は**空間情報科学**と称することも多い．GIS ソフトウェアは市販のもの (ArcGIS など) は近年低価格化が進み，さらにオープンソース化された無償提供のソフトウェアも普及が進んできた (Mandara や QGIS など).

GIS を活用するには，**レイヤー構造**，**ベクタ形式**および**ラスタ形式**のデータモデル，測地系と座標系などに関する理解を進めたうえで，領域生成 (バッファリング，TIN 生成，ボロノイ分割など)，属性検索と空間検索，オーバレイ (インターセクト，ユニオン，クリップ) といった空間情報処理機能を用いて，必要に応じた情報の加工・分析を行うことになる (吉川, 1998b).

こうした空間情報科学分野は，浅見・矢野・貞広・湯田 (2015) 等が詳しいが，環境サイエンス分野での応用には，GIS ソフトウェアの演習本が，冒頭で空間情報に関する一通りの説明がなされていることもあり実用的である．橋本 (2014)，後藤・谷ほか (2013)，今木・岡安 (2015) 等を，それぞれ ArcGIS, Mandara, QGIS を使う際に参考にすればよい．

⒞ **デジタル地図の普及**

GIS の普及により，従来は紙媒体で作成・提供・保管されていた各種の地図のデジタル化が急速に進んでいる．とりわけ地方自治体は，扱う情報の 8 割程度が地理空間情報であると言われている．<u>どこに</u>どんな施設があるか (作るか)，<u>どこに</u>誰が住んでいるか，が自治体にとって重要な情報であることは容易に想像できる．警察や消防ではさらに「どこで事件・事故や火災が起きているか」が重要であることから，先駆的にデジタル地図が使われた．ときおりテレビ等で紹介される通信指令室のディスプレイに表示された地図と同種のものが，自治体でも統合型 GIS として普及しつつある．また，我々

の日常生活においても，Google Map やスマートフォンの地図アプリが馴染み深いものとなってきた．これらもデジタル地図のひとつであり，さらに経路探索や情報の入力といった簡易 GIS 機能を備えている．

(d) ベースマップの重要性

ところで，Google Map 上で各々の店が自らの店舗位置を登録した結果を，我々がお店の分布として一覧でき，その場所を把握できるのは，道路や街区，さらには駅・線路や主要建物が書かれた地図が位置マークの背景に存在し，店舗側もこれを共通に用いて登録しているからに他ならない．ここに**ベースマップ**の重要性がある．そもそも地理空間情報は，その位置情報をキーにして異なるデータを重ね合わせることで，分析等の活用がなされることから，それぞれの主体によって整備されるデータ間で位置情報の整合がとれている必要がある．

こうしたことから，各国で共通の基盤となる地図の整備が進められており，日本では**基盤地図情報**が国土地理院から提供されている．また，国土交通省からも**国土数値情報**として，地形，土地利用，公共施設などの国土に関する基礎的な情報が，多くの項目について GIS データとして提供されている．さらに総務省の「地図で見る統計（統計 GIS）」と名付けられたページでは統計情報が GIS データの形式で提供されており，基本的な統計量に関する属性データも入手することができる．

考えてみれば，我々がフィールド調査等により独自のデータを得たとしても，これだけでは白地の上に調査情報を示す点（線，面）が表示されるだけであり，その位置を把握することができない．入手可能なベースデータの在りかを知り，必要なものを GIS に取り込むスキルを身につけることが，どの分野の分析を行う際にも，第一のステップとして重要である．なお，Google Map はあくまで画像（ラスタ形式）であるが，基盤地図情報や国土数値情報はベクタ形式である（国土数値情報は一部メッシュ形式）ことから，例えば，行政界の情報を用いて調査情報を集計することが可能になる．

(e) **GISの関連分野**

　デジタル地図の時代に入っても，特に前項で述べたベースマップについては旧来の紙地図と同様に測量成果として作成されている．特に，航空写真から地図を作製する写真測量の原理は今も共通である．スマートフォンやカーナビゲーションシステムでお馴染みとなったGPSは，測量分野ではより高精度な測位を行う技術が開発されGPS測量として活用されている．また近年ではレーザー測距技術が進歩し，飛行機と地表の高度差を高密度に計測し，**数値表層モデル（DSM）**や**数値標高モデル（DEM）**に従って作られたGISデータや，標高情報を用いて航空写真の歪みを除去し，地図と同じ正射投影になるようにデジタル加工がなされた**オルソフォト**が入手可能となっている．このように，測量分野の中でも写真測量技術の進歩が著しく，**レーザースキャナ**（地上型レーザー測距儀）やこれを車載したMMS，UAV（ドローン）といった機器も普及して，通常の測量だけでなく，3Dモデリングや災害時における即時性の高い現況把握に活用されつつある．

　一方，地球環境や自然環境の保全（および気象観測）に関しては，**リモートセンシング**によるデータが活用されてきた．これは，調査対象の情報を離れた位置から直接触れることなく収集する技術の総称であるが，ここでは人工衛星による地上観測に限定する．我々には気象衛星「ひまわり」の赤外画像がお馴染みであり，地上分解能1mクラスの高分解能衛星も軍事上のトピックとして一時期話題になった．環境関連では，多くの波長を観測できる**Landsat TM画像**が有効である．波長帯（バンド）間の演算を行うことで広範囲にわたる植生の状況が図示でき，**正規化植生指標（NDVI）**が算定できる．さらに熱赤外画像は海水温の広域的把握に用いられている．

　以上の他にも，コンピュータによる幾何学問題の解法を扱う**計算幾何学**も空間情報科学の一分野であると言えるし，さらには，いわゆる地図学も，デジタル地図といえども主題図作成の手法等は紙地図と変わりないことから，関連分野に含むことができよう．

10.7 GISを活用した環境分析

これまで何度も述べているように,我々を取り巻く全てが「環境」であるとの視点に立つと,環境分析と言ってもありとあらゆるものが分析の対象となる.さらに言えば,分析の方法は対象に関わらずほぼ共通である.したがって,分析手法を習得するには,自宅や大学がある市町村域を対象とした「地域分析」を,興味ある項目について行ってみるのがよい.ここでは筆者の属する大学のある大阪府大東市を例とする.

(a) 対象市の特性を調べる

まずは大東市が,どのような特性を持ち,どのような位置づけにあるかを見てみよう.基盤地図情報からの行政区域データをベースマップとして用いて,町丁目単位のコロプレス地図を作成してみることにする.典型的な統計データとして統計GISから得た人口密度の分布を示したものが**図10.8**(a)である.また,土地利用データを国土数値情報から得たものが**図10.8**(b)である.土地利用のように行政界に依存しない対象には,こうしたメッシュ表現が適している.さらに**図10.8**(c)は,市のWebページから福祉施設の位置データを得たものである.このように,提供されている各種データを,表現方法を工夫して地図化して示すだけで,多様な都市特性を読み取ることができる.

(a) 人口密度分布　　　　(b) 土地利用　　　　(c) 福祉施設の配置

図10.8　GISによる都市特性の理解(丹羽,2016)

(b) 市域の状況を様々な視点から分析する

前項の統計データから情報項目を抽出して表現を工夫したり，空間分析を施したり，さらには独自の調査データを加えることによって，用途に応じた主題図を作成し，表形式のデータでは不可能であった地理的な見地からの分析を行うことができる．

高齢者福祉を例にすると，人口統計は通常，年齢層別に算定されているので，**図10.9**(a)のような高齢者人口のみの抽出が可能である．ちなみに量を表す統計量は区画の面積に影響を受けるので，この図ではメッシュ状に面積按分を行っている．**図10.9**(b)は生活利便性分析の一環として，コンビニエンスストアの分布図を作成したものである．元データはｉタウンページで得られた住所情報であるが，これに**アドレスマッチング**を施して座標値を得ている．また，防災リスクの観点からは，生駒山麓を有する市であるにもかかわらず西部の標高値は案外低く（**図10.9**(c)），浸水リスクの高い地域に多くの

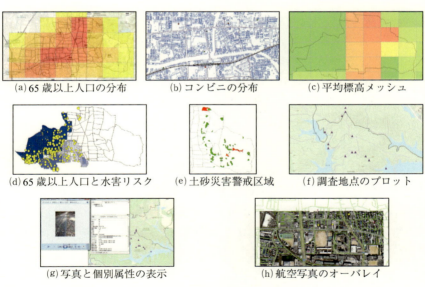

(a) 65歳以上人口の分布　　(b) コンビニの分布　　(c) 平均標高メッシュ

(d) 65歳以上人口と水害リスク　(e) 土砂災害警戒区域　(f) 調査地点のプロット

(g) 写真と個別属性の表示　　(h) 航空写真のオーバレイ

図10.9　GISを用いたさまざまな分析図（丹羽, 2016）

高齢者が住んでいる（図10.9(d)）．一方，山麓斜面に広がる居住地のすぐ近傍が土砂災害警戒区域に指定されており（図10.9(e)），両面のリスクがあることがわかる．さて，自然環境分野では現地調査が必須となることが多い．ハンディGPS等を用いると調査地点の緯度・経度が得られるので，図10.9(f)のように地図上へのプロットが可能であり，写真データもリンクできる（図10.9(g)）．ちなみにこの分野では航空写真をフィッティングしてオーバレイすることもよく行われる（図10.9(h)）．

(c) ひとつのテーマで探索的な分析を行う

学生諸君は4年生になれば，卒業研究に取り組むことになろう．この場合には，解決したい課題や明らかにしたいことが明確に定まっているはずであり，GISを利用した分析も，研究の目的を達成し，有用な知見を得るために効果的なものとすべく，探索的に行われなければならない．筆者の研究室での直近の卒業研究の例を示そう．

交通手段選択行動や交通ネットワーク形状の影響を探るための例題として，学生の通学実態を扱ったのが岡田・片山（2016）である（図10.10）．自宅所在地は，大学からの直線距離で20km圏内が8割を占めるが，40kmを超えるケースも5％あり，遠方ほど鉄道沿線に居住している割合が高く，40km超はJR神戸線，宝塚線，和歌山線のいずれかの利用者であることがわかる．利用路線数で見れば，1路線利用は，学研都市線・東西線沿線と，尼崎経由で直行可能な神戸線，宝塚線に限定され，路線数が多くなるほど当然ながら遠方となる．次に，通学に要する時間と経路距離の関係をみたところ，両者には高い相関があるが，距離が遠いほど平均速度が高くなった．これは遠方ほど，乗換時間に比べ乗車時間が相対的に長くなることが原因であろう．さらに経路距離と直線距離の関係を差および比で表し「迂回度」を調べた．例えば近鉄大阪線沿線の場合，いったん東方向に向かい，京橋で南進して鶴橋駅に行き，近鉄電車に乗り換えて東南東に向かうことになり，大学－自宅間の直線距離と経路距離には大きな開きが生じることになる．都心からの放射状ネッ

トワークの中心から，大学の所在地が離れていることで，こうした状況が生じていることがわかる．ちなみに最高値は，迂回度（差）で44.33km，迂回度（比）で3.10であった．このように，そもそも「空間を移動する」ことを扱う交通分野にはGIS利用が有効であることがわかる．

　一方，課題抽出型の防災研究として災害時避難所を扱ったのが紙透・美馬（2016）である（**図10.11**）．ここでは発災時の避難所へのアクセス性に着目した．詳細な現地調査が行われ各々の避難所のアクセス性に関する課題が抽出されたが，ここでは市域全体の空間的分析について見る．まず避難所から，200m，400m，800mのバッファを作成したところ，800mより外側，つまり徒歩にて10分でアクセスできない地域が市の周辺部に存在することが確認された．次に道路幅員データから，建物倒壊による道路閉塞リスクが急激に変化する幅員4mと8mを基準とし，4m未満の道路（赤線）と，8m超の道路（青線）を抽出した．前者は，市の北部の外環状線と高野街道に挟まれたエリアおよび山よりの傾斜地，および南西部に密集していることがわかる．さらに後者については160m，320mの線バッファを作成した．これは徒歩で2分以内または4分以内を表し，この範囲であれば，被災時に閉塞されていない道路にたどり着ける可能性が高いエリアと考えた．最後に，これまでは直線距離での扱いを行っていたので，経路距離を用いた避難所へのアクセス距離を「到達圏解析」として求めた．防災分野に限らず，課題の存在する「場所」を抽出するときにはGISが有力な武器になる．

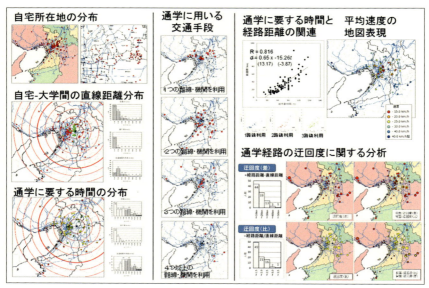

図10.10 本学学生の通学実態に関する分析（岡田・片山，2016）

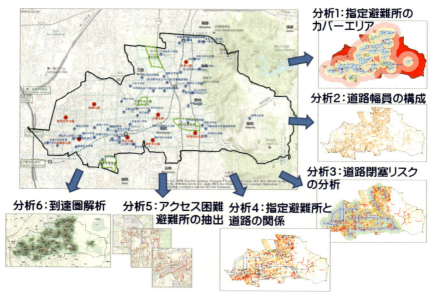

図10.11 大東市の災害時避難所へのアクセスに関する空間的分析（紙透・美馬，2016）

10.8　おわりに

　本章では，都市計画とGISが，環境サイエンスの一分野として重要な役割を果たすものであることを示してきた．ただし，両分野ともその守備範囲は広いため，限られた紙幅においては，その全体像を示すことに注力せざるを得ず，他の教科書・解説書で詳述されている内容についてはキーワードを提示することにとどめた．情報の信頼度を吟味することを怠らなければ，語句のインターネット検索は知識を広げるための有用な手段となる．これに加え，章末の文献リストで示した専門書を参照し，それぞれの分野のより深い理解を進めてもらいたい．

課　題

1. 自宅のある市町村のマスタープランと都市計画図を入手し，自宅周辺の地域別構想と用途地域を調べて見よう．
2. 自宅近辺の道路状況を，歩行者とクルマの関係や，バリアフリーに着目して調査しよう．
3. 自家用車と公共交通機関に関する個々人の選択行動を例に，利便性と環境負荷の関係を考えてみよう．
4. 環境問題に関して，モデル化を行ったり，定量的な分析・評価を行うことの社会的意義と限界を整理しよう．
5. 具体的な環境問題を1つ選び，GISを用いた分析の手順を組み立てよう．
6. 無償のGISソフトを入手し，**図10.8～10.9**を例として主題図作成を試みよう．

文献

天野光三・中川大編（1992）都市の交通を考える―より豊かなまちをめざして．技報堂出版．
青山吉隆編（2001）図説 都市地域計画 第2版．丸善．
浅見泰司・矢野桂司・貞広幸雄・湯田ミノリ編（2015）地理情報科学― GISスタンダード．古今書院．
大東市（2012）大東市都市計画に関する基本的な方針．
大東市（2016a）平成28年度一般会計算出予算書（第1表）．
後藤真太郎・谷謙二・酒井聡一・坪井塑太郎・加藤一郎（2013）MANDARAとEXCELによる市民のためのGIS講座 第3版．古今書院．
橋本雄一編（2014）四訂版 GISと地理空間情報．古今書院．
日端康雄（2008）都市計画の世界史．講談社現代新書．
今木洋大・岡安利治（2015）QGIS入門 第2版．古今書院．
紙透隆・美馬文彦（2016）大東市の災害時避難所に関する課題の抽出．大阪産業大学卒業論文（吉川耕司研究室）．
加藤晃・竹内伝史（2006）新・都市計画概論 改訂2版．共立出版．
木下栄蔵編著（1998）社会現象の統計分析―手法と実例．朝倉書店．
国土交通省（2009）みらいに向けたまちづくりのために（パンフレット）．
大貝彰・青木伸一・宮田譲（2013）都市・地域・環境概論―持続可能な社会の創造に向けて．朝倉書店．
仲上健一・中川大編（1994）環境創造と都市戦略．法律文化社．
中津川市（1996）中津川市の都市計画（パンフレット）．
日本都市計画学会（2003）実務者のための新・都市計画マニュアル（Ⅰ・Ⅱ）．丸善．
岡田聡・片山涼（2016）本学学生の通学実態に関する分析．大阪産業大学卒業論文（吉川耕司研究室）．
住区内街路研究会（1998）人と車「おりあい」の道づくり―住区内街路計画考．鹿島出版会．
榊原和彦・小谷通泰・土橋正彦・山中英生・吉川耕司（1997）都市・公共土木のCGプレゼンテーション―デザイン・コミュニケーションと合意形成のメディア．学芸出版社．
谷口守（2014）入門都市計画．森北出版．
都市環境学教材編集委員会編（2016）都市環境学 第2版．森北出版．
塚口博司・塚本直幸・日野泰雄・内田敬・小川圭一・波床正敏（2016）交通システム 第2版．オーム社．
中野恒明（2012）都市環境デザインのすすめ．学芸出版社．
日本環境協会（2003）地球温暖化対策ハンドブック地域実践編2002/2003．全国地球温暖化防止活動推進センター．

丹羽晶（2016）地理情報システムを用いた環境情報分析に関する方法論的研究．大阪産業大学卒業論文（吉川耕司研究室）．
山中英生・小谷通泰・新田保次（2010）＜改訂版＞まちづくりのための交通戦略―パッケージ・アプローチのすすめ．学芸出版社．
吉川耕司（1992a）快適な公共交通に．「都市の交通を考える―より豊かなまちをめざして」天野光三・中川大編．技報堂出版，129-170．
吉川耕司（1992b）環境創造戦略ツールとしての情報システム．「環境創造と都市戦略」仲上健一・中川大編．法律文化社，127-140．
吉川耕司・小谷通泰・谷口守（1992）交通環境の政策科学．「環境創造と都市戦略」仲上健一・中川大編．法律文化社，101-126．
吉川耕司（1998a）どの群に属するか判別する―判別分析・数量化Ⅱ類．「社会現象の統計分析―手法と実例」木下栄蔵編著．朝倉書店，103-121．
吉川耕司（1998b）地理的データを収集する．「社会現象の統計分析―手法と実例」木下栄蔵編著．朝倉書店，42-56．
吉川耕司（2001a）交通需要予測モデル・交通シミュレーションモデル．「図説 都市地域計画 第2版」青山吉隆編．丸善，128-131．
吉川耕司（2001b）地理情報システム・景観シミュレーション．「図説 都市地域計画 第2版」青山吉隆編．丸善，132-135．

参照 URL
大阪府（2010）都市計画区域の再編
　http://www.pref.osaka.lg.jp/sokei/kuikisaihen/（2016年12月閲覧）
国土交通省（2014）平成26年都市計画現況調査
　http://www.mlit.go.jp/toshi/tosiko/toshi_tosiko_tk_000008.html（2016年12月閲覧）
国土交通省（2016）CO2排出量と都市構造
　http://www.mlit.go.jp/toshi/city_plan/eco-machi-kouzou.html（2016年12月閲覧）
建設省（1994）都市環境計画の策定の推進について
　http://www.mlit.go.jp/crd/city/eco/tutatu01.html#BESSI（2016年12月閲覧）
大東市（2016b）都市計画図検索
　http://www.city.daito.lg.jp/map/index2.html（2016年12月閲覧）
大阪市（2015）まちづくりに関する基礎資料
　http://www.city.osaka.lg.jp/toshikeikaku/page/0000005277.html（2016年12月閲覧）
NASA GISS（2016）Datasets and Images > Earth Observations > GISS Surface Temperature Analysis http://www.giss.nasa.gov/（2016年12月にWebサイトの機能を利用）
農林水産省（2009）aff 特集1 にっぽんの森林
　http://www.maff.go.jp/j/pr/aff/0910/spe1_02.html（2016年12月閲覧）

人々の意識が及ぼす環境問題の解決方策への影響
―都市交通問題を例に

塚本　直幸

1．都市の交通・環境問題解決の切り札＝LRT

　LRT（Light Rail Transit）という都市交通システムがある．図1に示したようなもので，**路面電車**システムの一つであるが，モダンなデザイン，超低床のバリアフリー車両，脱自動車を目指す都市交通政策にマッチした運行形態等が特徴的である．

図1　スペイン，セビーリャのLRT（2011.9撮影）

　近年，交通渋滞，環境汚染，交通事故，中心市街地の衰退，生活環境の悪化，炭素エネルギーの大量消費など，自動車に強く依存した都市交通体系に起因した問題が発生し，脱自動車，交通面での低炭素社会への移行の機運が世界的に高まっている．その中で，路面電車の整備，復活が欧州諸都市を中

心に進んでいる．とりわけ，ドイツ，フランス，スペインを先進事例として，都心での自動車利用を規制し，歩くまちづくりを推進し，歩行補助交通としての路面電車の活用や新規路線の開通が多く見られる．例えば2016年現在，フランスでは28都市（塚本ほか，2015），スペインでは14都市（塚本・吉川，2016）で新規にLRTが開通しており，その他の多くの国でも路面電車の整備が進んでいる．路面電車の走行している都市数で見れば，1970年頃にはドイツの約70都市についで，日本の約40都市は世界の第二位を占めていたが，ドイツがほぼ1970年代の水準を現在も維持しているのに対し（青山・小谷，2008），日本では急激にその数を減らし（2016年現在で16都市（塚口ほか，2016），新規LRTの開通は富山市わずか1都市と，わが国は世界の流れから大きく取り残されている．

わが国が遅れている理由としては，法制度や財源の問題も大きいが，過密なまでに自動車利用が進んでいる都市の**道路空間の再配分**が，LRT整備のためには不可欠であることについて，現在十分な社会的コンセンサスが得られていないからでもある．

例えば，大阪府堺市のLRT整備計画は様々な理由で2009年に頓挫したが（塚本ほか，2011），沿線商店からの「自宅前道路にLRTの線路が敷かれると，買い物に来たお客さんが駐車する余地がなくなる」という反対運動もあった．よく考えてみれば，LRTが計画されていた道路は元々駐車禁止であり，線路が通っていようがいまいが駐車してはいけない道路なので，このような反対の論拠は奇異であるといわざるをえない．しかし，堺市に限らず日本全国で駐車禁止の道路に少しだけ車を停めて，買い物をする人が沢山存在し，それで商売が成り立っているという現実がある以上，堺市の商店主の主張にも一理はある．

2．道路空間に対する人々の意識の日独比較

路面電車の維持やLRT化の進展により，都市の交通，環境，成長に関わる問題の解決を図るドイツと，LRTが期待されながらもその整備が進まない日

本との差異はどこにあるのか．LRTに理解のあるドイツ，無理解な日本という単純な図式で見るだけではいつまでも日本のLRT整備は進まない．そのために，LRTや路面電車の整備に不可欠な道路空間の再配分に関連して，自宅直近の道路空間の「公共性」あるいは逆に「私的感」に関する日本とドイツの市民意識の差異について分析し，そのことが路面電車整備に対する許容度の違いとなっているのかについて考えてみよう．

　日本の代表としては大阪府堺市（人口83万人）を，ドイツの代表としてはヴュルツブルク市（人口13万人）を選んでアンケート調査を行った（塚本・林，2007）．共に路面電車の通っているまちである．

(a)　都心部における自動車の規制

　まず，LRT整備にあたって都心部のように空間資源の限られた地区では，自動車の乗り入れ規制が必要になると思われるが，そのことに対する意識を調査した．

　図2は公共交通をスムーズに走行させるために自動車の都心部への乗り入れや，車線の制限を行うことに対する質問への回答結果である．多少の違いはあるが，両市とも積極的か消極的かは別にして，規制を肯定的に捉える人

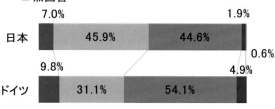

図2　都心部における自動車の通行規制

が約90%いる．公共交通の利便性を高めるために，都心部で一定のマイカー利用規制が行われることについて，日独とも一般的には認められているといえよう．それならばなぜ日本では自宅前道路にLRTの線路が敷設されることへの抵抗が大きいのであろうか．

(b) 自宅前道路への意識の違い

次に，**図3**は「自宅前道路に誰か知らない人の車が駐車していたらどう思いますか？」という質問に対しての回答結果である．堺市では「迷惑に思う」，「迷惑だが止むを得ないと思う」など，迷惑に思っているという回答が98%でほぼすべてを占めた．一方，ヴュルツブルク市では，逆に「特に迷惑なことだとは思わない」との回答が64%であった．つまり，日独では自宅前に他人の自動車が駐車していることについて，まったく逆の傾向にあることがわかる．

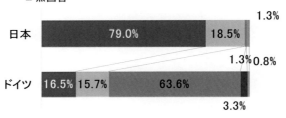

図3 自宅前の道路への自動車の駐車

今度の設問は，「自宅前の道路を掃除しますか？」というものである．この質問に対して，堺市では88%の人が「掃除する」と答えた．その一方でヴュルツブルク市では，70%の人が「しない」とこれもまったく反対の傾向にある．

図4　自宅前の道路の清掃

　地域や道路，交通の事情がなるべく似ている地域を選んで質問したので，この正反対の傾向は，人々の道路に対する考え方，感じ方がそのまま出ているものと思われる．すなわち日本（堺市）では，自宅直近道路が他の利用者に占有されていることに対する嫌悪感が強く，一方で道路の清掃を自ら積極的に行うなど，自宅前道路があたかも自分の家の空間の延長のように感じている人が多いことがわかる．逆にドイツ（ヴュルツブルク市）では，日本とは反対の傾向を示し，自宅前であろうとも道路空間自体は公共のものであって，自分が主観的・主体的に関わるようなものではないという意識の強いことが窺われる．

3. 実情を反映した環境計画の必要性

　道路空間に対する「公共性」意識に対する日独の差違は，文化的・歴史的に醸成されてきたもので，いわば既得権の問題として考えられ，単純にどちらがいいか悪いかの議論ではすまない．日本で歩道拡幅やバス，路面電車等の公共交通整備のための自動車交通の一定の規制等，道路空間の再配分に関わる計画を進めようとすると，このような道路の「私的感」に十分配慮する

ことが，計画をスムーズに進めるためのカギとなる．

　逆に，人々が道路に対して「私的感」を有しているが故に，日本の道路はゴミの散らばっていない清潔な状態を維持できていると見ることもできる．その分，日本の道路は維持コストが安くなっているかも知れない．たとえば，上記の調査の中で，「管路工事が自宅前で行われて出入り等の不便が生じても，あなたは協力しますか？」という質問も行ったが，日本では積極的か渋々かは別にして「協力する」と回答した人が100%であったのに対し，ドイツでは「協力できない」と答えた人が79%もいた．道路空間は公共空間であるが故に公が私権を制限することには敏感なドイツと，一定の不満は持ちつつも最終的には協力せざるを得ないと考える日本と，これらの市民意識が行政コストや法制度の差となって現れているであろうことは，興味深い課題であると思われる．

　このように市民意識の面からは，路面公共交通の整備に協力的なドイツ，非協力的な日本という単純な図式は浮かび上がってこない．日本では自宅直近の道路に対する「私的感」が極めて高いので，道路空間の再配分についてもこのことを考慮した計画とすることが，事業の社会的合意を得る上で重要である．また，ドイツでは意識面から私的制限に対する抵抗の大きさの反映として，社会的合意を得るための法体系，ガイドライン・基準の整備状況，情報公開制度，予算的裏付け等が適切に整備されていると考えることができる．逆にわが国では，行政が進めることについては渋々ではあっても，最終的には認めることの多い風土があり，これらがあいまいなまま，ある場合には行政の恣意的施策と地域有力者だけの根回しで進められた事業も多い可能性もある．近年のわが国における市民の権利意識の増大と行政活動の公平性・透明性・客観性の確保という点から，市民意識に十分配慮しつつそのような計画に関わる制度整備も必要であろう．

　一般に環境問題は，地域の社会的・経済的・文化的・歴史的等の特殊性を反映していることが多い．このことは，地域の特殊性を考慮することなしに問題の解決策の立案は困難であると言い換えることもできよう．地道に地域

の実情について調査，分析し，考慮することが重要である．

文献

青山吉隆・小谷通泰編著（2008）LRTと持続可能なまちづくり－都市アメニティの向上と環境負荷の低減をめざして－．学芸出版社．

塚口博司・塚本直幸・日野泰雄・内田敬・小川圭一・波床正敏（2016）交通システム 第2版．オーム社．

塚本直幸・林良一（2007）道路空間の『公共性』に関する市民意識の日独比較．大阪産業大学人間環境論集，8，83-93．

塚本直幸・南聡一郎・吉川耕司・ペリー史子（2015）フランスにおける都市交通政策の転換とトラムプロジェクト －ル・アーブル，オルレアン，トゥールを事例として－．大阪産業大学人間環境論集，14, 57-102．

塚本直幸・吉川耕司・波床正敏・ペリー史子（2011）拠点型官学連携施設の成果と課題に関する研究－さかいLRT研究交流センターの活動記録に基づいて－．都市計画論文集，46-3, 991-996．

塚本直幸・吉川耕司（2016）スペインにおけるトラム整備の現状．土木計画学研究・講演集，53, CD-ROM．

11 緑のまちづくり

田中みさ子

　「緑のまちづくり」の「緑」の対象は単に植物の緑だけを指すのではなく，樹木や草花などの植物と河川や水路などの水辺を含む「緑」である．都市では様々な形で緑が存在しかつ利用されており，私たちを取り巻く環境形成に役立っているが，日常生活の中で私たちがその恩恵に気づくことは少ない．しかし近年都市の**ヒートアイランド現象**が大きな課題となり，緑の果たす役割が増々重要視されるようになってきた．また緑は私たちの心を癒し美しい景観を形成することで都市環境の質を高めるなど，人間生活の**アメニティ**の向上に欠かせないものとなっている．

　本章では都市環境において緑が果たしている機能や役割，および人と緑の関わりの歴史を軸に緑に託した人々の思いについて述べる．人類の歴史の中で行われてきた都市開発や自然破壊により常に緑は減少し続けてきた．それに対して緑の保全や緑を増やしていくためにどのような取り組みや制度または緑化手法があるのかを概観する．また，身近な施設の緑化や住民参加による地域の緑化の事例を紹介し，緑豊かな都市環境をどのように創り出そうとしているのかについて述べる．

11.1 人と緑の関わりの歴史と緑の減少

(a) 人と緑の関わりの歴史

太古から人間は緑と共に生活してきた．森林に覆われていた日本列島では住まいの材料として身近でふんだんにあった木や草を利用してきたし，緑は食料としても重要であった．近年，縄文時代の集落跡の土壌の花粉を分析した結果，集落周辺の栗などの森林資源を管理して利用していたことが明らかになっている（能城・佐々木，2014）．また，神道や仏教では奉納やお供えにサカキや樒を用いたり，地域の巨木には神が宿ると見なされ注連縄が張られるなど宗教的な意味を持つと考えられた緑も多い（図11.1）．

図11.1 兵庫県淡路島伊弉諾神社の天然記念物の夫婦杉（2010.6撮影）

緑を計画的に植えた例も古くからあり，日本書紀には九州の筑紫の豊浦の宮に行く折の駅路のクスノキの並木や雄略天皇13年のタチバナ，敏幸天皇8年には難波の阿斗にクワの並木があったと記録されている（田畑，1998）．江

戸時代の名所図会には，桜や梅や桃の花見をする人々の姿が描かれているものがあり，当時の人々にとって都市は花と緑にあふれた空間であったことが伺える．緑のある空間は**遊山空間**とも呼ばれ，人々の**レクリエーション**の場でもあった．将軍徳川吉宗は，江戸近郊の社寺境内や広場，堤などに，人工的に桜を植え「桜の名所」をつくり庶民が楽しめるようにした（井出，1997）．今で言うアミューズメント施設をつくったのである．東京の上野の桜や蓮池（**図11.2**），大阪の桜の宮など江戸時代当時の花の名所が今も残されている．また，特に徳川家康をはじめとする将軍家は家光までの3代にわたって江戸城に花園をつくるなど花木を好んだため，江戸市中の大名がこぞって大名屋敷に庭園をつくった結果，植木屋のような専門業者も出現し多種多様な園芸植物が生み出された．今私たちが春に花見で楽しんでいる桜の多くはソメイヨシノで，江戸時代に生み出された園芸品種である（**図11.3**）．幕末には庶民の末端にまで園芸文化が広がり，当時日本に新種の植物を求めて訪れた外国人を驚嘆させるほどであった（青木，1999）．中尾佐助は「日本の花卉園芸は室町時代に大転換期を迎え，奈良朝以来つづいた中国園芸の模倣だけでなく日本独自の創造的分野をひらき大発展の道を歩み始めた」と述べ，「江戸時代には一時期には中国よりも，また，当時の西ヨーロッパの花卉園芸文化に勝るとも劣らない程度まで生長することになった」と述べている．江戸は世界

図11.2　東京都上野不忍池の蓮（2009.8撮影）

一の花卉園芸都市となった（中尾，1986）のである．しかし，梅や桜の名所や季節ごとの行楽で賑わった水辺などの自然も都市開発や**新田開発**のための埋め立てにより次々と失われ，都市における水と緑の自然的空間が急速に減少していった．その結果，明治以降になると庶民にまで広がった園芸文化が衰退していった．

図11.3 青森県弘前市弘前公園の桜（2010.5撮影）

　古くから緑は都市づくりにおいても重要な役割を果たしてきた．例えば中国の長安に倣って計画された平安京には，街路樹として柳が植えられていたという（丸田，1998）．また，東海道などの主要な街道が江戸時代に整備されたが，旅人の休憩地である街道の一里塚に目印として樹木が植えられ，沿道に日陰を提供する目的で並木が植えられた．明治時代になると，政府は欧米列強に伍する国造りの一環として都市の欧風化と**不燃化**を目指し，銀座に煉瓦街を建設し歩道のある街路にはヤナギやイチョウなどの街路樹が植えられた．その時欧米にあって日本に無いものとして重要視されたのが公園である．1873年（明治6年）に太政官布達第十六号により「公園」が制度化され日本における公園制度が始まった．公園の指定には明治の地租改正により所有者のはっきりしていなかった社寺境内などの「群衆遊覧の場所」に地目を与える目的のほか，都市の過密の緩和や通風を良くすることで都市内の衛生状

態を改善する，都市の品格を高めるなどの役割が求められた（真田，2007）．当初は上野寛永寺や芝増上寺，京都の清水寺などの社寺の境内や大名屋敷の庭園（**図11.4**）が公園化され，その後1903年（明治36年）には日本最初の欧風公園として東京に日比谷公園（**図11.5**）がつくられた．それ以降公園整備は都市計画の最重要課題の一つとなったが，地価の高い日本の都市部では十分な数と質の公園整備がなかなか進まなかった．公園が体系的に整備されるようになったのは戦後のことである．

図11.4 東京都清澄公園内の清澄庭園（2012.5撮影）

図11.5 東京都日比谷公園（2009.8撮影）

(b) 緑の蒸散作用とクールアイランド

　地球温暖化により地球全体の温度上昇が懸念されている．しかし都市部では温暖化だけでは説明できないほど急速に気温が上昇していることが分かっている．真夏の日中の猛烈な暑さも数十年前には夜間になると気温が低下することで過ごしやすさが得られたものだが，近年はクーラーなしでは寝られない熱帯夜の日数が増加している．1900年以降の大阪市の年平均気温の推移（図11.6）を見ると，1900年以降現在に至るまでの間に年平均気温が約2℃上昇しているのがわかる．これが都市のヒートアイランド現象である．

　多くの緑や水辺のある郊外と比べて市街化によって地表面が建物等の人工物で覆われエネルギー消費需要が増加している都市部の年平均気温が高くなり，都市の内外で等温線を描くと都市内部の高温域が地形図上の海に浮かぶ島の等高線のようになっていることをヒートアイランド（熱の島）現象という（尾島，2002）．ヒートアイランド現象の原因の一つに緑や水辺の減少がある．熱帯夜の増加が顕著になることで，私たちはようやく今まで緑や水辺が私たちに与えてくれていた恩恵に気づかされることになった．

　そもそも太陽により地球の大気は直接加熱されており（**顕熱**），また，発電

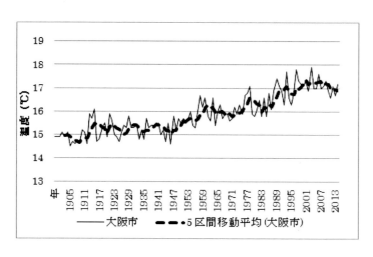

図11.6　大阪市の年平均気温の変化（気象庁データをもとに作成）

所での海や川への温排水や水蒸気により熱が放出(**潜熱**)されたり，化石燃料の使用などさまざまな形で大気中に熱が放出されている．通常は夜になると太陽による加熱が無くなり大気が冷却される．しかし市街地の地表面が昼間に熱を蓄え夜に放射する性質を持つアスファルトやコンクリートで覆われているため，昼間に熱を蓄えたコンクリートは夜になって大気が冷却すると徐々に熱を放出していく．その結果，夜になっても気温が低下しなくなり熱帯夜となってしまうのである．

ではなぜ緑がヒートアイランドの緩和に役立つのであろうか．水が蒸散する時には周囲から**気化熱**を奪うために大気中の温度が低下する．水分を多く含む植物や水辺は常に水分が蒸発しているため，その周辺の気温を低下させるのである．真夏の夕方に打ち水をして涼を取るのはこの原理をもとにしている．夏に大規模緑地や水辺の周辺気温を調べると，明らかに周辺市街地よりも低いという調査結果も多数報告されている．

近年ではこのような水辺や緑の多い場所で気温が低くなっている現象を**クールアイランド**とも呼んでいる．都市の気温を下げるために国土交通省が，市街地に風の道をつくることで都市内の気温を下げるまちづくりを含めたヒートアイランド対策についてのガイドラインを策定（国土交通省，2013），2009年の東京都の「都市づくりビジョン」においては，「卓越風を考慮して，建築物の配置・形状や高さを的確に誘導するとともに，大規模な公園や河川，運河などの水辺空間の整備，道路を軸とする街路樹や沿道における緑の創出などにより，海からの風を都心に送り込む「風の道」を確保する」の考え方が示された（東京都，2009）．品川駅・田町駅前の開発におけるガイドラインでは風の道の確保による快適な都市空間づくりが「Project.3 世界に誇る活力と潤いのある景観・環境形成」の実現に向けた取り組みの一つとなっている（東京都，2014）．また，大阪市では大阪湾の涼しい風を活用する「風の道ビジョン」をまとめている（大阪市，2011）．しかし既に市街化している都市で建物の配置を変更することは容易ではない．緑と水辺が失われた結果引き起こされたヒートアイランド現象を緩和するためには，今ある緑や水辺を保全するとともにもう一度緑豊かな潤いのある空間を創出していかなけれ

ばならない．

(c) **緑の基本計画と公園整備**

　日本は雨量が多いなどの自然環境に恵まれ国土の約2/3が森林という緑の多い国土を形成しているが，急峻な山地が多く人間の居住に適している平野部が少ない．その少ない平野部に人口が集中して居住しているため都市部では特に自然が少なくなっている．それを補うために戦後積極的に公園整備が行われてきた．日本では中期に達成すべき住民一人当たりの都市公園の敷地面積の標準が10㎡とされ，長期的には20㎡を目標としてきた．その結果，一人当たり都市公園等面積については10.2㎡（国土交通白書，2015）と中期目標を達成することができている．しかし，東京都のように人口の多い都市では諸外国の大都市と比較するといまだに低い水準である（**図11.7**）．

　日本の高度成長期には全国的に開発が進み，多くの自然が失われた．そこで緑空間の計画的な保全創出のために1976年の都市計画中央審議会の答申が出され都市計画の施策として「緑のマスタープラン」の策定が市町村に義務付けられることになった．また，公共公益施設の緑化，民有地の緑化推進など，都市計画制度に依らない緑化に関する事項を対象に「都市緑化推進計

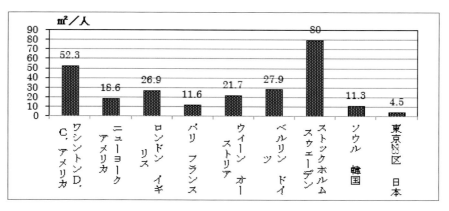

図11.7　諸外国の都市における公園の現況
（国土交通省ウェブサイトデータをもとに作成）

画」の策定も推進された．その後1994年の**都市緑地法**の改正によって，両者を統合し拡充したものとして「緑の基本計画」の策定が市町村に課せられることになり，緑の計画や保全・創出のための施策が進む契機となった．

「**緑の基本計画**」は，正式には「市町村の緑の保全及び緑化の推進に関する基本計画」という．市町村の緑をどのように保全し計画的に緑空間を創出していくかは緑の基本計画で決められる．主な内容は，都市公園の整備方針，そして特別緑地保全地区の緑地の保全や，緑化地域における緑化の推進に関する事項など，都市計画制度に基づく施策と，公共公益施設の緑化，**緑地協定**，住民参加による緑化活動等都市計画制度によらない施策や取り組みを体系的に位置づけた緑の**オープンスペース**に関する総合的な計画で，市町村が策定する．「緑の基本計画」は，都市計画に関する緑の事項だけでなく，「緑のマスタープラン」には含まれていなかった都市計画制度に位置づけられていない緑地の保全，公共施設の緑化，民有地の緑化などに関する事項も含んでいることが特徴である．これらの計画の中に位置づけられた施策には国の交付金が受けられるようになり，限られた財源を活用して地域の緑地政策が推進されることになった．

市町村が定める緑の基本計画には，目指す緑の量や地域に住む住民の属性や公園配置の適正化等を勘案して具体的な公園の配置計画の目標が定められており，それによって公園が都市計画に定められた法定計画となる．緑の基本計画の上位の計画として都道府県が策定する**広域緑地計画**がある．広域緑地計画では市町村を超えた都道府県全体のみどりの確保の目標水準や公園の配置計画が示されている．「緑の基本計画」は策定する市町村の「**都市計画マスタープラン**」と都道府県の「広域緑地計画」の下位の計画であり，上位計画の内容と整合することも重要である．

緑の保全については，緑の基本計画以外にも都市における良好な自然的環境として残されている緑地に対して，建築行為など一定の行為を制限することなどにより現状を凍結的に保全を図る**特別緑地保全地区制度**や，契約に基づき市民に緑地を公開する**市民緑地制度**等を活用した緑の保全制度がある．また，**地区計画**等の緑化率を定められる制度を利用して住宅地などの民有地

の緑化を推進し，農地の多面的な緑の機能を重視して**生産緑地地区制度**による**市街化区域内**にある農地の保全を図っている．

近年，少子・高齢化や人口減少により公園緑地の整備について見直しが必要となってきたと言われている．人口増加の時代に整備した子供が遊ぶことを想定した遊具のある公園が，高齢化が進んだ周辺住民の属性に合わなくなった例も報告されている．今後の緑地整備については，新たな視点が求められている．

(d) 公園整備の考え方

公園・緑地の整備は**都市公園法**にもとづいておこなわれる．どの都市にどのような規模の公園を整備するかは，その自治体の人口規模にもとづいている．緑の基本計画には公園の種別ごとにそれぞれの自治体の目標値が示されている．

また，公園の種類はそれぞれ利用者像が想定され，そこから規模や配置の考え方が決まる（**表11.1，表11.2**）．例えば以前は児童公園と呼ばれていた**街区公園**は，規模が2,500㎡以下の小規模公園で，専ら公園から半径250m以内の区域に居住する住民の利用が想定されており，この距離を**誘致距離**と呼んでいる．半径250mは子供の徒歩圏と見なされており，街区公園は子供が遊ぶために日常的に利用することが想定されている．それに対して誘致距離500mの近隣公園は，面積2ha以上で**近隣住区**に居住する住民が利用するとされているが，子供の遊びだけでなく成人がより広い空間を使用して行う週に一回程度の様々な活動が想定されている．より広域からの利用者を想定しているのが面積50haを超える広域公園で，複数の市町村の住民の利用のために都道府県により設置される．公園設置は緑の基本計画に基づいて地域の人口や誘致距離と地元住民の要望等を勘案して決定されるが，用地の確保の問題や財源の不足などにより多くの自治体では計画通りに進んでいないのが現状である．

表11.1 都市公園の種類

種類	種別	標準面積	対象とする利用者	誘致距離	備考
住区基幹公園	街区公園	1箇所当たり面積0.25ha	街区に居住する者	誘致距離250mの範囲に配置	
	近隣公園	1箇所当たり面積2haを標準	近隣に居住する者	近隣住区[注]当たり1箇所を誘致距離500mの範囲に配置	
	地区公園	1箇所当たり面積4ha	徒歩圏内に居住する者	誘致距離1kmの範囲に配置	都市計画区域外の一定の町村における特定地区公園(カントリーパーク)は,面積4ha以上を標準とする
都市基幹公園	総合公園	1箇所当たり面積10〜50haを標準	都市住民全般	都市規模に応じて配置	休息,観賞,散歩,遊戯,運動等総合的な利用に供することを目的とする
	運動公園	1箇所当たり面積15〜75haを標準	都市住民全般	都市規模に応じて配置	主として運動の用に供することを目的とする公園
大規模公園	広域公園	1箇所当たり面積50ha以上を標準	一の市町村の区域を超える広域のレクリエーション需要	地方生活圏等広域的なブロック単位ごとに配置	
	レクリエーション都市	全体規模1000haを標準	大都市その他の都市圏域から発生する多様かつ選択性に富んだ広域レクリエーション需要	大都市圏その他の都市圏域から容易に到達可能な場所に配置	総合的な都市計画に基づき,自然環境の良好な地域を主体に,大規模な公園を核として各種のレクリエーション施設が配置される一団の地域として配置

注) 近隣住区＝幹線街路等に囲まれたおおむね1km四方(面積100ha)の居住単位
※国土交通省都市局公園緑地・景観課ウェブサイト「公園の種類」をもとに作成

11.2　民有地緑化のための制度と事例

(a) 開発における緑の保全と創出

　前述のように江戸時代の江戸の街には豊かな緑が残されていて,人々は身近な自然の四季を楽しんでいたが,明治時代になると水辺の埋め立てによる新田開発や山林の宅地化や農地化により自然が都市の人々から遠ざかることになった.緑の減少に最も影響したのが開発である.現在私たちが目にする

表11.2　その他の公園・緑地

		利用の目的	面積	備考
国営公園		主として一の都府県の区域を超えるような広域的な利用に供することを目的とする	大規模な公園にあっては，1箇所当たり面積おおむね300ha以上を標準として配置	国が設置する国家的な記念事業等として設置するものにあっては，その設置目的にふさわしい内容を有するように配置
緩衝緑地等	特殊公園	風致公園，動植物公園，歴史公園，墓園等特殊な公園	その目的に則し配置	
	緩衝緑地	大気汚染，騒音，振動，悪臭等の公害防止，緩和若しくはコンビナート地帯等の災害の防止を図ることを目的とする緑地	公害，災害発生源地域と住居地域，商業地域等とを分離遮断することが必要な位置について公害，災害の状況に応じ配置	
	都市緑地	主として都市の自然的環境の保全並びに改善，都市の景観の向上を図るために設けられている緑地	1箇所あたり面積0.1ha以上を標準として配置 但し，既成市街地等において良好な樹林地等がある場合あるいは植樹により都市に緑を増加又は回復させ都市環境の改善を図るために緑地を設ける場合にあってはその規模を0.05ha以上	都市計画決定を行わずに借地により整備し都市公園として配置するものを含む
	緑道	災害時における避難路の確保，都市生活の安全性及び快適性の確保等を図ることを目的として，近隣住区又は近隣住区相互を連絡するように設けられる植樹帯及び歩行者路又は自転車路を主体とする緑地	幅員10〜20mを標準として，公園，学校，ショッピングセンター，駅前広場等を相互に結ぶよう配置	

注）　近隣住区＝幹線街路等に囲まれたおおむね1km四方（面積100ha）の居住単位
※国土交通省都市局公園緑地・景観課ウェブサイト「公園の種類」をもとに作成

市街地の緑は，その後の公園整備や開発時の種々の規制によって緑地が残されたり空地が創出され緑化されたことによって創り出されたものが多い．

　日本の都市計画法では，一定規模以上の開発に対して**残置森林**や**開発公園**の設置を義務付けることによって失われた緑空間の補完を図っている（**表11.3**）．しかし開発敷地全体に対して開発面積が5ha未満では開発公園の面積が3％以上で150㎡以上，5ha以上で3％以上かつ300㎡以上（兵庫県都市計画

表11.3 兵庫県都市計画法施行条例における開発公園・緑地の基準（抜粋）（2002）

（都市計画法施行条例第3条）

政令第25条第6号の規定により開発区域に設けられる公園，緑地又は広場（以下「公園等」という．）の1箇所あたりの面積は，150平方メートル以上としなければならない．ただし，1箇所当たり150平方メートル以上の面積とする公園等の面積の合計が開発区域の面積の3パーセントを超えるときは，当該算定の対象となった公園等以外の公園等については，この限りでない．

（都市計画法施行令第25条第6号（抜粋））

開発区域の面積が0.3ヘクタール以上5ヘクタール未満の開発行為にあっては，開発区域に，面積の合計が開発区域の面積の3パーセント以上の公園，緑地又は広場が設けられていること．

（都市計画法施行規則第21条）

開発区域の面積が5ヘクタール以上の開発行為にあっては，次に定めるところにより，その利用者の有効な利用が確保されるような位置に公園（予定建築物等の用途が住宅以外のものである場合は，公園，緑地又は広場．以下この条において同じ．）を設けなければならない．

　一．公園の面積は，1箇所300平方メートル以上であり，かつ，その面積の合計が開発区域の面積の3パーセント以上であること．

　二．開発区域の面積が20ヘクタール未満の開発行為にあてはその面積が1,000平方メートル以上の公園が1箇所以上，開発区域の面積が20ヘクタール以上の開発行為にあつてはその面積が1,000平方メートル以上の公園が2箇所以上であること．

法施行条例の例）となっているなど，開発面積に対して十分大きいとは言えないのが現状である．

(b) **緑化協定・地区計画**

　土地利用に対して空地や緑化の基準を設けることのできる制度として**緑化協定**や地区計画がある．これらは居住者の合意により自ら定めることのできる地区のルールである．国土交通省によれば，地区計画等の**緑化率条例**が適用される地区が平成26年度末で96地区・約1,330haとなり，前年度比で16

表11.4 福岡市緑地協定推進実施要綱（抜粋）(1996)

4 緑地の保全又は緑化に関する事項	ア 保全又は植栽する樹木等の種類 保全する樹種については、具体的な樹種を定めるものとし、樹種が複数存在する場合は、主要な樹種について記述する。 又植栽する樹木については、原則として郷土にふさわしい樹木のうち、管理が容易なものを選定し、その主な樹種は次のとおりとする。 高木　クロガネモチ，ヤマモモ，エゴノキ，ハクモクレン，ヤマボウシ，アラカシ，ウメ，サルスベリ等 中木　サザンカ，ベニカナメモチ，ヒイラギモクセイ，カイズカイブキ，ツバキ，キンモクセイ等 低木　ツツジ類，アジサイ，ユキヤナギ，レンギョウ，クチナシ等 地被類　芝，ヘデラ類，宿根バーベナ，マツバギク，ヒペリカムカリシナム等

表11.5 シーサイドももち・地行浜1丁目住宅地区　緑地協定（抜粋）(2011)

緑化に関する事項	第5条　第1条の目的を達成するために、シーサイドももちの自然環境にふさわしい緑化を進めることに関して、次のとおり定める。 (1) 植栽する樹木等の種類 中高木：アメリカハナミズキ，カイヅカイブキ，カシ類，シイ類，クス，クロガネモチ，ケヤキ，タブノキ，ベニカナメモチ，プリベット，ユズリハ，コブシ，サザンカ，ヒイラギ，マツ，モクセイ，モッコク，モミジバフウ等 低木・地被：サツキ，ビャクシン類，ヒペリカムカリシナム，フッキソウ，セイヨウイワナンテン，オカメザサ，リュウノヒゲ，フロックス，アベリア，シャリンバイ，ツツジ等
植栽を行なう場所	本協定で植栽を行う場所は、緑化ゾーンを含む専有住宅地内とし、下記の基準で書斎を行うものとする。 ①専有住宅地内の植栽 　専有住宅地内に少なくとも高木1本を植栽するものとする。また、少なくとも1本は街道沿いに植栽するものとする。 ②緑化ゾーンの植栽 　緑化ゾーンは、専有住宅のうち道路に接する外周部分の境界線から1.0メートル以内の区域（別紙緑化ゾーン位置図のとおり）とし、当該土地の所有者等が植栽し維持管理を行っていくものとする。 　なお、この区域には、原則として地上に工作物を設置してはならない。ただし、街路灯，地下埋設供給施設に係る地上機器類，モニュメント等の緑化の効用を妨げないものについてはこの限りでない。

地区・約324haの増加となっているなど毎年増加傾向にある．

また，緑化協定・緑地協定は，土地所有者等の合意によって緑地の保全や緑化に関する協定を締結する**都市緑地法**（第45条，第54条）による制度で，郊外の一戸建て分譲住宅地などでは，地域の人々の協力により，まちの開発時に地区計画や緑化・緑地協定を設定し住宅の敷地内の空地の割合や生垣の

設置などの緑化に関する基準を設けることで緑豊かな住宅地の形成を目指している事例も多い．これらの地区計画や協定は居住者が代わっても継続して適用されるもので，例えば地区計画や緑地協定のある住宅地の中古住宅を購入した購入者は，購入前に規制があることについて説明を受け，購入後はその基準を守らなければならない．近年は単に緑化空間を確保するだけでなく，植栽の項目に生垣などの樹種について地域で生育しているものを指定するなど地域の生態系に配慮することも行われるようになってきている．例えば福岡市緑地協定推進実施要綱には保全又は植栽する樹木等の種類の選定にあたっては原則として郷土にふさわしい樹木を選択するものとし，具体的な名称があげられている（**表11.4**）．福岡市の高級住宅地として知られるシーサイドももち（福岡市中央区地行浜1丁目住宅地区）では，緑地協定（**表11.5**）を結び地域の自然との調和を重視した緑化が行われている（**図11.8**）．

図11.8 福岡市住宅地「シーサイドももち」の緑
（2004．8撮影）

(c) 総合設計制度による緑化空間の創出

地価の高い都市部では，緑化などのオープンスペース空間を確保するのは容易ではない．そこで開発や建築物の建築に対して開発者に利益を与える代わりに空地を確保させようとするいわゆる**ボーナス制度**が生み出された．その一つが建築基準法に定められている**総合設計制度**である．総合設計制度

は，1970年に創設され，**建築物の高さ制限又は斜線制限や容積率制限**を緩和する代わりに建築物の周囲に一定の一般の通行者が自由に利用できる**公開空地**を確保するという制度である．建築主にはこの制度によって建築基準法の上で許容されている建物の高さやボリュームを超える建物を建築するというメリットがあるため多くの事例がある．その結果公共空間を確保するのが難しい地価の高い都心部においても周囲に緑豊かな歩行者空間などのオープンスペースが創出され，都市環境の改善に役立っている（**図11.9**）．当初この制度では，公開空地は地上部のみが適用対象であったが，近年の屋上緑化等の建築物緑化の技術の向上により，屋上緑化や壁面緑化なども公開空地として認められる例も出てきている．

図11.9 東京都公開空地の緑（2016.8撮影）

(d) **環境配慮建築物における緑化の位置づけ**

都市部では地価が高いため緑化できる地上部分は少ない．その代わりに建築物の屋上緑化が注目されている．東京都は全国に先駆けて2001年から都市に緑を増やすために大規模建築物に対する屋上緑化の義務付けを制度化している．この動きはその後全国の都市圏に広がっている．

近年では大規模建築物に対して**CASBEE**（キャスビー：建築環境総合性能評価システム）と呼ばれる評価制度により環境への配慮に対するランク付けが行われている（**図11.10**）．このCASBEEの評価項目の一つに「ヒートア

イランド対策」があり，敷地内の緑化や屋上緑化・壁面緑化も評価のポイントとなっている．大阪市では，新築の建築物に対する「大阪市建築物環境評価制度（CASBEE大阪）」を平成16年5月に創設し，その後平成23年4月には届出対象を新築だけでなく既存建築物へ拡大した「CASBEE大阪みらい」制度を設けている．さらに「大阪市建築物の環境配慮に関する条例」を平成24年に制定・施行し，省エネ性能の向上だけでなく，快適で環境に配慮した建築物の誘導を図るため，届出やラベリングの義務対象を2,000平方メートル以上の新築建築物に拡大している．

　これらの取り組みが全国に広がった結果，軽量土壌や散水・防水技術，植栽の技術などの建築物緑化の技術が次第に発展し，様々な手法が生み出されている（図11.11，図11.12）．建築物緑化によって商業施設の集客や事務所ビルの価値が高まる等の経済効果があるとされ，今後さらに緑化が取り入れられると期待されている（図11.13）．

図11.10 大阪市GASBEE表彰建築物のルーフテラスの緑化（2016.7撮影）

図11.11 建築建材展2010より　駐車場緑化の技術（2010.3撮影）

11. 緑のまちづくり

図11.13 大阪市なんばパークスの屋上緑化（2016.12撮影）

図11.12 建築建材展2010より壁面緑化の技術（2010.3撮影）

(e) 景観保全と緑（保存樹・保存樹林など）

緑が減少していく中で，日本国内には，様々な理由で守られてきた巨木や樹林が少なからず残されている．特に歴史的に貴重な巨木については，**文化財保護条例**にもとづいて**天然記念物**に指定されているものもある．

昭和37年に「都市の美観風致を維持するための樹木の保存に関する法律」が制定された結果，各自治体が地域で親しまれてきた老木や名木，あるいは良好な自然環境を残す樹林などを，市区町村の条例等により，指定し保存されるようになった．たとえば奈良市では2013年に「奈良市巨樹等の保存及び緑化の推進に関する条例」を制定し，下記のような**保存樹**の指定基準を定めた．現在西大寺のケヤキ（樹高23.5m，幹周4.2 m）など22件（2016年時点）が登録されている．

（以下のいずれかに該当する樹木を市が指定）

ア　1.5mの高さにおける幹の周囲が2.0 m以上であること．

イ　高さが15m以上であること．

ウ　学術上特に貴重な樹木
　エ　推定樹齢100年以上の樹木又は由緒ある象徴的樹木
　また，大阪市では単体の樹木だけでなく「(1)群生している枝葉の面積が500平方メートル以上あること，(2)生け垣は，長さが30メートル以上あること」に適合した群生した緑を**保存樹林**として指定している．
　一般的に指定された保存樹又は保存樹林の所有者に対しては維持管理経費の一部補助が行われる代わりに選定や伐採に際しては自治体への届け出や許可を得る必要があるなど負担もある．負担を嫌って指定を拒否する例もあり，この制度で全ての重要な緑を守ることができているわけではない．

11.3　緑と市民活動

(a)　緑のまちづくりと住民参加

　近年，公園などの公共的な緑地の維持管理に住民が参加する例が増加している．地域の公園を地域の人々で守っていこうとするものである．平成16年に都市公園法の改正により，多様な主体による公園管理の仕組みが整備され，公園管理者以外の者が公園施設を設置することができる要件が緩和された．以来，今まで自治体が公園を管理するという公共的な緑のあり方が変化してきている．
　多摩ニュータウンの建設当初から集会所がなかった住宅地では，地域の公園の中に集会所の建設をしたいと市に要望し続けていた．本来公園内には公共的な施設以外の建物を建設することができなかったが，住民が公園の管理を行うことを申し出て交渉した結果，集会所を建設することができた．公園の整備と集会所の建設にあたっては老若男女80名以上が参加し，みんなの公園，みんなで造った集会所として多くの人々に親しまれ利用されている（**図11.14**）．
　市民が自主的に道路や河川や公園の緑の維持管理を行なう例も増えている．**アドプト（養子）制度**は，公園や街路樹の花壇を地域の人々が養子にして世話をする制度である．身近な緑に親しみ世話をすることで人々がより地域

図11.14 東京都美しが丘公園の集会所（2014.3撮影）

に愛着を持つことが期待されている．

　長野県飯田市では1947年（昭和22年）に市街地の8割を焼き尽した大火が起こった後の災害復興として市の中心街に二本の30m幅員の防火帯道路が整備された際に，地元の中学生の提案を受けて幹線道路沿い並木としてリンゴが植えられた．その後も地域の小学校などの子供たちによって維持管理が行われており，親子2代にわたってリンゴの世話をした市民もいるという．現在ではリンゴ並木として親しまれ市のシンボルとなっている．当初リンゴ並木に対して反対する声もあったが，今ではすっかり市民に認知されるところとなった．今では沿道の商店街がリンゴの木の周りを草花で緑化を始めるなど，リンゴ並木に対する子供達の思いが住民に広がっている（**図11.15**）．

(b)　市民の緑化活動支援のための制度

　市民の緑化活動を支援するための様々な制度も設けられている．一戸建て住宅地のブロック塀は，阪神淡路大震災で倒壊し道路を塞いだために，住民の避難の妨げになったと指摘されている．しかし生垣は剪定や肥料を与えるなどの日常の維持管理や経費を要する．一度作ってしまえばほとんど手入れがいらないブロック塀を，わざわざ生垣に取り替えようとする市民は少ない．そのため多くの自治体では市民が住宅のブロック塀を生垣に変更するのを支援しようと**生垣助成**の補助金を設けている（**図11.16**）．

図11.15 長野県飯田市リンゴ並木（2008.10撮影）

図11.16 大東市　住宅地の生垣（2003.5撮影）

　また，近年は少子高齢化や**コミュニティ**の崩壊など地域の連帯が薄れており，緑化を通じたコミュティ形成が期待されている．たとえば大阪府枚方市では，花と緑にあふれるまちを目指して，平成25年に設置した「花と緑のまちづくり基金」を活用し，市民が主体となる緑化活動の整備にかかる経費を支援するために市民が行なう地域コミュニティ拠点づくり・**オープンガーデ****ン**づくり・広場づくりのための「花と緑の拠点づくり事業」を実施し，また，まちなかの身近な花と緑を増やすため，自宅等で行う花壇整備や駐車場緑化，壁面緑化などの整備に対して「施設緑化事業」として補助金を支出する制

度を設けている．毎年個人や自治会，事業所などに補助金が交付されている．

(c) **防災と緑**

　国土の2/3が森林で覆われている日本では，人々にとって緑はありふれたものであり，その効用を改めて意識する必要もなかった．しかし高度成長期になると市街地がスプロール化し，全国で開発が進み樹木の伐採や水面の埋め立てなどの土地の改変による自然破壊が行なわれ，身近な自然が急速に減少するようになって様々な問題が指摘されるようになると，人々の自然保護や緑の保全に対する意識が急速に高まることとなった．その一つが高度成長期に宅地化のために森林を伐採したことで頻発した河川の氾濫である．森林には**水源涵養機能・災害防止機能・地球環境保全機能**の3つの機能があるとされている．森林の伐採によりその一つである水源涵養機能が損なわれた結果，大雨が直接河川に流れ込み下流の市街地の河川の氾濫をもたらした．森林の土壌が雨水の飛散を防ぎ土砂の流失を防止するとともに，樹木などの植物の根が土や岩を固定しているため土砂崩れの防止に役立っているなど，市街地に住んでいると気づかないが，私たちを取り巻く環境と森林はつながっていて私たちの生命や財産を守るために緑が役立っていたのである．地球全体で見ても森林がCO_2を吸収し酸素を放出することで地球環境の保全に役立っている．

　日本では林業の衰退により森林が荒廃したため森林の持つ様々な機能の衰えが懸念されている．近年全国的に局地的な集中豪雨が頻繁に発生しているなか，大阪府では市街地の背後に山間部が迫っているため河川の氾濫や流木被害などの災害の発生が危ぶまれてきた．そこで大阪府は新たな森林保全対策を緊急かつ集中的に実施するために**森林環境税**を創設し，2016年からの4年間課税することを決めた．都市住民の生命・財産を守るためには，森林を保全することが必要なのだという考えが一般にも認知されるようになってきていると言えよう．

　自然災害の多い日本では，人々は古くから緑を災害に対処するために用いてきた．強風の多い地域では屋敷の周りを**防風林**で囲むことで建物への風の

影響の軽減を図ったり，津波，高潮，潮風などを防止する目的で海岸沿いに**防潮林**を設けることが行われてきた．

　宮脇昭はその土地本来の緑（西日本では照葉樹）は土地の崩壊を防止するなどの防災効果が高いことに着目し，その土地本来の樹木から種子を採取して苗を育成してそれを地域の緑化に利用することが望ましいと述べている．

　宮城県仙台市仙台湾海岸には江戸時代に仙台藩主伊達正宗によりクロマツ林の造成がはじめられたのを契機に防災林作りが開始され1,000haを超える松林となって長年に亘って自治体や地域の人々により維持管理されてきたが，東日本大震災で壊滅した．しかしその後防潮林の松かさを採取保存していた市民からクロマツの種の提供を受けたNPO団体により，地元の小学生などがその種からクロマツの苗を育てその苗を植樹する松林の再生プロジェクトが進んでいる．単に市販の苗を植えるのではなく，元のクロマツの子孫を使ってもう一度再生したいという緑に対する人々の思いがあらわれている．また，津波の危険性を人々の記憶に残し伝えるために津波の到達地点に桜の植樹をするプロジェクトも行われている（**図11.17**）．いずれも人間よりも長い寿命を持つ緑に人々の思いを託そうとするプロジェクトである．

図11.17　仙台市　津波到達地点と桜の植樹
（2012.9撮影）

11.4　緑をめぐる課題

(a)　社会変化と緑

　近年，少子・高齢化や人口減少により公園緑地の整備について見直しが必要となってきたと言われている．人口増加の時代に整備した子供が遊ぶことを想定した遊具のある公園が，高齢化が進んだ周辺住民の属性に合わなくなった例もあり近年の日本の少子高齢化は緑と人の関わりにも変化をもたらしている．

　人口減少により空き家の増加が全国的な課題となっているが，空き家の庭の樹木が管理されず放置されたため近隣に落葉や防犯・防災上の危険をもたらしている例も多い．一度人間が関与した緑は人間が管理し続けなければその状態を保つことができない．空き家問題は緑の問題ともなっている．

　住宅地の緑の管理を全て管理会社に委託する事例もある．近年全国的に盛んに建設されている**スマートタウン**では，住宅の庭の緑化デザインを供給者側で行ない，住宅の分譲後の維持管理を管理会社に一任することで常に良好な住宅地の緑景観を維持しようとする動きも出てきた．この場合は住民は小さな鉢植え程度しか自分の敷地に置くことが出来ないが，緑の維持管理に手間をかけられない世帯にとってはマンションの緑地部分と同様に見て楽しむための緑として位置づけられていると言える（**図11.18**）．近年，高齢者にとっては自宅の庭の維持管理が大きな負担となっていると言われており，今後はこのような事例の増加も予想される．公園や歩道の緑化などの公共の緑に住民が参加して維持管理を行なう事例が増加しつつある一方で，緑の多い住宅地の緑の維持管理を住民が手放している例が出てきているのである．

図11.18 堺市スマートタウンの植栽(2015.9撮影)

(b) **住民主体の緑のまちづくり**

現代社会においては，様々な場面で行政の力に頼るだけでなく，地域社会の人々の積極的かつ多様な住民参加が必要とされている．近年，住まいや街の価値を維持しさらに高めるために，いわゆるまちづくり活動と言われる住民の主体的な参加や活動が活発に行われるようになりつつある(**表11.6**)．様々な分野で，行政主導の計画づくりから住民の主体的な活動による民主的な計画づくりへの転換が求められているのである．緑のまちづくりにおいては，住民一人ひ

表11.6 住民のまちづくり活動の例(中村他，2015より)

1.	良好な町並みの維持
2.	地域の緑化
3.	今ある植栽や緑の維持，整備
4.	ゴミの削減
5.	リサイクル
6.	どろぼうや空き巣などへの防犯
7.	痴漢やひったくりなどの路上犯罪への防犯
8.	災害時の避難や生活支援
9.	地域の集会所の運営，管理
10.	街区公園の運営，管理
11.	高齢者の見守り，声掛け
12.	高齢世帯への食事サービスや生活支援
13.	子育て世帯の育児相談
14.	乳幼児や学童保育後の小学生の一時預かり
15.	子どもの虐待防止
16.	まちづくり
17.	地域の小学校の運営
18.	空き地・空き家の管理

とりの小さな取組みが広がっていくことが，緑の機能である地域の景観形成や生態系の保全，防災などの大きな成果を生み出すことにつながる．まずは自ら居住する住まいを見直して緑を植えることから始めてみてはどうか．近年住まいの緑化を住民のまちづくりにおける住民参加の一つとして重要視する考え方が広がりつつある（**図 11.19**）．また，住宅の壁面をアサガオやゴーヤで緑化を行ったり庭に落葉樹を植えたりすることは夏の暑さの影響を緩和してクーラーの使用を減らすことができエネルギーの削減にもつながる（**図 11.20**）．緑のまちづくりは，環境に対する人々の意識の向上と行動があってはじめて実現するものだからである．

図 11.19　静岡県浜松市エコハウス（2008.5 撮影）

図 11.20　北九州エコハウス（2010.8 撮影）

課題

1. 自分の住んでいる市のWebサイトを見てまちのどこに公園があるか，どんな大きさの公園なのか調べてみよう．
2. 身近な公園などの緑化空間が人々にどのように利用されているか観察してみよう．
3. 自分の住んでいる府県や市のWebサイトから保全対象になっている大木を探してどれかひとつ選んで見に行ってみよう．
4. 屋上緑化や壁面緑化が行なわれている建築物を探して，どのような場所にどのような手法によって緑化されているのか調べてみよう．
5. 身近にある神社やお寺の敷地内に森が残っているかどうか，もし残っていたらどんな樹木が生育しているか調べてみよう．

文献

青木宏一郎 (1999) 江戸のガーデニング．平凡社．
船瀬俊介 (2001) 屋上緑化－緑の建築が都市を救う．築地書館．
井出久登 (1999) 緑地環境科学．朝倉書店．
石川幹子 (2001) 都市と緑地－新しい都市環境の創造に向けて．岩波書店．
小橋澄治・村井宏・亀山章 (1998) 環境緑化工学．朝倉書店．
国土交通省 (2015) 平成26年度末都市公園等整備及び緑地保全・緑化の取組の現況（速報値）について．平成27年度国土交通白書（国土交通省都市局公園緑地・景観課 (2016))．Press Release 2016年1月22日．
越川秀治 (2002) コミュニティガーデン－市民が進める緑のまちづくり．学芸出版社．
丸田頼一 (1998) 都市緑化計画論．丸善．
丸田頼一 (2001) 環境緑化のすすめ．丸善．
宮脇昭 (2010) 4千万本の木を植えた男が残す言葉．河出書房新社．
中尾佐助 (1986) 花と木の文化誌．岩波文庫．
中村久美・田中みさ子・廣瀬直哉 (2015) 持続可能な郊外住宅地居住のための"地域に関わって住む"住み方に関する研究．日本建築学会計画系論文集, 80 (711), 1085-1094．
中野秀章・有光一登・森川靖 (1991) 森と水のサイエンス．東京書籍．

能城修一・佐々木由香（2014）遺跡出土植物遺体からみた縄文時代の森林資源利用．国立歴史民俗博物館研究報告，187, 15-48.
日本建築学会編（2002）建築と都市の緑化計画．彰国社．
日本造園修景協会編集委員会（2005）都市の緑化戦略－街づくりにおける緑の継承と展望．ぎょうせい．
尾島俊雄（2002）ヒートアイランド．東洋経済．
真田純子（2007）都市の緑はどうあるべきか．技報堂出版．
社団法人日本造園学会（1998）ランドスケープと緑化．技報堂出版．
白幡洋三郎（1995）近代都市公園史の研究 欧化の系譜．思文閣出版．
田畑貞寿（2013）緑と地域計画．古今書院．
山口隆子（2009）ヒートアイランドと都市緑化．成山堂．

参照URL

福岡市（1996）住宅都市局みどりのまち推進部　>　福岡市緑地協定推進実施要綱
　　http://www.city.fukuoka.lg.jp/data/open/cnt/3/37188/1/001.pdf（2016年12月閲覧）
福岡市（2011）緑地協定締結区域と協定書：シーサイドももち・地行浜1丁目住宅地区．
　　http://www.city.fukuoka.lg.jp/data/open/cnt/3/37188/1/kyouteisyo05-31.pdf（2016年12月閲覧）
兵庫県（2002）都市計画法の開発許可を受けて設置する公園の面積について
　　https://web.pref.hyogo.lg.jp/ks29/wd24_000000014.html（2016年12月閲覧）
国土交通省国土技術政策総合研究所（2013）ヒートアイランド現象緩和に向けた都市づくりガイドライン
　　http://www.nilim.go.jp/lab/bcg/siryou/tnn/tnn0730.htm（2016年12月閲覧）
国土交通省都市局公園緑地・景観課：都市公園の種類
　　http://www.mlit.go.jp/crd/park/shisaku/p_toshi/syurui/（2016年12月閲覧）
奈良市観光経済部農林課：巨樹などの保存
　　http://www.city.nara.lg.jp/www/genre/0000000000000/1376520221169/index.html（2016年12月閲覧）
大阪市：保存樹・保存樹林等，貴重な緑の保全・育成への助成について
　　http://www.city.osaka.lg.jp/kensetsu/page/0000158867.html（2016年12月閲覧）
東京都都市整備局（2014）品川駅・田町駅周辺まちづくりガイドライン
　　http://www.toshiseibi.metro.tokyo.jp/seisaku/guideline2014/index.html（2016年12月閲覧）
東京都都市整備局（2009）都市づくりビジョン
　　http://www.toshiseibi.metro.tokyo.jp/kanko/mnk/（2016年12月閲覧）

12 ごみと資源の新しいルール

花嶋温子

　毎日の暮らしを振り返ってみると，ごみを出さないで暮らすことはできない．古代の人のごみ捨て場が貝塚として残っているように，昔から人が暮らせばごみが出た．この「ごみ」という言葉は，日本書紀の仁徳天皇の時代（巻第十一）に以下のように記されている．

　「また，将に北の河のこみを防かんとして　茨田堤を築く」

　北の河とは淀川のこと，茨田堤（まんだのつつみ）は，大阪産業大学がある大東市などを含む淀川東岸の地域にあったと言われている堤である．濁音の表記がなかった時代なので「こみ」と表記されているが，これが記録に残る最古の「ごみ」という言葉である．文章の意味は，「また，淀川のごみ（ごみ，または海水の混じった水）を防ぐために茨田堤を作った」となる．

　ごみという言葉の発祥の地で，現在のごみのあり方と，これからのごみについて考えてみよう．

12.1　世界の廃棄物

(a)　世界の廃棄物量

　小さなごみから粗大ごみ，糞尿や動物の死骸などもあわせて，日本では廃棄物という．諸外国ではそれぞれの国で廃棄物の定義は少しずつ異なるが，

概ね不要なもので価格のつかないものを廃棄物とよぶ．**図12.1**に世界の廃棄物量を予測したグラフを示す．発展途上国の人口の増大と経済発展に伴って，2050年には現在の倍近い廃棄物が発生すると予測されている．特にアジア地域は増加が著しい．

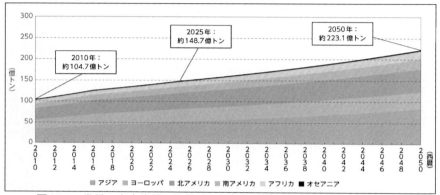

図12.1 世界の廃棄物量の推移（環境省「環境白書平成23年度版」，2011）

(b) 世界の資源量

次に世界の金属資源の埋蔵量とこれからの使用量の予測とを示すグラフを**図12.2**に示す．現在のそれぞれの金属資源の埋蔵量を1として，縦軸の太い線で示している．さらに2005年から2050年までの間の累積需要量を0から上に伸びる棒グラフで示している．マンガン（Mn），亜鉛（Zn），鉛（Pb），銅（Cu），ニッケル（Ni），錫（Sn），アンチモン（Sb），リチウム（Li），銀（Ag），インジウム（In），金（Au），ガリウム（Ga）は，2050年までに現在の埋蔵量の2倍以上の需要が見込まれている．亜鉛，鉛，銅，ニッケル，錫，アンチモン，銀，インジウム，金，パラジウム（Pd）は，埋蔵量ベースの線を超えている．埋蔵量ベースとは，現時点で採掘して採算の取れる埋蔵量を超えて，現在の技術では採掘しても採算がとれない部分も含めた鉱物資源の量である．図では極太の線で，それぞれの金属ごとに示されている．比較的豊富な資源があると言われている鉄（Fe）やプラチナ（Pt）でも，2050年までに，プラチナは現有埋蔵量を超える需要が予想さ

れ，鉄も現有埋蔵量に近づくと予想されている．このグラフからわかるように，現状のような資源利用を続けると，資源の枯渇はもう目前に迫っている．

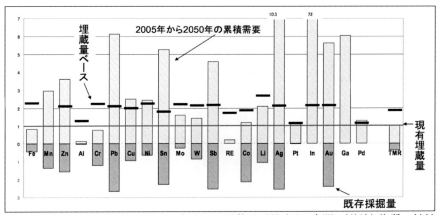

図12.2 現有埋蔵量に対する2050年までの累積需要量（原田幸明，（独法）物質・材料研究機構）

(c) **世界の温暖化対策**

地球温暖化の原因となる温室効果ガスのうち，一番大きな割合を占めているのは，二酸化炭素（CO_2）である．石炭や石油などの化石燃料を地下から掘り出して燃焼させてエネルギーを得るときに，二酸化炭素が大気中に放出される．この二酸化炭素の排出を少なく抑えるような社会を**低炭素社会**という．地球温暖化を抑制するためは，低炭素社会を目指す必要がある．

地球温暖化対策の国際的な動きとして，2015年12月に**パリ協定**（Paris Agreement）が採択された．パリ協定は，2020年以降の温室効果ガス排出削減等に関する国際的な枠組みで，歴史上はじめて，世界中のすべての国が参加する．パリ協定では世界共通の長期目標として，産業革命前からの気温上昇を2℃以下に設定している．

非営利シンクタンクのカーボン・トラッカー・イニシアティブの試算によると，気温上昇を2℃に抑えるためには，現在の化石燃料推定埋蔵量のうち三分の一しか使えなくなり，残りの三分の二は「座礁資産」化することにな

る.**図12.3**に「座礁資産」の意味について概念図を示す．現在の地球上にある化石燃料の推定埋蔵量に含まれる炭素量は二酸化炭素換算で2860Gt（ギガトン），気温上昇2℃目標達成のためには2050年までの炭素収支を565〜886Gtに抑える必要があるので，残り1974〜2295Gtの二酸化炭素を含む化石燃料は，存在していても燃料としては使えない，いわば座礁した資産となる．地球温暖化対策のために低炭素社会を目指すという方向性が，より具体的に化石燃料の使用を制限するという方向に向かいつつある．

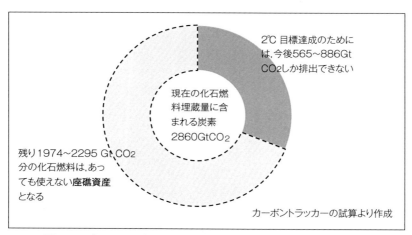

図12.3　気温上昇2℃目標達成のために座礁資産となる化石燃料

(d) 廃棄物と資源と温暖化対策との連結

　2050年までの将来予測から考えると，廃棄物は処理しきれないほど増え，一方資源は枯渇しつつあり，また，エネルギー源としてこれまで使ってきた石炭や石油は，地球温暖化抑制のために使えなくなりつつある．八方塞がりの状況は，枯渇性の資源やエネルギーを使って大量生産，大量消費，大量廃棄を進めれば，有限な地球環境のなかでは当然の結果である．しかし，ピンチは最大のチャンスとなりうる．将来の困難な状況が明らかになればなるほど，ルールを変えることが容易になる．

　資源の枯渇と廃棄物の増大の原因は同じである．たくさんのモノ（資源）

を環境中から取り出せば,たくさんのモノ(廃棄物)を環境中に放出することになる.そこで,資源採取,製造,消費(使用),廃棄までのライフサイクル全体を考えながら,モノが循環するように社会のルールを変えることが必要である.

すでに世界はその方向に向かって動き出している.**IRC**(International Resource Panel:国際資源パネル)という組織が,2007年にUNEP(国連環境計画)によって作られ,世界の天然資源の持続可能な利用や資源利用による環境影響に関する科学的な知見の提供を始めた.これは,地球温暖化問題における**IPCC**(Intergovernmental Panel on Climate Change:気候変動に関する政府間パネル)のような,情報提供のための国際組織である.

また,EU(ヨーロッパ連合)では,**資源効率性**(RE: Resource Efficiency)という言葉がよく言われるようになってきた.資源効率的な発展とは,「地球環境への影響の少ない持続可能な方法でのより少ない資源投入によって,より大きな価値を産み出すこと」である.日本で言われる**循環型社会**という言葉よりは,経済性(産み出す付加価値)に重点がおかれている.さらに,EUでは**循環経済**(CE: Circular Economy)への移行も進められている.これは,製品と資源の価値を可能な限り長く保全し,廃棄物の発生を最小限にすることであり,「EUの経済を転換させ,持続可能な競争的優位を作り出す機会」であると説明されている.

資源,廃棄物,エネルギーに関する新しいルール作りと,そのルールのなかでの競争がすでに始まっている.化石燃料を使った大量生産,大量消費,大量廃棄という古いルールに則った社会や組織は,2050年には存続できない.

12.2 日本の廃棄物

(a) 環境白書と日本の課題

みなさんは「環境白書」を読んだことがあるだろうか.白書とは政府がその分野における実態と政策について国民向けに発行する報告書で,文部科学白書,防衛白書,通商白書など様々な分野の白書が作られている.環境につ

いては環境省が環境白書を毎年発行している．

図12.4に示すように，環境に関する白書は1969年度（昭和44年度）版の「公害白書」から始まる．この頃，環境に関する一番大きな課題は公害であった．1971年に環境庁が発足，1972年度から白書は「環境白書」と名前を変えた．そして2001年度には，環境白書とは別冊で「循環型社会白書」が発行されるようになった．この頃は，最終処分場不足などの循環型社会形成に関する課題が環境に関する重要課題であった．2007年度と2008年度は，「環境・循環型社会白書」という名称で2つの白書が1冊に合本になり，2009年度からは，環境白書と循環型社会白書とともに新たに生物多様性白書も加えて3つの白書が合本となった1冊が発行されている．しかし，表紙を見ると大きな文字で「環境白書」と書かれていて，その下に小さく「循環型社会白書　生物多様性白書」とある．このように，白書のタイトルはその時々の重要課題を表している．2000年代初頭には，循環型社会の形成が環境分野の最重要課題であり，その後少し沈静化し，2009年以降においては，循環型社会形成は生物多様性とともに重要な課題の柱として位置づけられていることが見てとれる．

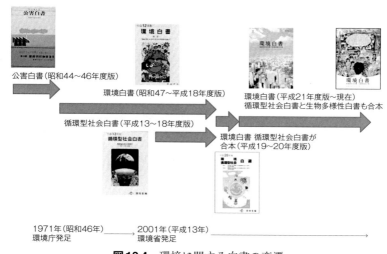

図12.4　環境に関する白書の変遷

(b) 日本のごみ量

前述のように世界全体のごみ量は増加している．それでは，日本のごみ量はどうだろう．**図12.5** に日本の**一般廃棄物**（家庭や学校や事務所や商店などから排出されるごみ）の1965年（昭和40年）から直近までの排出量の推移を示す．廃棄物の排出量は昭和40年代の高度経済成長期に急激に増加した．それまで廃棄物はすべて行政が処理をしていたが，行政だけでは処理しきれなくなった．そこで1970年に**廃棄物処理法**を制定し，「**産業廃棄物**」という区分を設け，指定された種類の廃棄物については排出事業者が責任をもって処理をするように仕組みを変更した．産業廃棄物以外の廃棄物を「一般廃棄物」という．**図12.5**に示すように一般廃棄物量は，第一次・第二次オイルショックで一時的に減るが，ほぼ横ばいで，バブル景気の頃からまた増加しはじめた．最終処分場（廃棄物を最終的に埋立処分するところ）の逼迫という大問題に対処するために，2000年に循環型社会形成推進基本法を制定するなど様々な法整備を行った．その結果，一般廃棄物量は2000年をピークに減り始めている．

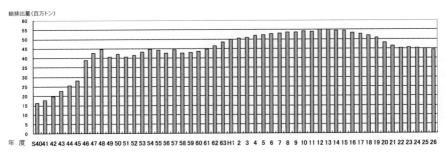

図12.5 日本の一般廃棄物排出量（環境省「日本の廃棄物処理」各年度版より筆者作成）

1970年に法律で「産業廃棄物」として区分された廃棄物は，その後，略称で「産廃（さんぱい）」と呼ばれてよくないイメージがついてしまっている．ごく一部の悪事を働く事業者が引き起こした不法投棄事件などが悪いイメージを拡散してしまった．しかし，産業廃棄物は有害な廃棄物のことではない．産業廃棄物を多く排出している業種は，電気・ガス・熱供給・水道業，農業・

林業，建設業であり，私達の暮らしを支えている業種から排出されている廃棄物である．品目別には汚泥が42.7％，動物の糞尿が21.5％，がれき類が16.4％となっている．産業廃棄物の発生量の推移を図12.6に示す．量的には年間4億トン前後で増えたり減ったりしている．

2013年度に産業廃棄物は385百万トン排出されており，一般廃棄物の排出量42百万トンの9.2倍である．ただし，量は多くても同じ性状のものがまとまって排出されるために減量化やリサイクルがしやすい．発生量の97％が減量化（汚泥は乾燥させるだけで重量が減る）や再資源化され，最終処分されるのは全体の3％に過ぎない．

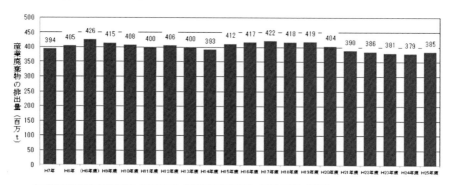

図12.6 日本の産業廃棄物発生量の推移（環境省「産業廃棄物排出・処理状況調査報告書平成25年度実績概要版」より）

一般廃棄物，産業廃棄物さらに廃棄物統計には含まれない金属スクラップや稲わら等の潜在的な廃棄物（副産物）をあわせて，国全体の**物質フロー**では「廃棄物等」と表す．平成12年度（2000年度）と平成25年度（2013年度）の日本の物質フローの比較を図12.7に示す．廃棄物等の発生量は，平成12年度（2000年度）が595百万トン，平成25年度（2013年度）が584百万トンと約2％しか減っていない．しかし，最終処分量（埋立地に処分される量）は平成12年度を基準とすると平成25年度（2013年度）は約71％減少している．また，循環利用量は，126％に増加している．

特に注目したいのは，総物質投入量が2138百万トンから，1674百万トンへと約78％に縮小している点である．日本は循環型社会を目指して確実にすすみつつある．

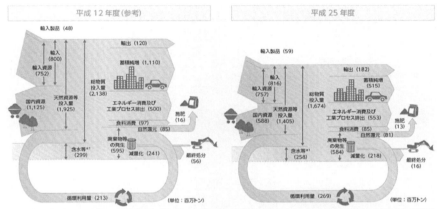

図12.7 日本の物質フロー（2000年と2013年）（環境省，2016）

(c) **廃棄物減量のための施策**

2000年をピークに一般廃棄物が減少している背景には，様々な法制度の整備などがあった．まず，廃棄物処理法の1991年の改正において，廃棄物の発生抑制と減量化が初めて法律に記された．その後，資源有効利用促進法，容器包装リサイクル法，家電リサイクル法，建設リサイクル法，食品リサイクル法，自動車リサイクル法，小型家電リサイクル法などの品目別リサイクル法が次々に制定された．また，上位法である**循環型社会形成推進基本法**が，2000年に制定された．それらの法律体系を**図12.8**に示す．

また，実際に収集や処理にあたる自治体（市町村）では，ごみの収集処理を有料化する自治体が2000年以降に増えている．2016年10月現在，約63.2％の自治体が有料化を実施している．これは，ごみ袋やごみ袋に貼るシール（排出券）などを市民に購入してもらうことにより，ごみの排出量に応じて処理

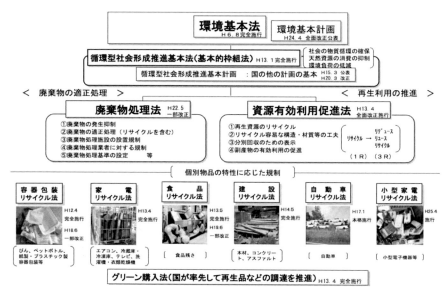

図12.8 循環型社会を形成するための法体系（第3次循環型社会形成推進基本計画の概要より）

費の一部を負担してもらおうというものである．税金を使ってごみ処理をしていることを意識せずに「捨てるのはタダ」と勘違いしてしまう風潮をあらため，市民のごみ減量努力が経済的にも動機付けられる仕組みを作ろうとしている．有料化を実施したほとんどの自治体では，ごみの排出量が減少している．

　新しい言葉（概念）の普及もごみの減量に一役買っている．3R（Reduce: 発生抑制，Reuse: 再使用，Recycle: 再資源化）は循環型社会を目指すための優先順位を表した言葉である．3Rという言葉は，1999年に当時の通商産業省（現在の経済産業省）と環境庁（現在の環境省）との提言のなかで，「大量生産・大量消費・大量廃棄型の経済システムから脱却」するためには，従来の「1R（Recycle）」から「3R（Reduce, Reuse, Recycle）」への転換が必要であるという形で使われ，その後全国に広まった．ただし，この3Rは日本の造語ではなく，これ以前にも世界で使われていた言葉である．3Rの優先順位の概念は，全国

の自治体の廃棄物処理計画に登場している．

(d) 日本の循環型社会教育

　産業廃棄物に比べて量的に少ない一般廃棄物に対する施策がなぜ重要なのか．それは，一般廃棄物を排出する人達が意思決定者（有権者）だからである．前述の循環型社会に向けた各種法律も有権者に理解されなければ制定できない．廃棄物の問題は，人々の暮らしに直接かかわっている．だから，単純な法規制や罰則だけでは実効があがらない．そこで，市民に理解と協力を求める啓発活動が長年行われてきた．

　日本では，1930年代から廃棄物減量のための啓発活動が始まっている．1933年には，大阪市が婦人会とともに減量イベントを実施している．1938年には東京市が「清掃と資源」というトーキー映画を作っている．無声映画が主流だった時代にトーキー（音声付き）映画は先端技術であった．1960年には札幌市が清掃の歌を一般公募し，1965年には「街をきれいに」というソノシートを3000枚制作して配布している．ソノシートとは薄いシート状のレコードのことである．1976年には札幌の厚別工場に市民向けの展示施設ができ，1980年には，文部省（当時）の作成する学習指導要領に，「小学3，4年生の社会科でごみ処理施設について学ぶ」と記述された．それ以前にもごみ処理施設の見学は行われていたが，これにより全国の小学生がごみ処理施設へ見学にいくことになった．2009年の調査によると，85％の小学4年生がごみ処理施設を訪れている．

　学習指導要領にごみ処理について学ぶと記載されてから36年が経過し，1980年当時10才（小学4年生）としてごみ処理施設の見学に訪れた人は2016年に46才になっている．**図12.9**に示すように，日本の年齢別人口構成に割り当ててみると，すでに1／3の人が，小学生の時にごみ処理施設に見学に行ったことになる．これは，日本のごみ処理の将来を決めていくうえで，大きな力となっている．また，この先の循環型社会に適応するための社会変革にも大きな力となるだろう．

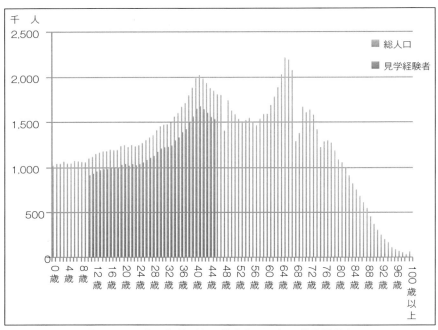

図12.9 日本の年齢別人口構成とごみ処理施設見学者

12.3 現在の日本のごみ処理のしくみ

(a) ごみの処理の仕組み

　ここであらためて，現在の日本ではどのようにごみが処理されているかを概観してみる．日本のごみ（廃棄物）は，産業廃棄物と一般廃棄物に分けられて処理されている．事業活動に伴って排出される廃棄物で，政令で品目や排出業種が定められたものを産業廃棄物と呼び，それ以外が一般廃棄物である．例えば，金属くずは，どんな業種でも事業所から排出されれば産業廃棄物である．大学から出た金属製の書棚も産業廃棄物として処理しなければならない．しかし，紙くずの場合は，政令で指定された業種（紙の製造業や新聞業，出版業など）から排出されたものだけが産業廃棄物となる．大学は紙くずについて，政令で指定された業種ではないので，大学から排出された紙

くずは産業廃棄物とはならない．すなわち，大学から排出された紙くずは一般廃棄物（事業系一般廃棄物）として，地元の自治体によって処理される．**図12.10**に産業廃棄物と一般廃棄物の区分を示す．

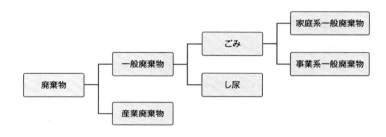

図12.10　日本の廃棄物の区分

　産業廃棄物の処理は，排出事業者の責任である．しかし，自己処理は難しいので，その多くは専門の産業廃棄物処理業者によって処理されている．家庭や学校，商店，事務所から出る産業廃棄物以外のごみは，一般廃棄物として自治体（市町村）によって処理される．以下では，その流れについて説明する．

(b)　**ごみの分別**

　家庭での排出段階で，ごみをいくつかの種類に分けて出すことを**分別**（ぶんべつ）という．ごみの分別方法はそれぞれの自治体によって異なる．例えば可燃ごみ，不燃ごみ，粗大ごみといった区分である．現在，日本において分別を指定していない自治体はない．2014年度の時点で，2種分別の自治体が6自治体，26種以上の分別を実施している自治体が26自治体ある．一番多いのは，11〜15種類の分別を実施している自治体で642ある．

　同じ名称でも，排出できるごみの内容物が同じとは限らない．「燃やすごみ」のなかに乾電池まで含む自治体もあるし，乾電池は別の区分で排出するように定めている自治体もある．また，同じようなごみでも自治体によって分別ごみの名称は異なる．例えばいわゆる可燃ごみにも自治体によって，「一

12．ごみと資源の新しいルール　　*331*

般ごみ」「普通ごみ」「可燃ごみ」「燃やすごみ」「燃えるごみ」「燃焼ごみ」など様々な名称がつけられている．

(c) ごみの収集

ごみの**収集方式**にも様々な方式がある．まずは時刻に着目すると，多くの自治体では市民が朝に排出して，朝から収集する方式である．しかし，福岡市のように市民が夜に排出して深夜から早朝にかけて収集をする方式もある．また，管路収集方式では市民はいつでもごみを出せて，ごみは地下に埋設された管路を通って収集される．

場所に着目すると，各戸収集とステーション収集がある．各戸収集はそれぞれの家の前にごみを出す．ステーション収集は，複数の世帯が一つの決められた場所（ステーション）にごみを出す方式である．マンションなどのごみ置き場は，ステーションの一つである．

収集に用いられる機材に着目すると，ごみを圧縮しながら水分を路上に漏らさずに運ぶことのできるパッカー車や，より圧縮力が強く大きなものを破砕しながら積み込むことのできるプレスパッカー車，空き瓶などを割らずに収集するための平ボディ車（荷台が平らな車両）などがある．ごみ排出容器をそのまま積み込む車両や，ごみ排出容器の中味を自動的に積み込む機能を持った車両など様々な特殊車両もある．また，前述のように車両ではなく地下に埋められた管路を用いて，ごみを収集する方式もある．

(d) ごみの中間処理（焼却や破砕・選別など）

ごみを最終処分する前に，資源化したり減量化したりする仕組みを**中間処理**という．おもに焼却や，破砕・選別などがある．焼却処理は，ごみが腐敗しやすい日本の気候条件下で伝染病を防ぎ衛生的に処理する方法として全国に普及した．現在の日本のごみは，紙やプラスチック類が多いため燃料を加えなくても自燃する．その熱を利用した発電が多くの焼却工場で行われている．災害時の電力供給源として，市役所の近くに焼却工場を建設している武蔵野市の最新事例もある．ごみは焼却しても完全にはなくならない，重量で

10〜15%が焼却残渣として残る．

　破砕処理は，粗大ごみなどを機械で小さく砕くことで，その後に金属や可燃物を選別する．また，資源物として収集されたびんや缶やペットボトルなどの小型のものは，破砕せずに直接選別を行い，再資源化施設に運びやすいように圧縮して成形する．

　中間処理には，このほかに堆肥化，バイオガス化，RDF（固形燃料）化，炭化，焼却残渣や飛灰の溶融などがある．

(e) **最終処分（埋立処分）**

　最終処分とは文字通り最終的な処分である．以前は海洋投棄も行われていたが，現在では厳しく規制されているので，ほとんどの最終処分は埋立処分である．建設される場所に着目すると，埋立処分地には陸上埋立地と海面埋立地がある．また，法律上の区分では，投入廃棄物を限定し浸出水の処理施設を持たない**安定型最終処分場**，有害廃棄物を永久に保存する**遮断型最終処分場**，浸出水の集水管や処理設備を備えた**管理型最終処分場**がある．写真は，大阪湾広域環境臨海整備センターの大阪沖埋立処分場である．これは，場所からみると海面埋立地であり，法律上の区分は排水処理設備を備えた管理型最終処分場である．

写真12.1　大阪沖埋立処分場（大阪湾広域環境臨海整備センター提供）

12.4　新しいルールを作ろう

(a)　世界的な新しいルール

　最近飛び込んでくる廃棄物や資源循環に関するニュースには，**表12.1**のような目新しいものが多い．例えば，フランスでは2009年2月に大型スーパーでの食料の廃棄を禁止し，生活困窮者に配布する団体に寄付するよう義務づける法律が成立した．同じくフランスでは，2020年から石油由来のプラスチック製のカップや皿などの食器を禁止し，植物由来の原料を50％以上にすることを義務づける．アメリカのサンフランシスコ市では，公共の場でのペットボトル飲料水の販売を禁止した．また，ノルウェーでは2025年までにガソリン車やディーゼル車の販売を禁止することを与野党間で合意した．

　これらのニュースは，日本ではまだ意外なニュース，面白いニュースとして報道されることが多いが，世界のルールは確実に変化しつつある．

表12.1　世界各国の新しいルール

新しいルール	国（地域）	報道の日付
大型スーパーでの売れ残り食料廃棄禁止	フランス	2016年2月17日毎日新聞
2020年から，プラスチック製使い捨て容器や食器を禁止	フランス	2016年9月20日ハフィントンポスト
公共の場での600 ml以下のペットボトル販売禁止	アメリカ（サンフランシスコ市）	2015年2月27日エコロジーオンライン
2025年までにガソリン車を全廃	ノルウェー	2016年6月7日ハフィントンポスト

　以前ヨーロッパの自動車メーカーの環境担当者に意地悪な質問をぶつけてみた．「高額の費用のかかるプラスチックまでなぜリサイクルするのですか，環境に良いことをやっているという宣伝の意味もあるのですか」．すると，「私達はルールのない世界で商売をしたことはありません．例えば，ものを購入したら対価を支払うというのも1つの基本的ルールだから私達は従っているのです．もし，次に課されるルールが予想できるのなら，早くそのルー

ルに適応した企業が次のステージで優先的な地位を得られるでしょう．だからリサイクルの可能性を探っているのです．これは善意ではありませんビジネスです．」との答えがかえってきた．新しいルールの背景はさまざまであるが，地球上の資源や廃棄物の制約に起因する新しいルールがこれからますます増えていく．

(b) 計画をつくる

　いろいろな立場の人が一緒にことを為すために，計画がつくられる．国レベルでは，**環境基本法**に基づく環境基本計画が策定されている．現在は第四次環境基本計画（平成24年4月閣議決定）が実施されている．そこには，「行政・企業・NPO・市民それぞれの主体が問題の本質や取組の方法を自ら考え，解決する能力を身につけ，自ら進んで環境問題に取り組むよう，環境教育や意識啓発を行う」と書かれている．

　国だけではなく多くの地方自治体がそれぞれの環境基本計画を策定しており，9割以上の計画において住民の意見を取り入れたことになっている．また，循環型社会形成推進基本法に基づく自治体の循環型社会形成推進計画や，廃棄物処理法に基づく一般廃棄物処理計画なども住民参加で作られることが多い．その多くは，計画策定の審議会に市民公募の委員を入れるとか，計画策定後に**パブリックコメント**を実施するといったことで「住民参加の計画である」としている．しかし，なかには真剣に市民協働を行った地域もある．例えば，東京都日野市では，公募職員による660回以上の説明会を実施し，地域のオピニオンリーダーと協力して環境基本計画を策定した．この計画は，実施後2か月で52％のごみ減量を達成している．

　行政の計画だけでなく，企業も内部で「廃棄物減量計画」をつくることはよくある．廃棄物の多量排出事業所には廃棄物減量計画書の提出を義務づける自治体が多いからである．企業内の計画であっても，そこにはさまざまな立場の人がかかわるため，本当の意味で全社員が活動する減量計画を作成することは難しい．例えば長野県軽井沢町にある星野リゾート軽井沢事業所では，ゼロエミッション計画（廃棄物の埋立，単純焼却をゼロにする計画）を実

施するのに10年かかっており，それを維持するために各部署から出た担当者が毎月，自分たちでごみ袋を開けて分別間違いを調査し，計画の進行管理をしつづけている．

　これからますます，さまざまな場面での廃棄物に関する計画をつくることが増える．そして，それを形式だけでなく実効性のあるものにすることが重要となる．

(c) 計画作りのために必要なこと

　これまでみてきたように，この先の地球で暮らし続けていくためには，新しいルールを作らなければならない．また新たなルール上での計画作りも，今までの延長線上ではなく**イノベーション**が必要である．イノベーションとは「新しいものを生産する，あるいは既存のものを新しい方法で生産すること」であり，イノベーションを起こす人をイノベーターと呼ぶ．

　資源や廃棄物，低炭素社会分野でのイノベーターのイメージを挙げてみる．

① 科学的にものごとをとらえる
　全体を客観的に包括的にとらえる．ライフサイクルアセスメントやリスクアセスメントの考え方も役立つ．かかる費用とその便益，リスク低減効果などを冷静に判断する．

② 歴史を学ぶ
　これまでのごみ処理の経過を見直してみると，新しいと思っている施策が実は以前にも違う形で実施されていることがよくある．以前に失敗したことが，技術の進歩や市民意識の変化で可能になることもある．

③ 技術を理解して適正に使う
　技術を課題に適応するのではなく，課題に対して最適な技術を選ぶ．**エンド・オブ・パイプ**（発生した汚染を浄化する技術）ではなく，汚染を発生させずに効用を生むような方法を考える．

④ システムのなかに人の要素も入れる
　ステイクホルダー（利害関係者）のそれぞれの立場を考えることが重要

である．ステイクホルダーには，受益者としての住民，処理責任のある行政，さまざまな商品の生産者と販売者，処理施設の周辺住民，処理の担い手となる働き手，などなど様々な立場が想定できる．これら現在生きている人達だけでなく，将来世代もステイクホルダーとして考える．
⑤　人と人とをつなぐネットワークをつくる
　計画を遂行するために，人に聞く力，人を巻き込む力，人と人とをつなぐ力も必要である．
⑥　やってみる
　実験や試行を始めてみる力が必要である．

　例えば，音楽を外へ連れ出す楽しみを産み出したウォークマン，コンピュータと通信ネットワークを携帯可能にしたスマートフォン，ゲームを部屋の中から屋外へ持ち出し，歩いたり人と交流したりできるポケモンGOなどがイノベーションの例としてあげられる．**表12.2**に示した廃棄物や資源循環に関するイノベーションの事例は，ウォークマンやスマートフォンやポケモンGOほど劇的ではないが，今までつながっていなかったものをつないで，

表12.2　廃棄物や資源循環に関するイノベーションの例

場所	事例	何と何とをつないだイノベーションか
福岡県大木町	生ごみを集めてバイオガスプラントでガス化し発電をしている．またその過程で産出される液肥で作った農産物を家庭へ循環	家庭と発電事業と農業
佐賀市	ごみ焼却工場からでる二酸化炭素を捕捉精製して，藻類を育てる工場へ売却	焼却工場と藻類生産工場
山形県長井市	レインボープラン	廃棄物と農業と山の菌類
大阪市	ふれあい収集	ごみ収集と高齢者福祉
徳島県上勝町	ゼロウェイスト宣言	ごみ焼却困難，多種分別リサイクルと量り売り
前橋市（株式会社ナカダイ）	産業廃棄物として処理される製造時の端材などのなかから素材として売れるモノを見極めデザイナーに販売したり，東急ハンズの店舗で販売	産業廃棄物とデザイナー
東京都武蔵野市	災害時に防災の拠点となる市役所に電力を供給するため，焼却工場を市役所の近くに建設	焼却工場と災害時電力

新たな価値や便利さや面白さを産み出している．環境負荷を減らすための我慢を強いるだけでは，人は動かない．環境に負荷をかけずに，今までとは違う楽しさや美しさ美味しさを産み出すイノベーターが今必要とされている．

子供や孫の代まで安定的に暮らせる環境を維持したいというニーズを，いかにライフスタイルの中に組み込んでいくか．廃棄物や資源循環に関しては，まだまだイノベーションの余地が大きい．是非，あなたが新たなイノベーターになってほしい．

課 題

1. **図12.2**の「現有埋蔵量に対する2050年までの累積需要量」のグラフから，2005年から2050年までの間の鉛（Pb）の累積需要量は，現有埋蔵量の何倍になるか読み取ろう．
2. 最新の「環境・循環型社会・生物多様性白書」を環境省のウェブ・ページで読んでみよう．
3. 産業廃棄物と一般廃棄物はどちらがどのくらい多いのか，**図12.5**と**図12.6**から調べてみよう．
4. 京都市では，3R（Reduce, Reuse, Recycle）ではなく2Rを推進している．Reduce（発生抑制），Reuse（再使用），Recycle（再資源化）のうちのどの2つを推進しているのだろうか．また，その理由を考えてみよう．
5. 大学のごみを減らすことは可能だろうか．そのための方策を考えてみよう．
6. ものを長く使う，あるいは使用者を変えて何回も使われることによって，より価値があがるものを探してみよう．

参照URL

原田幸明(2012) 資源リスクと対応」第4回「資源問題を劇化させる80％の人々
  http://scienceportal.jst.go.jp/archives/reports/safety/20120301_01.html
カーボン・トラッカー・イニシアティブ(2013)燃やせない炭素2013資本浪費と座礁資産
  https://www.carbontracker.org/wp-content/uploads/2013/04/Unburnable-Carbon-2
環境省総合環境政策「これまでの白書」
  http://www.env.go.jp/policy/hakusyo/past_index.html
環境省(2013)第3次循環型社会形成推進基本計画の概要
  http://www.env.go.jp/recycle/circul/keikaku/gaiyo_3.pdf
環境省(2014)平成23年度版「環境・循環型社会・生物多様性白書」
  http://www.env.go.jp/policy/hakusyo/h23/
環境省(2015) 産業廃棄物排出・処理状況調査報告書平成25年度実績
  http://www.e-stat.go.jp/SG1/estat/List.do?lid=000001151279
環境省(2016)平成28年度版「環境・循環型社会・生物多様性白書」
  https://www.env.go.jp/policy/hakusyo/h28/index.html
環境省(2016)日本の廃棄物処理平成26年度版(平成28年3月)
  http://www.env.go.jp/recycle/waste_tech/ippan/h26/index.html
経済産業省(2003)産業構造審議会・環境部会 産業と環境小委員会 地域循環ビジネス専門委員会中間答申(案)第3章
  http://www.meti.go.jp/committee/summary/0001864/pdf/003_02_03.pdf
山谷修作ホームページ「ごみ有料化情報」
  http://www2.toyo.ac.jp/~yamaya/survey.html

13 環境の認識と評価をふまえた対策のあり方

石原　肇

　現在の環境をよりよい状態に改善する，あるいはよりよい環境を創造するためには，現在の環境を的確に認識し，適切な評価を行い，必要な対策をとることが不可欠である．本書ではこれまで水環境や土壌環境に関する対策の歴史と技術の変遷を解説してきたが，本章では，環境政策の考え方について大気環境を事例に解説するとともに，近年の新たな大気環境の課題や対策の経験を活かした自然災害や国際協力への応用についても紹介することとする．

13.1　環境政策とは

(a)　政策の定義

　一般的に政策とは，「一定の意図を実現するために用意される行動案もしくは活動方針を広く政策というが，文脈に応じてかなり多義的に用いられる．政府のそれだけに限られず，販売政策，人事政策のように，民間企業においても，またそれ以外の一般組織の内部管理においても，さまざまな用いられ方をする．英語でポリシー policy と表現する場合には，いっそうその範囲が広がる．しかし，日本で政策概念がもっとも多用されるのは，政治社会ないし統治機構において織り成される公共政策 public policy に関してである．」

（世界大百科事典）とされている．

(b) 環境政策の考え方

それでは，本書で扱っている環境に関してとられる政策，すなわち環境政策はどのように考えられるだろう．日本においては，1993年に**環境基本法**（平成5年11月19日法律第91号）が施行された．環境基本法は，環境の保全について，基本理念を定め，現在および将来の国民の健康で文化的な生活の確保に寄与するとともに人類の福祉に貢献することを目的として，国，地方公共団体，事業者および国民の責務を明らかにしたものである．環境基本法第15条では，政府は，環境の保全に関する施策の総合的かつ計画的な推進を図るため，環境の保全に関する基本的な計画である「**環境基本計画**」を定めなければならないとしている．第三次環境基本計画に望ましい環境の姿として，「持続可能な社会」が記されている．「**持続可能な社会**」とは，「健全で恵み豊かな環境が地球規模から身近な地域までにわたって保全されるとともに，それらを通じて国民一人一人が幸せを実感できる生活を享受でき，将来世代にも継承することができる社会」とされている（**図13.1**）．本稿執筆現在では，第四次環境基本計画になっているが，「持続可能な社会」を目指すこと

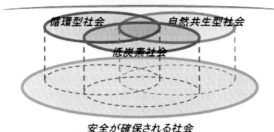

図13.1 持続可能な社会の姿（環境省，2006）

は変わっていない．

　この環境基本計画の「持続可能な社会」をふまえれば，環境政策とは，生命維持，生態系保護・保全，健康増進などの視点より，人間がかかわる生活環境から地球環境までのあらゆる環境を保全するため，あるいは現在の環境を改善しより良くするため，必要とされる有効な手段や方法を考え，判断する

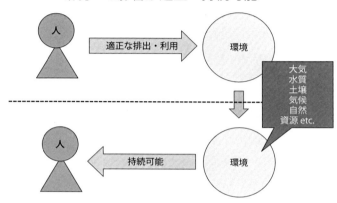

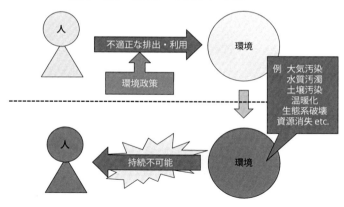

図13.2　環境政策のイメージ

表13.1 環境政策の手法(中央環境審議会企画政策部会経済社会のグリーン化メカニズムの在り方検討チーム, 2000)

直接規制的手法の適用

規制の類型	適用原則	有効な分野	事例
直接規制的手法(命令—統制型規制)	・健康,安全等社会的価値が経済的価値に優先する場合に,強制力により環境目標を確実に達成する	・排出源が特定でき,環境汚染の責任と義務が明確な場合 ・社会的公正の面から違反行為に対して罰則により制裁することが妥当な場合	・大気汚染 ・水質保全 ・土壌汚染
(総量規制)	・対象地域ごとに目標とする排出総量を定め,それに基づき企業その他から排出計画を提出させ,指導・監督を行う ・具体的な対処方法については事業者の裁量に任されており,枠組み規制的手法の要素もある	・汚染の因果関係が比較的容易に特定でき,排出目標があらかじめ設定できる場合 ・業種,企業等の行為者により排出量または汚染寄与率が把握できる場合 ・地域により環境汚染状況が異なり,一定の範囲の地域において奥に環境汚染を改善する必要がある場合	・瀬戸内海等の閉鎖性水域の水質汚染に関する総量規制 ・自動車排出NOxの総量削減

枠組規制的手法の適用

規制の類型	適用原則	有効な分野	事例
枠組規制的手法	・汚染の原因と結果の因果関係が明確でないか汚染形態が多様で排出基準等の設定が難しい場合に予防的に用いる ・一定の環境保全目標を達成するための選択肢があり,行為者の自主的な取り組みに委ねることが環境効率性に合致する	・汚染の原因と結果の因果関係が不明確又は多様なため,一律の基準の設定が難しく予防的措置として対応する場合 ・基準や対応方法が将来変化すると見込まれ,直接規制的手法より弾力性を持たせる場合 ・環境配慮のための技術的,制度的な選択肢があり,一定のルールのもとに各主体の創意による取組が期待できる場合 ・関連する多くの主体を取り込んだ環境保全対策が全体の環境保全に有効な場合 ・業種により技術,生産等の形態が多様であり,それぞれの特性に基づき環境保全対策を行うことが有効な場合	・PRTR法による届出制度 ・環境影響評価 ・廃棄物の削減 ・化学物質の使用規制 ・オランダのNEPPに基づく自主協定は,産業の自主的取組を生かしつつ,政策フレームでの位置づけの観点からみると法的拘束力により担保された枠組規制的手法といえる.

経済的手法の適用

経済的手法の類型	適用原則	有効な分野	事例
税	・税の導入により,環境保全に望ましい行為を誘導し,望ましくない行為を規制する ・ある行為により得られた便益とそれにより生じた社会的費用を税の負担により調整する.	・価格メカニズムを通じて,環境負荷の低減を図ることが有効な場合 ・社会的費用を経済的負担により,調整することが妥当な場合 ・個々の環境汚染の程度が少なく,分散・小口・多様な汚染形態の場合 ・経済的な負担に対して行為者の合理的な意思決定により選択することが妥当な場合 ・環境保全技術の開発や環境配慮への努力が継続的に促進できる場合	・炭素税 ・環境税 ・環境保全技術に対する税制優遇(加速度償却,優遇税率) ・差別税率(環境負荷の高い対象には高税率,閉居負荷の低い対象には低税率)
課徴金・利用料金	・樹液の程度に応じて経済的な負担を課す	・個々の環境汚染が定量的に把握できる	・水利用,排水 ・産業廃棄物 ・稀少資源の利用
補助金	・環境負荷の低減に資する製品の開発,販売や設備の導入に対して,金銭的補助を行うことにより,低公害製品・技術等の開発,販売を促進する	・補助金により環境保全に有効な製品やシステムの市場での競争力を高められる場合 ・環境保全に資する設備などの導入に対する補助金により経済的に不利な事業者等の導入を促進できる場合 ・環境保全に有効な技術開発を促進できる場合	・低公害車の取得に関する補助 ・クリーンエネルギーの導入 ・公害防除設備の導入 ・公害除去コストによる上乗せ価格に対する補助金(望ましくない補助金)

市場の創設（排出権取引）	・排出量の基準を達成するために，排出権を買うか，排出削減のための投資等を実施するかの経済的判断に基づき，個々の事業者または実施される有害物質の総量を削減する ・排出権取引は，一定の排出基準を定めた直接規制を前提として導入される．	・相当高い基準に対して，排出権の購入によるか投資や開発によるか事業者や国の事情に基づき合理的判断で選択できる場合 ・事業者ごとに排出量の割り当てを行なう場合は，排出権の対象となりうる．	・SOxの排出に関する取引制度 ・多国間の漁業資源，漁獲量の取引 ・多国間のCO_2に関する排出権取引
（エコ・マーケットの創出支援）	・環境保全型製品の価格競争力を高め，あるいは製品の普及を図るために市場の整備を支援する．	・需要の喚起や市場の整備により，量産効果を通じて製品等の競争力を高めうる場合 ・市場を創設することにより，消費者の購買への誘因が高められる場合	・率先実行計画 ・グリーン調達 ・製品表示（エコラベリング商品の推奨） ・リサイクル製品市場の育成

自主的取組の適用

自主的取組の類型	適用原則	有効な分野	事例
公的自主計画	・公的な環境施策または法規制に沿って，企業の参加を誘導する ・いったん参加すると，公的計画または法規制による管理，監督に従う（米国型） ・法や公的施策に沿って，業界や企業毎に環境保全に関する実施細目を取り決める（ドイツ型）	・法規制または公的な施策でルールを定め，それに基づき企業等の自主的取組が経済効率を高め，経済メカニズムを歪めない場合 ・環境保全に関する技術開発を促進できる場合 ・業種や企業により多様な対応方法と選択肢があり，自主的取組の方が環境目標全体の達成に効率的な場合 ・法制度を担保するための組織，運営に係るコストが膨大であり，自主的取組の方が施策の費用対効果が高い場合 ・技術進歩や製品開発のテンポが速く，一律の基準を設定し規制するより，柔軟に状況変化に対応した方が望ましい場合 ・法規制に至るまでに試行的，暫定的に制度を実施する場合 ・制度の実施方法や運用，組織，事後フォローに関して信頼性が高い場合	・米国のEnergy Star，33/50計画 ・EUの環境経営監査制度（EMAS） ・PRTR報告制度（枠組規制の一部） ・エコ・ラベリング ・地球温暖化防止に係る業界ごとの自主行動計画（業界ごとの自主取組であるが法規制や施策とも密接にリンクしている）
自主協定	・法規制のフレームのもとに，地方自治体と企業の間で排出物等の環境に関連する協定を締結する ・条例が協定の拘束力となる ・国の環境計画の実効性を担保するために主要な業界や企業と環境保全に関して取り極めを結ぶ（オランダ型）	・地域や立地，企業の特質にあわせて，個別に協定を結ぶ方が実効性が高く拘束力が強い場合 ・一律の基準以上に高いレベルで環境目標を達成しようとする場合 ・国法制度には，実施方法や管理監督が地方の行政に委ねられているため，条例に基づき個々に協定を結ぶ場合	・環境自主協定，公害防止協定 ・オランダの自主協定（Covenants）
片務的公約	・作業や企業の自発的な環境保全への取組であり，法的義務がなく一定の規則や基準，監督にも従わない	・企業のステークホルダーに対する訴求が，企業活動に効果がある場合 ・雇用者や地域社会との良好な関係を築く場合 ・新しい経営理念を実現しようとする場合	・環境報告書 ・企業の環境経営計画 ・環境監査 ・企業のゼロ・エミッション活動

ことであると言えよう（**図13.2**）．それには望ましい環境の姿とその実現に近づくための課題を明確にし，解決に要求される負担と得られる効果とを較量し，実践すべき政策を選択することが重要になると考えられる．**表13.1**に示すように，環境政策には様々な**手法**があるものと考えられている（中央環境

審議会企画政策部会経済社会のグリーン化メカニズムの在り方検討チーム，2000）．

13.2 大気環境に係る課題と対策の歴史

(a) 大気環境に係る課題

日本の大気環境の課題をみると，公害とその健康被害者の訴訟提起による裁判の判決により，対策が進んできたといえる．ここでは，主要な公害裁判のうち，特に重要であると思われるものを取り上げることとする．

1) 四日市ぜんそく

日本の**四大公害**は水俣病，第二水俣病，四日市ぜんそく，イタイイタイ病である．このうち四日市ぜんそく以外の3つは水質汚濁に起因するものであり，7章で詳述されていることから，本章では大気汚染に起因する公害であった四日市ぜんそくについて，（公財）国際環境技術移転センターや（独）環境再生保全機構の公表資料を基に以下概略を記す．

四日市ぜんそくは，1960年から1972年にかけて三重県四日市市で発生した．主に亜硫酸ガス（二酸化硫黄）による大気汚染を原因とする．四日市は幕末から旧東海道の要所であり，近代に入ってからも産業港として栄えた．戦前は紡績産業，戦時中は第二海軍燃料廠となり，戦後は燃料廠跡地に石油化学コンビナートが建設されることとなった．この石油化学コンビナートが大気汚染と海洋汚染の原因となる．まず，1955年に，水質が悪くなり，臭い魚が獲れるようになる．ついで，1960年から磯津地区でぜんそく症状を訴える人が多くなり，公害反対運動が始まる．

1967年9月，県立塩浜病院入院中の磯津の公害患者9名が原告として裁判を起こした．市民に一番近い立場にいた四日市市職員が組織する四日市市職労などが公害患者の支援の中心であった．被告は磯津地域に隣接している第1コンビナート6社であった．1972年7月に原告である公害患者の勝訴判決があり，被告である企業は控訴を断念した．全国の大気汚染の被害に苦しん

でいた公害患者は四日市を見習い,公害患者を組織し,反対運動を進めることとなった.

この裁判のポイントは,工場6社の共同不法行為が認定されたことと,二酸化硫黄とぜんそくの因果関係が認められたことであり,大気環境のモニタリングが重要であることが明らかである.四大公害が社会問題となり公害対策基本法が,四日市ぜんそくが契機となり大気汚染防止法が制定されている.

2) 大阪市西淀川区の大気汚染

つぎに,大阪市西淀川区における大気汚染の対応の経過について,(独)環境再生保全機構の公表資料を基に以下概略を記す.

大阪の中心部に近い西淀川区は,都市に住む人々の食べ物をつくる農業,漁業の町としてかつては栄えていた.1930年代頃から,阪神工業地域の一地域として工場が建設される.大阪と神戸をつなぐ場所に位置するため,大きな道路も数多く建設された.特に大気汚染はひどく,地形的に大阪湾の一番奥に位置しているために尼崎と此花・堺の大工場の煙が西淀川に集まる.また,道路を通過する大型ディーゼル車の排気ガスも多く,工場の煙が混じりあい複合大気汚染となっていた.西淀川区の大気汚染がひどいのは,隣の尼崎市や此花区からの「もらい公害」であり,コンビナートでないために工場の共同責任を問うのは困難であり,裁判で住民が勝つのは難しいという意見が弁護士の中では一般的であったとされる.

しかし,公害改善と患者の窮地を救うために西淀川の公害患者は裁判を望み,弁護士会に働きかけて「勝てるはずがない」裁判に踏み切った.争点は西淀川で汚染物質を環境基準以下にすることと,公害患者の損害賠償であった.西淀川公害訴訟は,第1次訴訟から第4次訴訟にわたり延べ726人が原告となった日本最大の公害訴訟である.その結果,20年間かかった裁判では国と企業に勝訴し,公害地域再生という新しいステージを切り開いた.なお,これまでで西淀川区だけで累計7000人を超える人が公害病に認定されている.

この裁判は，1998年7月29日に国・公団との和解が成立したが，ポイントは工場のみならず自動車排ガスの健康影響すなわち二酸化窒素と健康被害の因果関係が認められ，道路の設置者である国や阪神高速道路公団の責任を認めたことである．この訴訟に関連し，和解が成立する前に，自動車から排出される二酸化窒素や浮遊粒子状物質の排出規制を目的とした自動車NOx・PM法（1992年（平成4年）法律第70号）が制定されている．

3) 東京大気汚染訴訟
　さらに，東京大気汚染訴訟について，（独）環境再生保全機構の公表資料を基に以下概略を記す．
　1960年ごろから，東京は自動車の排気ガスによる大気汚染に悩まされていた．交通網の整備によって増え続ける自動車交通量と，軽油優遇税制によって増加するディーゼル車によってますます悪化していた．ディーゼル車は，ガソリン車からはほとんど排出されない浮遊粒子状物質を大量に排出する．自動車排ガス汚染により，ぜんそくなどの呼吸器系の病気になる人が増えていた．
　1996年5月，道路の管理や排ガス規制の責任を負う国・東京都・首都高速道路公団，そして，ディーゼル車を製造・販売している自動車メーカー7社をぜん息患者が訴えることとなった．これまでの大気汚染裁判では，公害健康被害補償法の認定患者が裁判の原告となっていたが，1988年に公害健康被害補償法の新規認定が打ち切りとなったため，東京では認定されていないぜん息・慢性気管支炎・肺気腫の患者も原告となった．目的は，損害賠償と救済制度を新しく作ること，汚染物質の差止めにあった．
　2006年の地裁判決では，公害認定されていない未救済患者への損害賠償（国・都・公団）が認められたが，自動車メーカーの責任，差止めについては認められずにいた．都以外は控訴したが，2007年8月に和解が成立した．この和解により，自動車メーカーが33億円，国が60億円，首都高速道路株式会社が5億円を東京都に支払い，それを基に東京都内の全てのぜんそく患者の医療費を無料とする制度が2008年8月に創設された．また，PM2.5の環境基

準設定，様々な道路公害対策を国や東京都が行うこととなった．

　この裁判のポイントは，道路管理者の責任が認められたことと，自動車メーカーも責任を認めたことにある．

4) 光化学スモッグとPM2.5

　これまで記してきたように，工場や自動車に対する規制等により，個々の物質への対策が進められ，後に詳述するように改善が進んできているものの，依然として課題となっているものもある．

　四日市ぜんそくが大きな公害問題となった時期に，大都市では，光化学スモッグによる健康被害が確認されるようになる．工場や自動車から大気中に排出された窒素酸化物や揮発性有機化合物（VOC）が，紫外線で光化学反応を起こし，光化学オキシダントが発生する．この光化学オキシダントが人の目や呼吸器などを刺激して，健康被害が発生する．工場や自動車への対策が行われ，瞬間的に被害が出るような公害は減ってはきている．

　近年話題となっているPM2.5は，大気中に浮遊している$2.5\mu m$（$1\mu m$は1mmの千分の1）以下の小さな粒子のことで，従来から環境基準を定めて対策を進めてきた浮遊粒子状物質（SPM：$10\mu m$以下の粒子）よりも小さな粒子である．PM2.5は非常に小さいため（髪の毛の太さの1/30程度），肺の奥深くまで入りやすく，呼吸系への影響に加え，循環器系への影響が心配されている．粒子状物質には，物の燃焼などによって直接排出されるものと，硫黄酸化物（SO_x），窒素酸化物（NO_x），揮発性有機化合物（VOC）等のガス状大気汚染物質が，主として環境大気中での化学反応により粒子化したものとがある．発生源としては，ボイラー，焼却炉などのばい煙を発生する施設，コークス炉，鉱物の堆積場等の粉じんを発生する施設，自動車，船舶，航空機等，人為起源のもの，さらには，土壌，海洋，火山等の自然起源のものもある．

(b) **大気環境の改善や保全のための仕組みと取組み**

　これまで日本における大気環境の課題の歴史をみてきた．個別の物質である二酸化硫黄や二酸化窒素などについては改善がみられている．しかし，光

化学スモッグのように改善が進んだものの,注意報が発令されなくなるまでには至っていないし,PM2.5は状況の把握に努めている段階である.

　それでは,改善が進んだ要因と未だ解決しきれない要因にはどのような差異があるのだろうか.まず,日本における対策の考え方を知ることが重要であろう.日本では,四大公害の発生により,現在の環境基本法ができる以前に公害対策基本法が制定された.この公害対策基本法を基に,大気環境の改善を目的に,大気汚染防止法が制定されるなど,対象となる媒体ごとに個別の対策法が制定されている.基本的な考え方としては,「**環境基準**」の設定,モニタリングによる大気環境の「監視」,工場や自動車等の排出源の「規制」や行政による「対策」で成り立っているといえよう.以下,本項では最新の『環境白書・循環型社会白書・生物多様性白書』からその状況を確認しておこう.

1) 環境基準の設定

　環境基本法をみると,第16条で「環境基準」を定めることが規定されている.環境基本法第16条第1項で「政府は,大気の汚染,水質の汚濁,土壌の汚染及び騒音に係る環境上の条件について,それぞれ,人の健康を保護し,及び生活環境を保全する上で維持されることが望ましい基準を定めるものとする.」となっている.

　また,環境基本法第16条第2項で「基準については,常に適切な科学的判断が加えられ,必要な改定がなされなければならない.」とされている.さらに,環境基本法第16条第3項で「政府は,この章に定める施策であって公害の防止に関係するものを総合的かつ有効適切に講ずることにより,第一項の基準が確保されるように努めなければならない.」とされている.

　ここで,大気環境に関する基準をみると,**表13.2**のようになっている.

2) 大気環境の監視

　都道府県等では,一般環境大気測定局および自動車排出ガス測定局において,大気汚染防止法に基づく大気の汚染状況を**常時監視**している.また,そのデータ(速報値)は環境省が運営する「大気汚染物質広域監視システム(そ

表13.2 大気汚染に係る環境基準

物質	環境上の条件（設定年月日等）	測定方法
二酸化硫黄 （SO_2）	1時間値の1日平均値が0.04ppm以下であり，かつ，1時間値が0.1ppm以下であること．（48.5.16告示）	溶液導電率法又は紫外線蛍光法
一酸化炭素 （CO）	1時間値の1日平均値が10ppm以下であり，かつ，1時間値の8時間平均値が20ppm以下であること．（48.5.8告示）	非分散型赤外分析計を用いる方法
浮遊粒子状物質 （SPM）	1時間値の1日平均値が0.10mg/m^3以下であり，かつ，1時間値が0.20mg/m^3以下であること．（48.5.8告示）	濾過捕集による重量濃度測定方法又はこの方法によって測定された重量濃度と直線的な関係を有する量が得られる光散乱法，圧電天びん法若しくはベータ線吸収法
二酸化窒素 （NO_2）	1時間値の1日平均値が0.04ppmから0.06ppmまでのゾーン内又はそれ以下であること．（53.7.11告示）	ザルツマン試薬を用いる吸光光度法又はオゾンを用いる化学発光法
光化学 オキシダント （O_X）	1時間値が0.06ppm以下であること．（48.5.8告示）	中性ヨウ化カリウム溶液を用いる吸光光度法若しくは電量法，紫外線吸収法又はエチレンを用いる化学発光法

※この他に，「有害大気汚染物質に係る環境基準」，「ダイオキシン類に係る環境基準」，「微小粒子状物質に係る環境基準」がある

らまめ君）」によりリアルタイムで収集され，インターネットや携帯電話用サイトで情報提供されている．

近年大きな関心が払われているPM2.5に関しては，2009年9月に環境基準が設定され，2010年度から，地方公共団体により大気汚染防止法に基づく大気の汚染状況の常時監視が開始されている．

3）大気環境の改善や保全に向けた取組

まず，ばい煙に係る固定発生源対策である．大気汚染防止法に基づき，ばい煙（窒素酸化物（NOx），硫黄酸化物（SOx），ばいじん等）を発生し排出する施設について排出基準を定めて規制が行われている．加えて，施設単位の排出基準では良好な大気環境の確保が困難な地域においては，工場または事業場の単位でNOxおよびSOxの総量規制が行われている．

つぎに，移動発生源対策である．移動発生源である自動車に対しては様々

な対策が講じられている．まず，自動車単体対策と燃料対策である．自動車の排出ガスおよび燃料については，大気汚染防止法に基づき逐次規制が強化されてきている．大都市地域では自動車排出ガス対策が行われている．自動車交通が集中する大都市地域の大気汚染状況に対応するため，自動車NOx・PM法に基づき大都市地域（埼玉県，千葉県，東京都，神奈川県，愛知県，三重県，大阪府および兵庫県）において各都府県が「総量削減計画」を策定し，自動車からのNOxおよびPMの排出量の削減に向けた施策を計画的に進めている．また，同法の排出基準に適合しているトラック・バス等であることが判別できる「自動車NOx・PM法適合車ステッカー」の交付や，事業者による排出抑制のための措置の推進等に取り組んでいる．さらに，低公害車の普及を促す施策として，車両導入に対する各種補助，自動車税・軽自動車税の軽減措置および自動車重量税・自動車取得税の免除・軽減措置等の税制上の特例措置ならびに政府系金融機関による低利融資が講じられている．また，低公害車普及のためのインフラ整備については，国による設置費用の一部補助，燃料等供給設備に係る固定資産税の軽減措置等の税制上の特例措置が講じられている．

　他方，交通流対策への取り組みがなされている．交通流の分散・円滑化施策としては，道路交通情報通信システム（VICS）の情報提供エリアの拡大が図られてきている．また，交通量の抑制・低減施策としては，交通に関わる多様な主体で構成される協議会による都市・地域総合交通戦略の策定およびそれに基づく公共交通機関の利用促進等への取組が支援されてきている．加えて交通需要マネジメント施策が推進され，地域における自動車交通需要の調整が図られている．

　このようにみると，大気環境の改善や保全のための政策として，規制のみならず，助成や融資，減税，インフラ整備等，様々な手法がとられているといえよう．また，大気環境の改善や保全のための政策には，低公害車の普及や，地球温暖化防止への寄与など，他の環境の課題への効果が期待できる手法があることに留意が必要である．

(c) **大気環境の現状と今後の課題**

このように時代とともに大気環境の課題は変遷し，対策も随時強化されてきている．それでは，日本の大気環境の現状はどのようになっているだろう．以下，本項では最新の『環境白書・循環型社会白書・生物多様性白書』からその状況を確認しておこう．

1) 改善が進んでいる物質の状況

二酸化硫黄（SO_2）の2014年度の有効測定局数は，一般局が1,003局，自排局が55局であった．環境基準達成率は，一般局99.6％，自排局100％であり，近年良好な状態が続いている．年平均値は，一般局0.002ppm，自排局0.002ppmで，近年は，一般局，自排局ともほぼ横ばい傾向にある（**図13.3**）．

二酸化窒素（NO_2）の2014年度の有効測定局数は，一般局が1,275局，自排局が403局であった．環境基準達成率は，一般局100.0％，自排局99.5％であり，一般局では近年全ての測定局で環境基準を達成し，自排局では2013年度と比較すると達成率が0.5ポイント上昇し，高い水準で推移している．また，年平均値は，一般局0.010ppm，自排局0.019ppmであり，一般局，自排局ともに近年緩やかな低下傾向がみられる（**図13.4**）．

一酸化炭素（CO）の2014年度の有効測定局数は，一般局が59局，自排局が241局であった．環境基準達成率は，1983年度以降，一般局，自排局とも100％であり，全ての測定局において環境基準を達成している．年平均値は一般局0.3ppm，自排局0.4ppmで，近年は一般局，自排局とともにほぼ横ばい傾向にある（**図13.5**）．

浮遊粒子状物質（SPM）の2014年度の有効測定局数は，一般局が1,322局，自排局が393局であった．環境基準達成率は，一般局99.7％，自排局100.0％であり，2013年度と比較して，達成率が一般局で2.4ポイント，自排局で5.3ポイント上昇した．また，年平均値は，一般局0.020mg/m^3，自排局0.021mg/m^3であり，一般局，自排局とも近年ほぼ横ばい傾向が見られる（**図13.6**）．

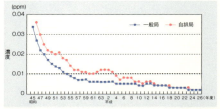

図13.3 二酸化硫黄濃度の年平均値の推移（昭和45年度〜平成26年度）（環境省, 2016）

図13.4 二酸化窒素濃度の年平均値の推移（昭和45年度〜平成26年度）（環境省, 2016）

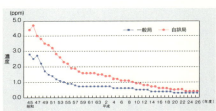

図13.5 一酸化炭素濃度の年平均値の推移（昭和45年度〜平成26年度）（環境省, 2016）

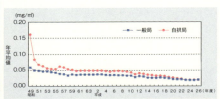

図13.6 浮遊粒子状物質濃度の年平均値の推移（昭和49年度〜平成26年度）（環境省, 2016）

2）改善が進んでいない物質の状況と課題

　光化学オキシダントの2014年度の測定局数は，一般局が1,161局，自排局が28局であった．環境基準の達成状況は，一般局で0.0％，自排局で3.6％であり，依然として極めて低い水準となっている（**図13.7**）．一方，昼間の濃度別の測定時間の割合で見ると，1時間値が0.06ppm以下の割合は92.5％（一般局）であった．

　微小粒子状物質（PM2.5）の2014年度の有効測定局数は，一般局が672局，自排局が198局となっており，PM2.5が常時監視項目に加わった2010年度以降，着実に増加している．環境基準達成率は，一般局

図13.7 昼間の日最高1時間値の光化学オキシダント濃度レベルごとの測定局数の推移（一般局）（平成20年度〜平成26年度）（環境省, 2016）

13. 環境の認識と評価をふまえた対策のあり方　　*353*

37.8％, 自排局25.8％であった (**図13.8**). また, 年平均値は, 一般局 14.7 μg/m³, 自排局 15.5 μg/m³ であった.

これまで取り組んできた大気汚染防止法に基づく工場・事業場等のばい煙発生施設の規制や自動車排出ガス規制などにより, SPMとPM2.5の年間の平均的な濃度は減少傾向にある.

光化学オキシダントは, 工場・事業場や自動車から排出される窒素酸化物 (NOx) や揮発性有機化合物 (VOC) を主体とする一次汚染物質が太陽光線の照射を受けて光化学反応により二次的に生成されるオ

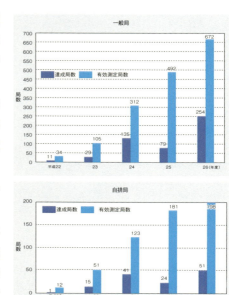

図13.8 微小粒子状物質の環境基準達成状況の推移 (環境省, 2016)

ゾンなどの総称で, いわゆる光化学スモッグの原因となっている物質である. 他方, 粒子状物質には, 先に記したように, 物の燃焼などによって直接排出されるものと, 硫黄酸化物 (SOx), 窒素酸化物 (NOx), 揮発性有機化合物 (VOC) 等のガス状大気汚染物質が, 主として環境大気中での化学反応により粒子化したものとがある.

いずれもが, 二次的に生成される発生機構をもつことが特徴である. このことが, 環境の改善が進んできた物質と異なり, 有効な対策を見出す上で発生機構の解明と規制対象をどのようにするかが環境基準達成に向けた課題となっているといえよう.

13.3 大気環境対策の応用としての事例
　　　 －自然災害への対応－

次に**自然災害**への対応に大気環境の改善の経験が活かされた事例として

2000年の三宅島火山災害の火山ガス対策をみよう．三宅島は東京から南に約180kmに位置する伊豆諸島の一つである（**図13.9**）．2000年6月に始まった三宅島の噴火活動は，三宅島に限らずこれまでの島弧における火山の噴火活動に関する理解を超えたものであった．度重なる噴火は大量の火山灰を降らせた．その後の大雨により火山灰は泥流となり，家屋や道路などを破壊した．また，同年8月下旬から

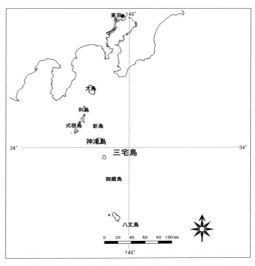

図13.9 三宅島位置図（石原，2006a）

は火山ガスが連続的に放出されるようになり，9月下旬には一日の放出量が約5万トンという世界に例を見ないほど大量の二酸化硫黄が放出されるようになった．このため，2000年9月から，2005年2月1日に三宅村村長が災害対策基本法に基づく避難指示を解除するまで4年5か月にわたる島民の全島避難が行われていた．

この間の対応状況から4つの期間に分けることができる．帰島が実現した現在，この経過をみると，火山ガスに対する安全対策の構築が進むことで夜間滞在方法が変化してきたことがわかる．第1期は，火山ガスの特性が把握できない状態かつ火山ガス放出量が大量であったため洋上や神津島

図13.10 脱硫装置の付いた施設（2005年撮影）

13．環境の認識と評価をふまえた対策のあり方 *355*

に現地災害対策本部を置いた「物理的回避期」である．第2期は，火山ガス放出量は減少傾向にあるものの，二酸化硫黄濃度に対する基準が環境基準や許容濃度を用いた作業基準しかない状態の中で，建物全体を脱硫装置によって防護した「化学的回避期」である．第3期は，二酸化硫黄の短期的影響と長期的影響の二つの考え方に着目し，長期的影響について地理的に安全と判断される区域において，短期的影響のみを回避する目的で建物の一室だけを脱硫装置によって防護した「予察的回避期」である．第4期は，規制区域を設けるとともに火山ガスの観測体制や情報伝達体制の整備とクリーンハウスへの避難行動を確立することで，脱硫装置を整備していない施設においても夜間滞在が可能となった「制度的回避期」である．

この三宅島の火山災害対策の事例では，二酸化硫黄の

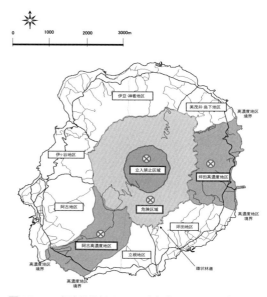

図13.11 規制区域図(2004年)（石原，2006a）

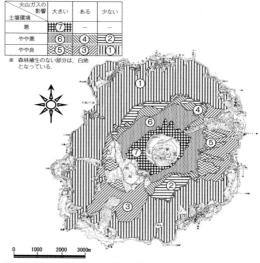

図13.12 三宅島の植物の生育に対する火山ガスと土壌環境の影響（2003年）（石原，2006b）

環境基準を援用して規制区域などが設定されたこと，工場からの排気ガスから二酸化硫黄を除去する脱硫装置の技術を応用してクリーンハウスを整備したことなど（**図13.10**），これまでの大気汚染対策のノウハウが様々なところで活用されている．また，規制区域を設けるにあたっては（**図13.11**），二酸化硫黄の測定データのみならず，森林破壊の程度を把握するための植生調査の結果が二酸化硫黄に対する生物指標となり活用もされている（**図13.12**）．

13.4　環境政策をより進めるためには

(a)　リスクコミュニケーションの推進

化学物質やその**環境リスク**に対する国民の不安に適切に対応するため，これらの正確な情報を市民・産業・行政等の全ての者が共有しつつ相互に意思疎通を図るという**リスクコミュニケーション**の推進が不可欠である．

筆者の職務上のこれまでの経験では，環境リスクの懸念のある事案については，前例がないこと，関係する住民が多数存在すること，マスコミに取り上げられたこと，議会において議論がなされたこと，解決まで時間を要することといった諸点がほぼ共通している．そのような中，事案による差異があるとすれば，住民等の事案に対する環境リスクの捉え方にあるのではないかと考えている．また，環境リスクの懸念のある事案では，行政と事業者を取り巻くステークホルダーが多数存在する中で対策を進めることとなる場合が多い（**図13.13**）．岸本（2011）は，安全とは社会的合意にもとづく約束事であると述べている．対策を講じることで適切に環境リスクが管理され

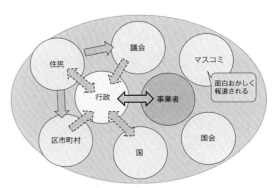

図13.13　リスク対策上考慮すべきステークホルダー（石原, 2015）

ていくということを社会に理解されるように努め,行政と事業者が連携してリスク管理を実施していく必要があるものと考える.

(b) 民間の協力と情報公開

本章では,1節で政策の定義について記した.**図13.14**に示すとおり,環境政策を進めていくのは,行政のみならず,民間企業,国民一人ひとりが参画していくことが不可欠である.この望ましい環境の姿である「持続可能な社会」を実現するためには,政府や地方公共団体のみならず,国民一人ひとりや企業などの協力が不可欠である.日本においては,政策は公共政策と捉えがちである.しかし,政策は政府や地方公共団体だけが考えることではない.国民一人ひとりや企業などの民間に

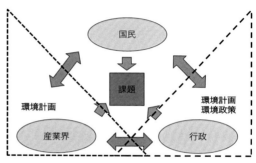

図13.14 課題解決のためには

おいても考える必要があり,環境については,特にそのことが重要な分野といえよう.

民間企業においては,**環境報告書**が作成されている.環境報告書とは,企業などの事業者が,経営責任者の緒言,環境保全に関する方針・目標・計画,環境マネジメントに関する状況(環境マネジメントシステム,法規制遵守,環境保全技術開発等),環境負荷の低減に向けた取組の状況(CO_2排出量の削減,廃棄物の排出抑制等)等について取りまとめ,名称や報告を発信する媒体を問わず,定期的に公表するものである.

環境報告書を作成・公表することにより,環境への取組に対する社会的説明責任を果たし,利害関係者による環境コミュニケーションが促進され,事業者の環境保全に向けた取組の自主的改善とともに,社会からの信頼を勝ち得ていくことに大いに役立つと考えられる.また,消費や投融資を行う者にとっても有用な情報を提供するものとして活用することが可能である.

(c) **国際環境協力**

　日本は政府開発援助（ODA）による開発協力を積極的に行っている．環境問題については，2015年2月に改定された「開発協力大綱」において地球規模課題への取組みを通じた持続可能で強靭な国際社会の構築が重点課題の一つとして位置づけられた．

　さらに，ODAを中心とした日本の**国際環境協力**については，2002年に「持続可能な開発のための環境保全イニシアティブ（EcoISD）」において，環境対処能力向上や日本の経験と科学技術の活用等の基本方針の下で，地球温暖化対策，環境汚染対策，「水」問題への取組，自然環境保全を重点分野とした行動計画が掲げられている．

　技術協力については，独立行政法人国際協力機構（JICA）を通じて，研修員の受入れ，専門家の派遣，技術協力プロジェクト等，日本の技術・知識・経験をいかし，開発途上国の人材育成や，課題解決能力の向上といった環境分野における技術協力を行ってきている．有償資金協力（円借款・海外投融資）は経済・社会インフラへの援助等を通じ，開発途上国が持続可能な開発を進める上で大きな効果を発揮する．環境関連分野でも同様であり，上下水道整備，大気汚染対策，地球温暖化対策等の事業に対しても，JICAを通じて，積極的に円借款・海外投融資が供与されている．

> 課 題
>
> 1. 環境政策にはどんな手法があるか？
>
>   本章では，大気汚染の改善や保全のための環境政策の手法として，規制や助成，減税，インフラ整備などを例示した．水質汚濁対策，土壌汚染対策，地球温暖化防止対策，自然環境の保全，廃棄物・リサイクル対策等，他の分野ではどのような環境政策の手法があるのか考えてみよう．
>
> 2. 他の課題との連動は？
>
>   本章では，大気汚染の改善や保全のための自動車の対策が地球温暖化防止対策に役立っていることや，火山災害による被害程度の植生調査が人の立入規制区域の設定の参考になっていることなどを例示した．大気汚染対策，水質汚濁対策，土壌汚染対策，地球温暖化防止対策，自然環境の保全，廃棄物・リサイクル対策等は，他の分野に良い影響を与える場合がある．一方で，他の分野に悪い影響を与える場合もある．それぞれどのような事例があるか考えてみよう．

文献

中央環境審議会企画政策部会経済社会のグリーン化メカニズムの在り方検討チーム (2000)「経済社会のグリーン化メカニズムの在り方」報告書．環境省．

石原肇 (2006a) 2000年三宅島火山ガス災害－対策の変遷－．地學雑誌, 115(2), 172-192．

石原肇 (2006b) 三宅島緑化ガイドラインの策定について．植生情報, 10, 1-8．

石原肇 (2015) リスク管理型土壌汚染対策の実現に向けた課題．Kansai Geo-Symposium2015―地下水地盤環境・防災・計測技術に関するシンポジウム―論文集, 105-110．

環境省 (2006) 第三次環境基本計画．環境省．

環境省 (2012) 第四次環境基本計画．環境省．

環境省 (2016) 平成28年版 環境白書・循環型社会白書・生物多様性白書．環境省．

岸本充生 (2011) 安全とは社会的合意にもとづく約束事である．學鐙（環境省), 108(2), 2-25．

参照URL

（独）環境再生保全機構：東京大気汚染公害訴訟
　http://nihon-taikiosen.erca.go.jp/taiki/tokyo/（2016年9月閲覧）
（独）環境再生保全機構：西淀川大気汚染公害裁判
　http://nihon-taikiosen.erca.go.jp/taiki/nisiyodogawa/（2016年9月閲覧）
（独）環境再生保全機構：四日市公害裁判
　http://nihon-taikiosen.erca.go.jp/taiki/yokkaichi/（2016年9月閲覧）
（公財）国際環境技術移転センター：四日市公害
　http://www.icett.or.jp/yokkaichi/（2016年9月閲覧）

謝辞

第1章　大阪市立大学伊東 明教授には草稿を読み貴重な意見を頂いた．筑波大学上條隆志教授，京都大学神崎 護教授，立命館大学安田喜憲教授には写真および図を提供頂いた．植生学会，共立出版，東京化学同人，日本森林技術協会およびNHKブックスには図の転載を許可頂いた．

第2章　「淀川水系イタセンパラ保全市民ネットワーク」に参画の団体，関係者のみなさまにお世話になった．大阪府立環境農林水産総合研究所水生生物センター主幹研究員の上原一彦氏には未発表資料を提供頂いた．

第4章　京都大学四方 篝氏には写真を頂いた．

第8章　㈱鴻池組中島卓夫氏には資料および写真を提供頂いた．

　記して，各位に心よりお礼申し上げます．

執筆者紹介（執筆順）

＊（所属）　大阪産業大学デザイン工学部環境理工学科

前迫　ゆり　　はじめに，第 1 章
＊教授　学術博士
専門：生態学，植生学
主な著作：編著「世界遺産春日山原始林－照葉樹林とシカをめぐる生態と文化」ナカニシヤ出版，2013 年．共編著「シカの脅威と森の未来—シカ柵の有効性と限界」文一総合出版，2015 年．

鶴田　哲也　　第 2 章
＊准教授　博士（水産科学）
専門：保全生物学，魚類生態学
主な著作：分担執筆「トゲウオの自然史－多様性の謎とその保全」北海道大学図書刊行会，2003 年．

砂　隆太　　第 3 章
＊教授　博士（理学）
専門：核物理学，放射線計測
主な著作：共著「CaF_2 検出器によるダークマターの探索」日本物理学会誌，1998 年．共著 Measurement of fallout with rain in Hiroshima and several sites in Japan from Fukushima reactor accident」Journal of Radioanalytical and Nuclear Chemistry, 2013 年．

佐藤　靖明　　第 4 章
＊准教授　博士（地域研究）
専門：生態人類学，アフリカ地域研究
主な著作：共編「衣食住からの発見」古今書院，2014 年．単著「ウガンダ・バナナの民の生活世界—エスノサイエンスの視座から」松香堂書店，2011 年．

川田　美紀　　第 5 章
＊准教授　博士（人間科学）
専門：環境社会学，地域社会学
主な著作：共著「霞ケ浦の環境と水辺の暮らし」早稲田大学出版部，2010 年．共著「都市資源の＜むら＞的利用と共同管理」農山漁村文化協会，2011 年．

花田眞理子　　第 6 章
　＊教授　学術修士（M.A.）
　専門：環境経済，環境教育
　主な著作：共著「都市のにぎわいと生活の安全」日本評論社，2009 年．分担執筆「環境教育辞典」教育出版，2013 年．

濱崎　竜英　　第 7 章
　＊教授　博士（人間環境学）
　専門：水環境工学，環境分野の国際協力
　主な著作：共著「水環境の浄化・改善技術」シーエムシー出版，2004 年．単著「ひとりで学べる公害防止管理者試験　水質関係　テキスト＆問題集」ナツメ社，2016 年．

高浪　龍平　　第 8 章
　＊講師　博士（工学）
　専門：環境化学，分析化学
　主な著作：共著「排水・汚水処理技術集成」株式会社エヌ・ティー・エス，2013 年．共著「水浄化技術の最新動向」シーエムシー出版，2011 年．

津野　洋　　コラム
　京都大学名誉教授（元 大阪産業大学教授）　工学博士
　専門：水質学，水処理学
　主な著作：共著「環境衛生工学」共立出版，1995 年．共著「水環境基礎科学」コロナ社，1997 年．

岡田　準人　　第 9 章
　＊講師　博士（学術）
　専門：緑化工学，園芸学
　主な著作：共著「立体緑化による環境共生―その方法・技術から実施事例まで」ソフトサイエンス社，2005 年．

金澤　成保　　コラム
　＊教授　Ph.D.（都市地域計画）
　専門：都市計画，都市デザイン，都市文化論
　主な著作：編著「風土と都市の環境デザイン」ふくろう出版，2007年．共著「ウッドファースト」藤原書店，2016年．

吉川　耕司　　第10章
　＊教授　博士（工学）
　専門：都市・交通計画，GIS
　主な著作：共著「LRTと持続可能なまちづくり」学芸出版社，2008年．共著「自治体GISの現状と未来」日本工業新聞社，2003年．

塚本　直幸　　コラム
　＊教授　博士（工学）
　専門：土木計画学，交通工学
　主な著作：共著「交通システム」オーム社，2016年．共著「LRTと持続可能なまちづくり」学芸出版社，2008年．

田中みさ子　　第11章
　＊准教授　博士（工学）
　専門：都市計画，住環境計画
　主な著作：共著「商都のコスモロジー―大阪の空間文化」TBSブリタニカ，1990年．

花嶋　温子　　第12章
　＊講師　工学修士
　専門：廃棄物計画，環境教育
　主な著作：共著「3R・低炭素社会検定公式テキスト（第2版）」ミネルヴァ書房，2014年．共著「3R検定試験問題・最新動向解説集」ミネルヴァ書房，2009年．

石原　肇　　第13章
　＊教授　博士（地理学）
　専門：環境影響評価・環境政策，地理学
　主な著作：共著「土壌・地下水汚染の浄化および修復技術」エヌ・ティー・エス，2008年．共著「地域をさぐる」古今書院，2016年．

INDEX
索　引

英数字

3R	328, 338
Bioddiversity	10
Borexino	79
CANDU 炉	72
CASBEE	306, 307
CVM	269
DEM	275
DSM	275
GALLEX/GNO	80
HR 図	62, 82, 83
KJ 法	271
Landsat TM 画像	275
LRT	266, 284, 285, 286, 287, 290
MACHO	64
NDVI	275
PCB	199, 200, 207, 208, 209, 211, 217
PERT	270
PI	262
pp- 連鎖反応	77, 80
SAGE	80
SATOYAMA イニシアティブ	116
SD 法	271
SIMP	64
SNO 実験	71, 72, 73, 75, 76, 78, 80
WIMP	64

あ

アインシュタインの等価原理	81
アオコ	175, 183, 189
赤潮	175, 183, 189
アグリシルヴィカルチャー	106, 107, 108, 111
足尾鉱毒事件	175, 177
アドプト（養子）制度	309
アドレスマッチング	277
アメニティ	151, 255, 291
アルベド	85, 88
暗黒物質	56, 64, 65

い

生垣助成	310
イタイイタイ病	174, 175, 181, 182, 191
イタセンパラ	48, 49, 50, 51, 52, 53, 54
位置情報	272
一律基準	176
一対比較法	271
インフラストラクチャー	257

う

ウィーンの変位則	66
ウォーターフロント	267
上乗せ基準	177

え

栄養塩類	30, 31, 185, 188
園芸学	226, 242, 245
園芸福祉	226, 245
園芸療法	226, 245
遠心力	57

お

オープンガーデン ……………… 245, 311
オープンスペース … 230, 259, 267, 299, 305
　　　　　　　　　　　　　　　　　　　306
屋上緑化 … 226, 235, 236, 237, 306, 308, 317
汚染者負担の原則 ……………………… 197
オペレーションズ・リサーチ ………… 270
オルソフォト …………………………… 275
温室効果 … 85, 87, 88, 89, 156, 161, 164, 167
温室効果ガス ……… 88, 89, 156, 161, 164, 167

か

ガーデニング ……………… 233, 241, 242, 244
ガイア仮説 ……………………………… 89
街区公園 …………… 230, 231, 300, 301, 315
開発公園 ………………………… 302, 303
開発途上国 ……………………………… 97
外来魚 ………………………… 51, 52, 53, 54
外来種 ……………………… 11, 12, 48, 52, 54
街路樹 ………………… 226, 232, 238, 239, 240
　　　　　　　　　245, 247, 294, 297, 309
化学的酸素要求量 ……………………… 175
学名 …………………… 113, 242, 243, 244, 247
核融合反応 …… 66, 67, 68, 77, 79, 80, 81, 83
攪乱 ………………………… 11, 26, 28, 29
仮想評価法 ……………………………… 269
加速膨張 ……………………… 56, 64, 91
活性汚泥法 ……………………… 184, 186, 189
カドミウム …… 174, 176, 182, 191, 194, 217
カミオカンデ ………… 70, 71, 75, 77, 78, 183
カムランド ……………………………… 75
カリウム ……………… 58, 189, 211, 213
環境アセスメント ……………………… 264
環境影響評価法 ………………… 174, 227
環境NPO ……………………… 137, 138
環境基準 ……… 145, 168, 175, 176, 184, 185
　　　　　　　　　188, 191, 194, 207, 208
環境基本計画 ……………………… 227
環境基本法 …………… 172, 174, 176, 183
環境教育 ……………………………… 145
環境経済評価 ………………………… 264

環境社会学 ……………… 99, 124, 138, 141
環境報告書 ……………………………… 169
環境保全 …… 36, 98, 106, 117, 123, 124, 126
　　　　　　129, 133, 134, 137, 141, 146, 147, 148
　　　　　　151, 166, 176, 189, 207, 227, 228, 264
環境民俗学 ……………………………… 99
環境リスク ……………………………… 227
環境劣化 ………………………………… 98
ガンマ線（γ線） ……………………… 77, 79

き

気化 …………………… 189, 205, 209, 210
気化熱 …………………………………… 297
基盤サービス …………………………… 11, 31
基盤地図情報 …………………………… 274
ギャップダイナミクス ………………… 28, 35
供給サービス …………………………… 11, 32
共生関係 ………………………………… 104
巨大衝突説 ……………………………… 58
距離の梯子 ……………………………… 62
近代化 ………………………… 138, 139, 140
近隣住区 ………………………… 300, 301, 302

く

空間情報科学 …………………………… 273
クールアイランド ……………… 296, 297
クーロンエネルギー …………………… 67

け

景観 ……… 33, 36, 39, 100, 111, 117, 130, 137
　　　　　　143, 144, 151, 152, 183, 228, 232
　　　　　　233, 241, 249, 253, 258, 267, 269
　　　　　　291, 297, 301, 302, 308, 314, 316
景観生態学 ……………… 183, 232, 243, 249
計算幾何学 ……………………………… 275
ゲーム理論 ……………………………… 270
ケプラーの第3法則 …………………… 58
嫌気処理法 ……………………………… 184
顕生代 ………………………………… 89, 91
原生代 …………………………………… 89
ケンタウルス座α星 …………………… 62

索引　367

建築物の高さ制限·····················305
顕熱·······························296
建ぺい率···························257

こ

広域緑地計画·······················299
公園···············226, 228, 229, 230, 231
　　　　232, 234, 242, 247, 257, 259, 260
　　　　267, 294, 295, 297, 298, 299, 300
　　　　301, 302, 303, 309, 310, 314, 317
公開空地······················262, 306
公共交通······265, 266, 281, 286, 287, 288, 289
公共事業···························138
恒星進化····························83
光速···························66, 68
光速不変の原理······················66
交通権····························266
交通弱者··························266
交通需要マネジメント················265
交通需要予測モデル··················269
交通バリアフリー····················266
コーホートモデル····················268
黒体放射····························84
国土数値情報······················274
コミュニティ········100, 123, 135, 136, 137
　　　　　　　　　　　　138, 242, 311
コミュニティ道路····················266
コモンズ··············123, 131, 132, 153

さ

災害防止機能······················312
最終処分··························144
最終処分場························144
採取経済··························103
最短経路問題······················270
里地······················11, 30, 228
里山········11, 30, 32, 33, 34, 40, 96, 116
　　　　　　　　　　　　　117, 228
産業社会··························103
産業廃棄物························264
残置森林··························302

し

ジオメルト工法················208, 209
市街化区域···········255, 257, 260, 300
市街化調整区域····················257
市街地再開発事業··················259
システムズ・アナリシス·············268
システム分析······················268
自然観····························102
自然環境··········9, 10, 13, 30, 36, 96, 97, 98
　　　　100, 103, 106, 107, 116, 124, 131, 138
　　　　143, 144, 146, 148, 150, 151, 152, 153
　　　　154, 155, 158, 159, 160, 163, 164, 168
　　　　226, 227, 228, 230, 233, 254, 264, 275
　　　　275, 278, 298, 301, 304, 308
自然環境保全法····················227
自然災害···················10, 28, 312
自然社会··························103
自然循環······················119, 120
自然知····························102
自然認識··························102
自然破壊···············120, 166, 291, 312
持続可能·····8, 40, 42, 116, 153, 154, 160, 163
　　　　　　　　　　　　227, 253, 290
持続可能な社会······················8
自治会·······················136, 312
質量欠損···························81
自動車の規制······················286
シミュレーションモデル·············269
市民緑地制度······················299
社会的コンセンサス················285
社会的ジレンマ········123, 133, 142, 144
尺度······························271
斜線制限·················257, 262, 305
囚人のジレンマ····················270
重水·················72, 73, 75, 76, 77, 78
重力モデル························268
主系列星···························83
種多様性······················9, 25, 26
シュテファン・ボルツマンの法則···66, 84, 90
寿命················80, 82, 83, 84, 153, 313
常畑······························114

照葉樹林……… 14, 18, 20, 21, 22, 23, 24, 27
　　　　　　　32, 35
常緑樹……………………………… 15, 18, 236
常緑広葉樹林………………………………… 18
植生…… 12, 13, 14, 15, 20, 21, 22, 23, 25, 30
　　　　　33, 35, 36, 37, 38, 39, 40, 43, 108
　　　　　　　　　111, 228, 235, 272, 275
食料生産……………………………………… 97
人工環境…………………………………… 226, 233
人口増加………………… 97, 120, 175, 300, 314
新交通システム…………………………… 266
人口予測モデル…………………………… 268
身体知……………………………………… 102
新田開発…………………………… 294, 301
森林環境税………………………………… 312
森林破壊…………………………… 98, 156
人類学……… 96, 99, 100, 101, 104, 105

す

水源涵養機能………………………… 30, 312
水量負荷…………………………………… 190
数値標高モデル…………………………… 275
数値表層モデル…………………………… 275
スーパーファンド法……………… 196, 218
数理計画法………………………………… 270
数量化理論………………………………… 271
スプロール………………………………… 254
スマートタウン………………… 314, 315

せ

生活知……………………………………… 135
正規化植生指標………………… 275, 300
生産緑地地区制度………………………… 275
生態系………… 8, 9, 10, 11, 12, 26, 28, 30
　　　　　　　33, 35, 40, 42, 43, 50, 116,
　　　　　　117, 118, 119, 143, 144, 148, 150
　　　　　　　152, 153, 155, 156, 159, 163, 164
　　　　　　165, 166, 214, 227, 232, 305, 316
生態系サービス……………………………… 10
生物化学的酸素要求量…………………… 175
生物群系……………………………………… 14

生物多様性… 8, 10, 11, 12, 24, 30, 32, 34, 35
　　　　　　38, 40, 42, 43, 48, 50, 98, 116, 150
　　　　　　155, 156, 159,160, 163, 165, 227, 232
生物蓄積…………………………………… 180
赤外線……………………………………… 84
赤色巨星…………………………………… 83
セシウム 137……………………………… 211
絶滅危惧種………………………… 48, 54, 228
遷移…………… 11, 26, 27, 34, 35,114, 117
線形計画法………………………………… 270
全球凍結………………………… 85, 87, 89
先住民……………………………… 119, 120
潜熱………………………………………… 297

そ

造園……… 226, 232, 233, 235, 238, 242, 247
造園学…………… 226, 232, 233, 245, 247
総合設計制度……………………………… 305
相対性理論………………………………… 66
総量規制…………………………………… 177
ゾーンシステム…………………………… 266
属性情報…………………………………… 272

た

ダークエネルギー………………… 56, 64, 91
第 1 種特定有害物質……………… 199, 214
第 2 種特定有害物質……………… 199, 215
第 3 種特定有害物質……………… 199, 207
ダイオキシン類…… 200, 207, 208, 209, 211
ダイクストラ法…………………………… 270
ダイナミクス………………… 28, 35, 111
太陽定数………………… 66, 69, 80, 84, 85, 91
太陽ニュートリノ問題………… 66, 70, 80
タブノキ林……………………… 22, 23, 27
多変量解析手法…………………………… 271

ち

地域コミュニティ……… 123, 135, 136, 137
　　　　　　　　　　　　　　138, 311
チェレンコフ……………………… 70, 75, 76
地下水・土壌汚染…196, 197, 198, 199, 213, 216

地下水の摂取等によるリスク………… 201
地球環境……… 8, 35, 56, 57, 89, 90, 99, 144
　　　　　　　　150, 226, 227, 246, 254
　　　　　　　　　　　　　275, 312
地球環境保全機能…………………… 312
地区計画……… 259, 262, 299, 303, 304, 305
窒素………………………… 188, 189, 194
地動説…………………………… 61, 62
中性子…………………… 72, 76, 77, 78, 83
中性子星……………………………… 83
超新星爆発…………………………… 83
潮汐力………………………………… 57
直接摂取によるリスク……… 201, 213, 217
地理情報システム………………… 273

て
庭園………… 232, 233, 234, 249, 293, 295
低炭素社会………… 148, 161, 166, 267, 284
低投入………………………… 106, 118
適応…………………………………… 8
典型7公害…………………………… 264
天然記念物……… 18, 23, 31, 35, 49, 292, 308

と
道路空間の再配分……… 285, 286, 288, 289
特別緑地保全地区制度……………… 299
都市化………………… 175, 228, 229, 253
都市計画……… 252, 255, 257, 290, 295, 298
　　　　　　　　　　　299, 301, 302, 303
都市計画区域……………………… 256
都市計画道路……………………… 259
都市計画マスタープラン…………… 299
都市公園……… 228, 229, 230, 231, 247, 298
　　　　　　　　　299, 300, 301, 302, 309
都市公園法……………… 229, 230, 231, 300
土壌汚染対策法……… 174, 197, 199, 200, 201
　　　　　　　　　　207, 215, 217, 218
都市緑地法……… 229, 230, 299, 300, 304
都市緑化………… 226, 228, 229, 232, 235
　　　　　　　　　236, 240, 241, 242, 298
土地区画整理事業………………… 259

豊洲市場……………… 198, 214, 216, 218
トランジットモール………………… 266
トレンドモデル……………………… 268
トンネル効果………………………… 67

な
ナラ枯れ………………… 37, 38, 39, 40

に
ニホンジカ…………………………… 35
二名法……………………………… 243
ニュートリノ… 64, 66, 68, 69, 70, 71, 72, 75
　　　　　　　　　　76, 77, 78, 79, 80
ニュートリノ振動………………… 72, 77
評定尺度法………………………… 271

ね
熱帯雨林…………… 27, 96, 103, 108, 109
　　　　　　　　　　　114, 115, 117
年周視差…………………………… 61, 62

の
農業社会…………………………… 103

は
バイオーム……………… 14, 15, 16, 25
バイオレメディエーション………… 206
排水基準……………………… 176, 187
白色矮星……………………………… 83
パブリックインボルブメント……… 262
パワーズ・オブ・テン……………… 63

ひ
ヒートアイランド現象… 226, 227, 237, 291
　　　　　　　　　　　　　296, 297
ビオトープ……………… 159, 160, 232
東日本大震災……… 40, 147, 211, 216, 313
非集計モデル……………………… 269
氷河期……………… 13, 70, 80, 89, 90
標準太陽模型………………………… 66
評定尺度法………………………… 271

370

費用便益分析……………………… 269
品種…………………… 113, 114, 242, 293

ふ
ファシリテーター………………… 214
フィールドワーク………………… 100
ブナ林……………………… 18, 24, 35
不燃化……………………………… 294
不溶化………… 201, 203, 204, 205, 206
ブラウンフィールド…… 196, 197, 200, 207
214, 216, 218
ブラックホール……………………64, 83
ブレーンストーミング…………… 271
分解………… 75, 88, 184, 186, 190, 202
203, 205, 206, 208, 215
文化財保護条例…………………… 308
文化的サービス………………11, 31, 32
分別……………………… 331, 336, 337

へ
べき乗………………………………… 63
壁面緑化……… 226, 235, 236, 237, 240
306, 308, 311, 317
ベクタ形式………………………… 273
ヘドニック・アプローチ………… 269
ヘンリー定数……………………205, 218

ほ
放射エネルギー………… 66, 84, 89, 91
放射性セシウム………… 211, 212, 213, 216
放射性物質………………… 9, 40, 211
防潮林……………………………… 313
防風林………………… 106, 107, 312
ボーナス制度……………………… 305
保存樹………………………… 308, 309
保存樹林……………………… 308, 309
保全……… 9, 10, 11, 12, 25, 30, 32, 34, 35, 36
40, 42, 48, 50, 52, 53, 54, 98, 106, 107, 116
123, 124, 125, 126, 128, 129, 130, 131, 133
132, 134, 135, 136, 137, 138, 141, 146, 147
148, 150, 151, 152, 156, 157, 158, 166, 172

176, 181, 189, 207, 213, 225, 227, 228, 229
232, 233, 256, 264, 275, 291, 297, 298, 299
300, 301, 302, 304, 305, 308, 312, 316, 317
323, 341, 342, 343, 344, 345, 346, 347, 348
349, 350, 351, 358, 359, 360
ボルツマン定数……………………67, 90

ま
マスタープラン…… 256, 262, 281, 298, 299
待ち行列理論……………………… 270

み
ミチゲーション…………………… 264
緑の基本計画…………… 229, 298, 299, 300
水俣病………… 174, 175, 179, 180, 191, 345
民族誌……………………………… 100

も
モーダルシフト…………………… 265

や
焼畑…… 96, 108, 110, 111, 116, 117, 118, 120
焼畑悪玉論………………………… 120

ゆ
有機水銀………………… 174, 179, 180, 191
有機農業………………… 96, 116, 117, 118
遊山空間…………………………… 293
優占……… 15, 18, 22, 23, 24, 26, 27, 32, 108
誘致距離………………… 230, 300, 301
有料化……………………… 327, 328

よ
溶解…………………… 184, 190, 205, 224
容積率……………………………… 257
容積率制限………………………… 305
用途地域…………………………… 257
四大公害………………… 254, 345, 346, 349
四段階推計法……………………… 269

ら

ライフサイクルアセスメント …… 164, 336
ライフスタイル ……………………… 134, 338
落葉樹 …… 15, 18, 19, 20, 232, 236, 237, 316
ラスタ形式 ………………………………… 273
ランダムウォーク問題 ……………………… 68
ランド・シェアリング ……………………… 116
ランドスケープデザイン …………………… 267

り

リスク …… 143, 151, 164, 165, 196, 200, 201
202, 203, 204, 207, 213, 214, 216,
217, 227, 277, 278, 279, 336, 357, 358
リスクコミュニケーション … 196, 200, 207
213, 214, 216, 357
リモートセンシング ………………………… 275
量子力学 …………………………………… 67
緑地 ………… 59, 227, 228, 229, 230, 231, 232
267, 299, 300, 301, 302, 303, 304
305, 309, 314
緑地協定 …………………………… 299, 304, 305
緑地保全 ………………………… 228, 229, 258, 299
緑化 ………… 12, 226, 227, 228, 229, 230, 232
233, 235, 236, 237, 240, 241, 242
243, 245, 246, 258, 291, 298, 299
302, 303, 304, 305, 306, 307, 308
310, 311, 313, 314, 315, 316, 317
緑化協定 …………………………………… 303, 304
緑化率条例 ………………………………… 303
りん …… 183, 188, 189, 190, 191, 192, 217

れ

レイヤー構造 ……………………………… 273
レーザースキャナ ………………………… 275
歴史的環境 ………………………………… 137, 138
歴史的な街並みの保存 …………………… 267
レジリエンス ……………………………… 8, 40, 42
レッドデータブック ………………………… 48
レッドリスト ……………………………… 48, 49

ろ

ロードプライシング ………………………… 266
路面電車 ……………… 266, 284, 285, 286, 288

わ

惑星状星雲 ………………………………… 83

環境サイエンス入門
人と自然の持続可能な関係を考える

2017年4月1日初版第一刷発行
2020年3月4日初版第三刷発行

大阪産業大学環境理工学科編
編集委員会　前迫ゆり（責任編集）
　　　　　　吉川耕司
　　　　　　佐藤靖明

発行所　学術研究出版/ブックウェイ
　　　　〒670-0933　姫路市平野町62
　　　　TEL.079 (222) 5372　FAX.079 (244) 1482
　　　　https://bookway.jp

印刷所　小野高速印刷株式会社
©Yuri Maesako 2017, Printed in Japan
ISBN978-4-86584-212-8

乱丁本・落丁本は送料小社負担でお取り換えいたします。

本書のコピー、スキャン、デジタル化等の無断複製は著作権法上での例外を除き禁じられています。本書を代行業者等の第三者に依頼してスキャンやデジタル化することは、たとえ個人や家庭内の利用でも一切認められておりません。